21 世纪高等院校教材 … 工类

计算机与化学化工数据处理

王洪艳　主编

科 学 出 版 社
北　京

内 容 简 介

本书是一本介绍计算机与化学化工数据处理的应用型书籍,具有系统性、实用性、可读性、互补性强的特点。本书以化学化工数学建模为主线,结合化学化工实验,介绍了最小二乘拟合、线性回归分析、方差分析、插值、数据平滑、实验设计等常用的数据处理方法及数学模型建立方法,并配有VC++和VB两种可运行的相关程序。书中还简单介绍了MATLAB、Origin和ChemDraw等商业应用软件的操作和应用。

本书可作为高等院校化学、化工相关专业本科生和研究生的教材,也可供教师教学和化学化工类技术人员参考。

图书在版编目(CIP)数据

计算机与化学化工数据处理/王洪艳主编. —北京:科学出版社,2007
21世纪高等院校教材·化学化工类
ISBN 978-7-03-018856-4

Ⅰ.计… Ⅱ.王… Ⅲ.计算机应用-化学实验-数据处理-高等学校-教材 Ⅳ.06-39 TQ016

中国版本图书馆CIP数据核字(2007)第052240号

责任编辑:赵晓霞 吴伶伶 王国华/责任校对:包志虹
责任印制:赵 博/封面设计:耕者工作室

科学出版社出版
北京东黄城根北街16号
邮政编码:100717
http://www.sciencep.com
北京富资园科技发展有限公司印刷
科学出版社发行 各地新华书店经销
*
2007年4月第 一 版 开本:720×1000 1/16
2024年7月第十一次印刷 印张:17 1/2
字数:326 000

定价:49.00元

(如有印装质量问题,我社负责调换)

《计算机与化学化工数据处理》

编 委 会

主　编　王洪艳

副主编　刘建平　杜志坚　马久童　李东平

编　委（按姓氏拼音排序）

杜志坚　李东平　李志良　刘建平

马久童　盛　野　王洪艳　王英华

杨　兵　张海涛

前　　言

在信息技术迅猛发展的今天，数据化信息被广泛地使用。在化学化工的生产和科学研究中，现代测试仪器和过程控制可以迅速、准确地为人们提供大量可靠的测量数据。如何对原始测量数据进行再加工，从所获得的数据中提取隐含、有用信息？如何利用计算机技术解决化学化工的问题？这是化学化工工作者面临的新课题。作为高等院校的本科教育课程，计算机在化学化工专业的应用将是不可缺少的。

在教学过程中，我们发现尽管计算机已经很普遍，但是学生对计算机在化学化工专业的应用所知甚少；有的学生虽然已经通过国家计算机等级二级考试，但对于编写程序来处理化学化工数据还是茫然。本书就是要帮助化学化工等相关专业的学生从最熟悉的实验数据出发，利用所学的数理统计知识，在已学计算机语言和专业基础知识的基础上，学会用计算机来处理数据，提取更多、更有用的信息，开辟计算机应用的广阔领域，为走向工作岗位或继续深造打下良好的计算机应用基础。

通过本书的学习，学生可运用数理统计方法，将一些毫不相关的实验数据转换成数学表达式。全书以数学建模为主线，结合化学化工实验，使学生学会数学建模、矩阵表征、方程组求解及矩阵运算等在计算机上的实践过程。本书主要有以下四个特点：①系统性好。从如何将化学问题转化为数学问题（建立数学模型）入手，到数据处理方法及实验设计，使学生建立起一个系统的计算机在化学化工中应用的方法。在此基础上再介绍一些商业软件，使学生更好地理解商业软件中“黑匣子”的内容。②实用性强。针对学生在计算机应用中的困难，紧密结合化学化工中的实例并附有 VC++和 VB 两种可运行的相关程序，学生可选择感兴趣的语言编程，适合多层次教学。通过程序编辑，学生可以用计算机解决化学问题，从而提高学习兴趣。③可读性好。本书系统性和实用性较强，学生易学、易懂、易操作、易掌握。④互补性强。在内容上与专业基础课和专业课形成互补，弥补了教学中知识点遗漏的缺点。如正交试验设计、均匀试验设计、实验数据的平滑等，一般教学不涉及，而这些知识在本科生毕业论文乃至今后的科学研究中都是不可缺少的。本书共分 12 章，可归为 4 大部分：数学建模——第 2 章、第 4～6 章；统计检验和实验设计——第 3 章、第 7 章和第 8 章；商业化辅助数据处理软件——第 9～11 章；应用工具——第 1 章和第 12 章。

本书编写的具体分工：第 1 章、第 9 章由张海涛和盛野执笔，第 2 章、第 5 章、第 6 章由王洪艳执笔，第 3 章由王英华和李志良执笔，第 4 章、第 7 章由马久童和李东平执笔,第 8 章由杨兵执笔,第 10 章、第 11 章由刘建平执笔,第 12 章由杜志坚执笔。全书由王洪艳统稿、定稿。

本书是编者多年教学经验的积累,由于编者水平和专业知识所限,书中难免会有错误之处,恳请专家学者和广大读者批评指正。

编 者

2006 年 12 月

目　　录

第 1 章　计算机语言基础知识简介

1.1　开发环境简介

本书将重点介绍如何用计算机编制程序来解决化学化工中复杂数据的处理问题，在此之前，先介绍编程所使用的软件——MicroSoft Visual Studio 6.0。

MicroSoft Visual Studio 6.0 包含了目前世界上比较常用的两种程序开发软件，即 Visual C++ 6.0 和 Visual Basic 6.0，分别用于编写 C 语言和 Basic 语言程序。这两种软件各有特点，为了满足不同学校对语言的需求，本章将对这两种软件及其程序应用加以介绍。通过学习可以发现，这两种语言在做基本的数学运算时有很多相似之处。

1.2　Visual C++

Visual C++是微软公司推出的基于 Windows 平台的可视化、面向对象的软件开发环境。它以 ANSI C++为基础，并在此基础上进行了大量扩展，以适应开发各种 Windows 应用程序的需要。Visual C++自诞生以来，一直是 Windows 环境下最主要的应用开发系统之一。Visual C++不仅是C++语言的集成开发环境，而且与 Win32 紧密相联，所以，利用 Visual C++可以完成各种应用程序的开发，从底层软件到上层直接面向用户的软件。而且，Visual C++强大的调试功能也为大型复杂软件的开发提供了有效的排错手段。Visual C++不但具有程序框架自动生成、灵活方便的类管理、代码编写和界面设计集成的功能、可开发多种程序（应用程序、动态链接库、组件开发）等优点，而且通过简单的设置就可使其生成的程序框架支持数据库接口、组件、Winsock 网络等。目前它已成为开发 Win32 程序的主要工具。

进入 20 世纪 90 年代以来，随着多媒体技术和图形图像技术的不断发展，可视化（visual）技术得到了广泛的重视，越来越多的计算机专业人员和非专业人员都开始研究并应用可视化技术。Visual C++是一个很好的可视化编程工具，使用 Visual C++环境来开发 Windows 应用程序可大大缩短开发时间，而且它的界面更友好，便于程序员操作。

开发环境是程序员同 Visual C++的交互界面，通过它程序员可以访问C++源代码编辑器、资源编辑器，使用内部调试器，并且可以创建工程文件。本节将介绍 Visual C++ 6.0 的用户界面，并对各种常用的窗口、菜单、按钮的意义和功能作较为详细的介绍。

1.2.1 Visual C++的特点

(1) 有一整套工具用于 Win32 应用程序的开发。

(2) 具有功能强大的编程向导工具。

(3) 编译速度和执行速度更快。

(4) 可以非常方便地结合和扩展已有的控件,减少开发费用,节省开发时间。

(5) 对网络编程及数据库访问具有更强有力的支持。

1.2.2 Visual C++代码书写规则

1. 命名规则

(1) 较短的单词可用缩写表示。

(2) 较长的单词可用前几个字母表示。

2. 语句书写规则

(1) 一条语句占一行。

(2) 每条语句及数据定义的后面要写上分号“;”以表示该语句结束。

(3) 用“{ }”括起来的部分,通常表示程序的某一层次结构,“{ }”一般与该结构语句的第一个字母对齐,单独占一行并应在同一列。低一层次的语句可比高一层次的语句缩进若干空格后书写,使程序看起来更加清晰,增加程序的可读性。

3. 注释方法

(1) 单行注释以“//”开头。

(2) 注释块“/ * ”开头,以“ * /”结束。

1.2.3 建立一个 VC 程序

1. Visual C++的启动

用鼠标单击【开始】→【程序】→【Microsoft Visual Studio 6.0】→【Microsoft Visual C++ 6.0】,就会进入 Visual C++的工作环境窗口,如图 1-1 所示。

2. 建立一个简单的 C 语言工程

用 C 语言编写一个程序时,首先应建立一个 C 语言工程。启动C++窗口以后,选择菜单命令【文件(F)】→【新建(N)】,选择“工程”选项卡,选择项目类型为“Win32 Console Application”,创建 Win32 控制台应用程序。在“工程名称(N)”

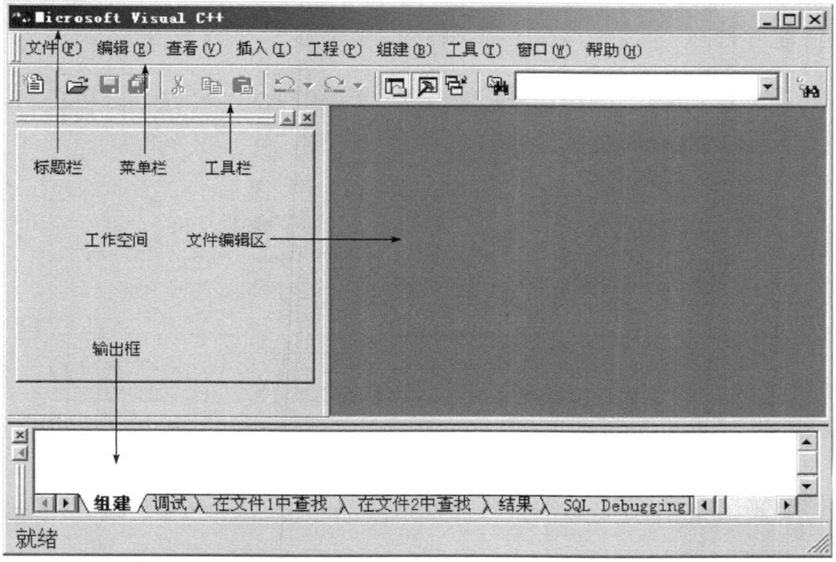

图 1-1　Microsoft Visual C++主窗口

中输入工程名称，选择工程存放的位置，并单击“确定”，按下“确定”会弹出如图 1-2 所示的对话框。

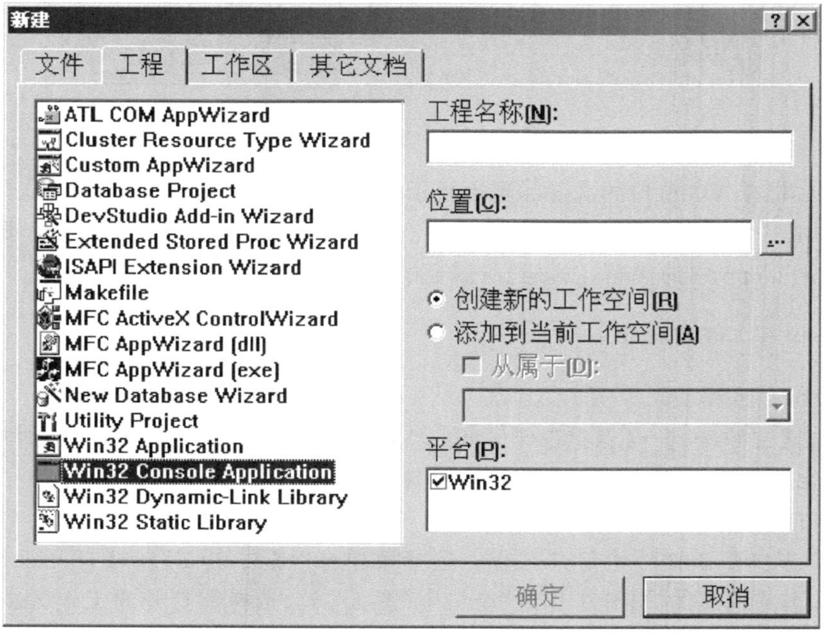

图 1-2　建立新的工程

在如图 1-3 所示的步骤 1 中选择"一个'Hello, World!'程序(W)",并单击"完成"按钮。

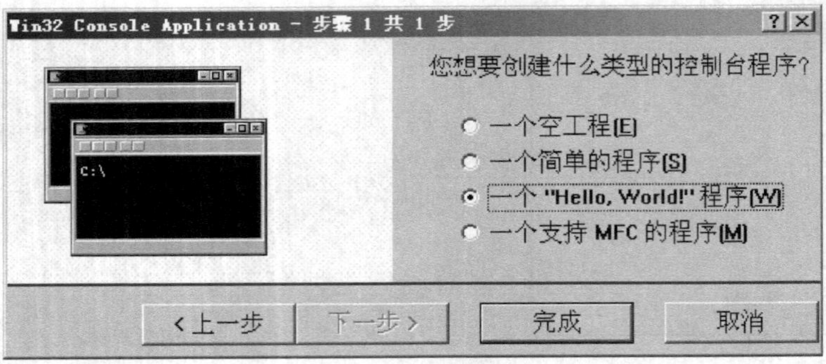

图 1-3　Win32 Console Application

屏幕出现"新建工程信息"窗口,检查无误,单击图 1-4 中的"确定"按钮。

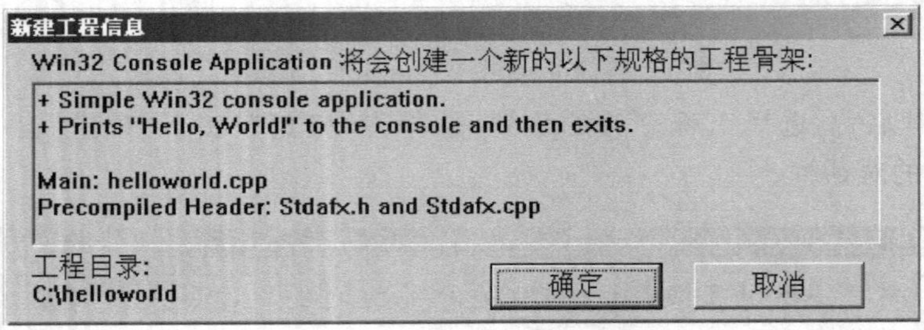

图 1-4　新建工程信息

之后将在 VC 窗口的文件编辑区显示该程序的代码,如图 1-5 所示。

此时一个简单的C++工程建立完成,可根据各任务的具体需要修改 helloworld. cpp 中的代码,以得到所需要的计算结果。

3. 保存工程及打开工程

1) 保存工程

单击【文件(F)】→【保存工作区间(V)】菜单命令,即可将工程按建立时所输入的工程名称保存。C++工程文件的扩展名为. dsw。

2) 打开工程

(1) 从 VC 工作环境打开工程。选择菜单命令【文件(F)】→【打开工作区间(W)...】,在弹出的"打开工作区"窗口中(图 1-6),选择欲打开的工作区文件,选择"打开"。

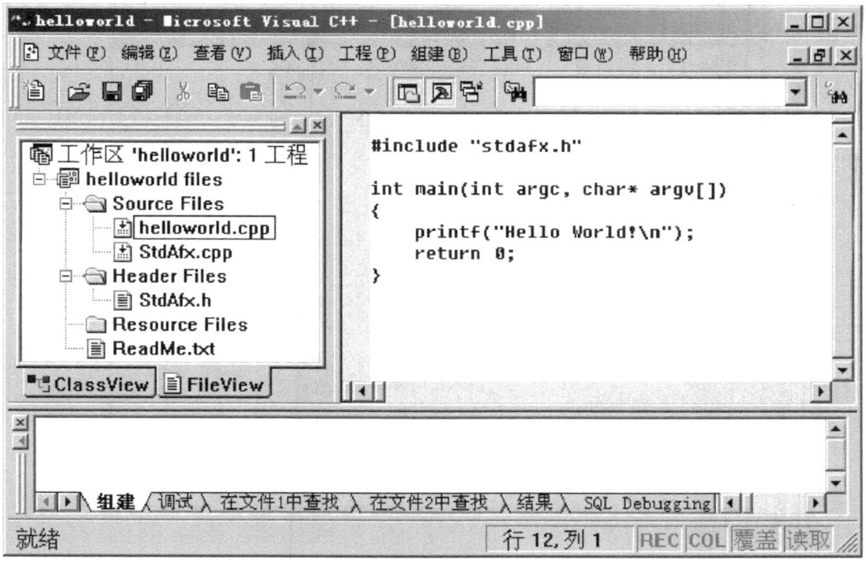

图 1-5　程序代码

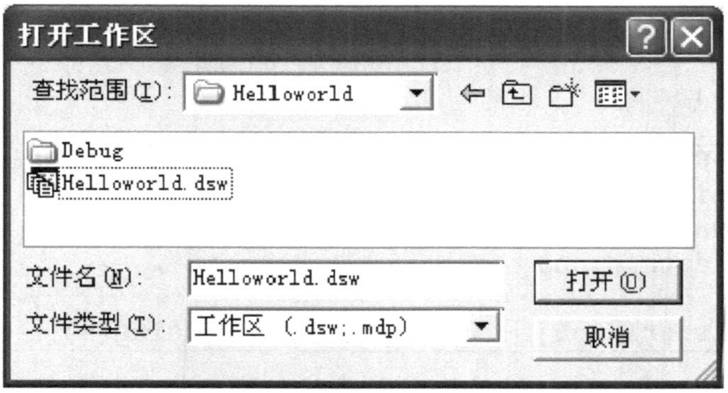

图 1-6　“打开工作区”窗口

(2) 从资源管理器中打开工程。从程序的目录中双击以.dsw 为扩展名的工程文件即可直接打开该工程，见图 1-7。

4. 编译及执行程序

C++是以编译方式实现的高级语言。C++程序的实现，必须要使用某种C++语言的编译器对程序进行编译。编译器的功能是将程序的源代码转换为机器代码的形式，称为目标代码；然后，再使目标代码进行连接，生成可执行文件，等待下一

图 1－7　打开工程

步的执行过程。

1）编译程序

选择菜单命令【组建(B)】→【编译[helloworld.cpp]】，或者点击工具条上按钮，在输出框会显示图 1－8 中的信息。

```
----Configuration: helloworld - Win32 Debug----
Compiling...
Skipping... (no relevant changes detected)
helloworld.cpp

helloworld.obj - 0 error(s), 0 warning(s)
```

图 1－8　“编译程序”后输出框显示信息

2）组建程序

选择菜单命令【组建(B)】→【组建[helloworld.exe]】，或者点击工具条上按钮，在输出框会显示图 1－9 信息。

```
----Configuration: helloworld - Win32 Debug----
Linking...

helloworld.exe - 0 error(s), 0 warning(s)
```

图 1－9　“组建程序”后输出框显示信息

如果正确输入源程序，便可成功地生成可执行程序 helloworld. exe，屏幕下方的输出窗口会显示链接成功的信息“helloworld. exe-0 error(s)，0 warning(s)”。如果程序有语法错误，则屏幕下方的输出窗口中会显示错误信息及其位置，在生成可执行文件之前需要改正编译和连接时出现的一切 error 和 warning，这样才可能生成无错的可执行文件。在程序中存在 warning 时，也会生成可执行文件。但是有的 warning 会造成结果的错误，应该改正 warning 后再重新组建可执行文件。

3）执行程序

选择菜单命令【组建(B)】→【执行[helloworld. exe]】，或者点击工具条上 ! 按钮，执行可执行程序。系统会弹出新窗口运行该程序，如图 1－10 所示。

图 1－10　执行程序

此时我们就创建了一个完整的程序。用户可以根据需要修改程序代码，创建适合自己的应用程序，以满足不同问题的需要。

1.3　Visual Basic

Basic 是 beginners all-purpose symbolic instruction code（初学者通用符号指令代码）的缩写，是一种在计算机技术发展历史上应用得最为广泛的语言。Visual 的英文原意是“可视的”，在这里是指开发图形用户界面（GUI）的方法，即“可视化程序设计”。

1991 年，微软（Microsoft）公司推出 Visual Basic（VB）1.0 以后，不断地进行改进，同时增加了许多功能。从 1992 年至今，陆续推出了 VB 2.0、VB 3.0、VB 4.0、VB 5.0、VB 6.0、VB. NET 等多个版本。目前 Visual Basic 6.0 是我国使用最多的一个版本。

1.3.1　Visual Basic 的特点

VB 是由 Basic 发展而来的，它一方面继承了早期 Basic 语言所具有的程序设计语言简单易用的特点，另一方面在其编程中采用了面向对象、事件驱动的编程机制，使编程更加简单明了，提供了一种所见即所得的程序设计工具。

VB 具有以下优点：

（1）面向对象的程序设计方法；

(2) 简单易学；

(3) 具有友好的 VB 集成开发环境。

1.3.2 Visual Basic 代码书写规则

1. 命名规则

在命名常量、变量、过程和自定义函数名称时，必须遵循以下规则：

(1) 以字母或汉字开头，字母不区分大小写；

(2) 不可以包含嵌入的句号或类型声明字符，不可以与 VB 系统使用的关键字同名；

(3) 不可以超过 255 个字符，一个汉字相当于一个字符；

(4) VB 系统以第一次定义的名称为准，以后输入的名称自动向首次定义的名称转换。

命名对象、类和模块的名称不可以超过 40 个字符。

2. 语句书写规则

(1) 一行语句最多允许 255 个字符；

(2) 在一行中可以书写多条语句，各条语句之间必须用冒号“:”分隔；

(3) 一行语句中可分多行书写，在续行前的一行末尾应加入一个空格和一个下划线。

3. 注释方法

(1) 以命令 Rem 开头，其后跟着说明的文字；

(2) 以“'”号开头，其后跟着说明的文字，它可以直接放在一条语句的后边。

1.3.3 建立一个 VB 程序

1. Visual Basic 的启动

用鼠标单击【开始】→【程序】→【Microsoft Visual Studio 6.0】→【Microsoft Visual Basic 6.0】就会进入 Visual Basic 的工作环境窗口，如图 1-11 所示。

2. 建立一个简单的 VB 工程

1) 设计程序界面

单击【文件(F)】→【新建工程(N)】菜单命令，调出“新建工程”对话框，见图 1-12，在对话框中选择“标准 EXE”项目，创建一个新的工程。

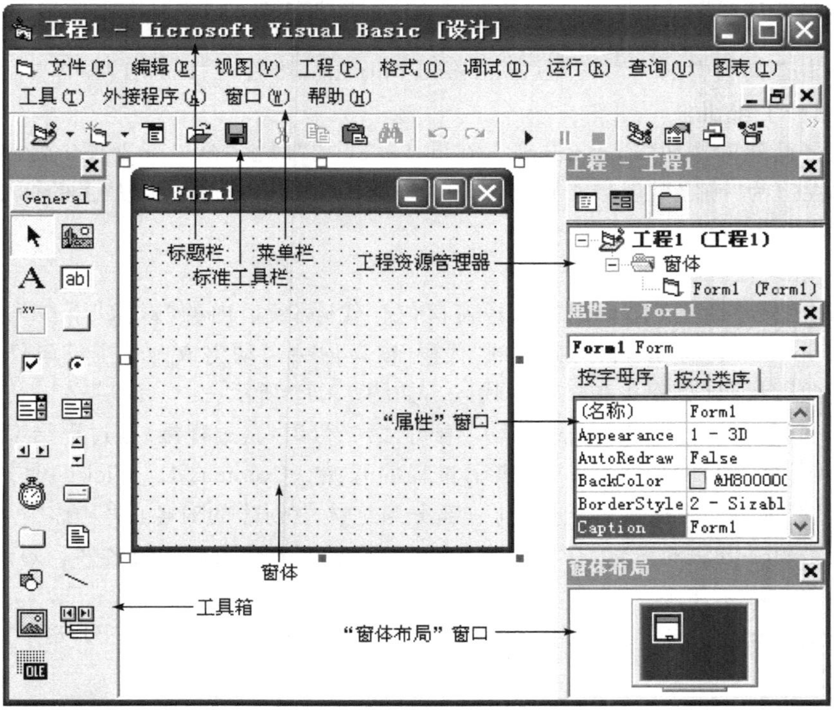

图 1 - 11　Visual Basic 工作环境窗口

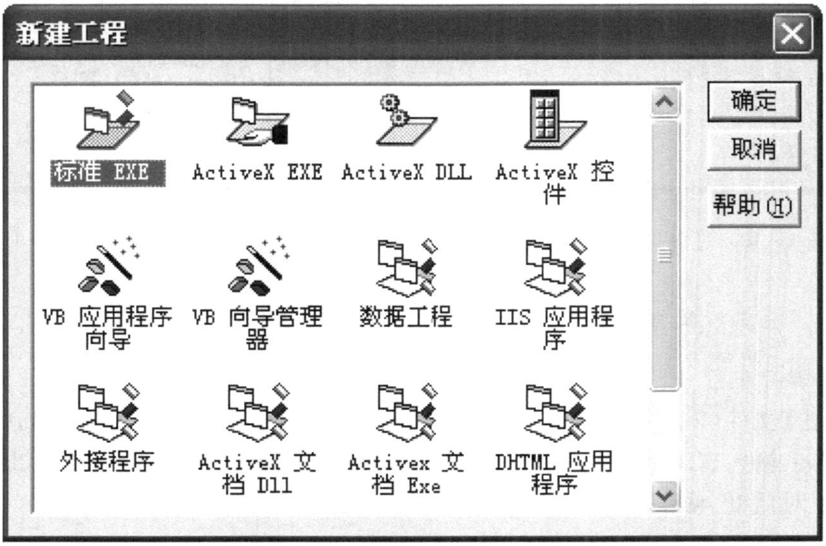

图 1 - 12　Visual Basic“新建工程”窗口

用鼠标拖拽图 1－11 中“Form1”窗体四周的控制柄，调整窗体到适当的大小。

单击工具箱中的按钮(command button)，然后在“Form1”窗体中拖拽鼠标，绘制一个按钮。

选择新建的按钮“Command1”，在图 1－11 的“属性”窗口列表框中修改 Caption 属性值为“确定”，就会看到“Form1”窗体中的按钮“Command1”上的标题变为“确定”两个字。

2) 输入代码程序

双击“Form1”窗体，调出“代码”窗口，在“代码”窗口内的“对象”下拉列表中，选择“Command1”对象名称，此时的“代码”窗口内会自动生成一个空的事件过程，它只有两行代码(过程头和过程尾代码)，如图 1－13 所示。

第一行语句(过程头)是过程声明语句，第二行语句(过程尾)是过程结束语句。过程声明语句中，Sub 是关键字，表示过程的开始。Command1_Click()是过程的名字，过程名字又由两部分组成，前一部分与窗体中创建的对象的“名称”相同，后一部分是事件方法的名称，在本例中 Click()是按钮的默认事件的名字。两部分之间必须用下划线连接。

在 Command1_Click()事件过程的过程头和过程尾之间输入程序语句，如图 1－14所示。

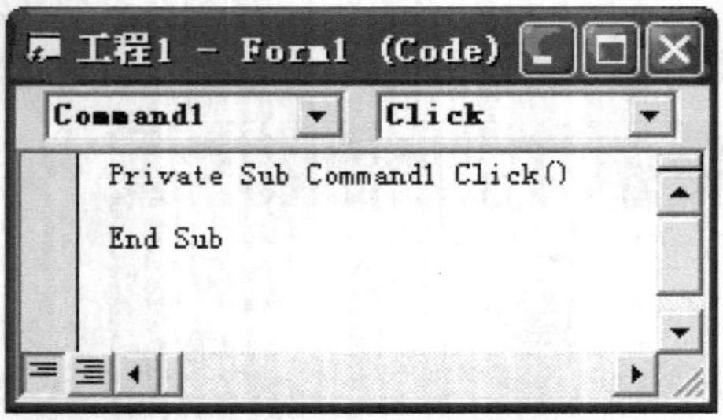

图 1－13　过程头和过程尾代码

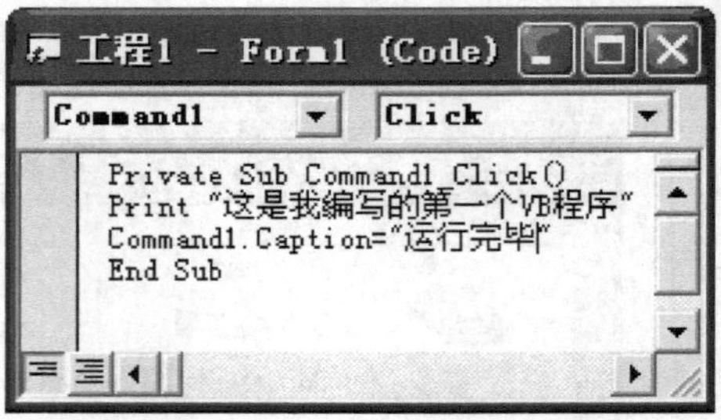

图 1－14　程序代码

3. 保存工程及打开工程

1) 保存工程

单击【文件(F)】→【保存工程(V)】菜单命令，可调出“文件另存为”对话框，选择文件夹，输入窗体文件名称，单击“保存”按钮，将窗体文件保存，同时调出“工程另存为”对话框，输入工程名称，单击“保存”按钮，将工程保存。

2) 打开工程

(1) 从 VB 工作环境打开工程。选择菜单命令【文件(F)】→【打开工程

(O)...】,在弹出的“打开工程”窗口中(图 1－15),选择欲打开的工程文件,选择“打开”。

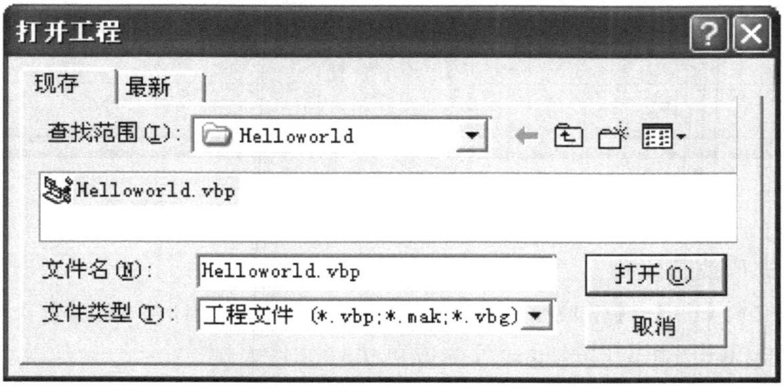

图 1－15　从 VB 工作环境打开工程

(2) 从资源管理器中打开工程。从程序的目录中双击以.vbp 为扩展名的工程文件即可直接打开该工程,见图 1－16。

图 1－16　从资源管理器打开工程

4. 运行程序及生成可执行文件

1) 运行程序

单击【运行(R)】→【启动(S)】菜单命令,或者单击标准工具栏内的“启动”按钮▶,即可在显示出如图 1－17 所示的窗口;在单击窗体中的“确定”按钮,即可显示如图 1－18 所示的窗口。然后,单击标准工具栏内的“结束”按钮,或者关闭该窗口，即可回到程序编辑状态。

图 1-17　运行程序（点击前）

图 1-18　运行程序（点击后）

2）生成可执行文件

单击【文件(F)】→【生成工程.exe(K)】菜单命令，调出“生成工程”对话框。输入工程名称，单击“确定”按钮，即可生成可执行文件。

此时我们就创建了一个完整的程序。用户可以根据需要修改程序代码，创建适合自己的应用程序，以满足不同问题的需要。

参考文献

沈大林. 2005. 中文 Visual Basic 6.0 案例教程. 北京：人民邮电出版社

曾强聪. 2001. Visual Basic 6.0 程序设计教程. 北京：中国水利水电出版社

第 2 章　化学化工问题数学模型的建立

2.1　概　　述

化学反应和化学工程都是通过能量、质量、动量的传递来完成的。在进行定量研究时，要利用数学关系对这些过程进行描述。如在光度法中利用了朗伯-比尔定律来实现定量描述 $A=\varepsilon bc$。一个敞口水箱底部的小孔流出的流量 q 与水平面高度 h 的关系为 $q=CA_0\sqrt{gh}$。这些数学关系都可以看作简单的数学模型。对于化学化工问题，无论过程如何复杂，都可以用函数 $y=f(x)$ 来描述。$f(x)$ 可以是线性的，也可以是非线性的。计算机科学的发展推动了化学反应和化学工程研究进一步向数学模型方向发展。

从广义上讲，数学模型是描述某一过程变量间关系的总称，不管是动态的，还是静态的，都可以用数学公式、表格和图形来表达。因为表格和图形都可以归纳为数学解析表达式。从狭义上讲，数学模型是可以描述化学化工过程特性的方程式或方程组。

本章借助数学手段建立数学模型，来描述线性的、非线性的、简单的和复杂的化学化工过程。

2.2　由理论推导数学模型

对于一个物理场或化学场，总可以确定出一些基本变量和反映体系特征的特征变量。所谓基本变量是指一些量的集合，这些量在任何时间均包含所有讨论现象所必需的信息。通常情况下基本变量是指质量、能量和动量，对任何给定的物理场或物理化学场，或者全部需要，或者仅需要其中的一部分。上述的基本变量一般是无法直接测量的，可以通过特征变量导出。特征变量要求是已知或便于测定，并且在正确的组合下可以确定基本变量的值。如我们感兴趣的质量、能量、动量可以用相对密度、湿度、压力、速率、体积等加以表征。这些特征变量可以描述任何时间、空间和任何点处系统的状态，有时也称之为状态变量。

在简单物理或物理化学场中，我们往往仅仅考虑一个变量 X。基本变量和特征变量确定之后可以根据质量、能量或动量守恒原理求取基础模型方程，此模型是否与实际情况相吻合，还要进行验证，校核一下方程是否满足。若不满足，需改变或增加基本变量。如图 2-1 所示。

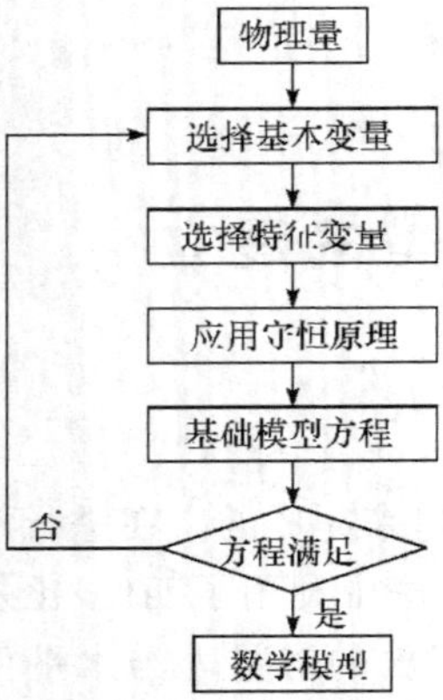

图 2-1 简单物理场数学模型建立过程

如果是对一个比较复杂的物理场，按图2-1，直接利用守恒定律，不可能得到所需的全部信息。因此，这个框图必须修正，即当充分应用守恒原理仍不能解决问题时，就需要引入局部方程。局部方程仅在某一限定范围内使用，不具有一般意义，相当于对基本模型方程增加了附加约束条件。如“理想气体定律”$pV=nRT$就是一个局部方程的例子。它只能用于低相对密度的气体，不能用于高相对密度的真实气体，这就是它的局限性。以上仅为理论建立数学模型的通则，在实际应用中，数学模型的建立也可以由实验归纳导出。

【例 2-1】 一个圆柱形的储水箱(图 2-2)，不断地加水和放水，试建立时间与液面高度的关系的数学模型。

解 设加水速率为q_f(m^3/min)，排水速率为q(m^3/min)，横断面积为A(m^2)，液面高度为h(m)，水的质量为m(kg)。

(1) 确定基本变量和特征变量

此问题中的基本变量为m，特征变量为ρ、h、A。

(2) 确定守恒原理

因为水的相对密度ρ和断面A都不变，所以流水的质量完全由某一时刻液面高度$h(t)$来表示，根据守恒原理有下式：

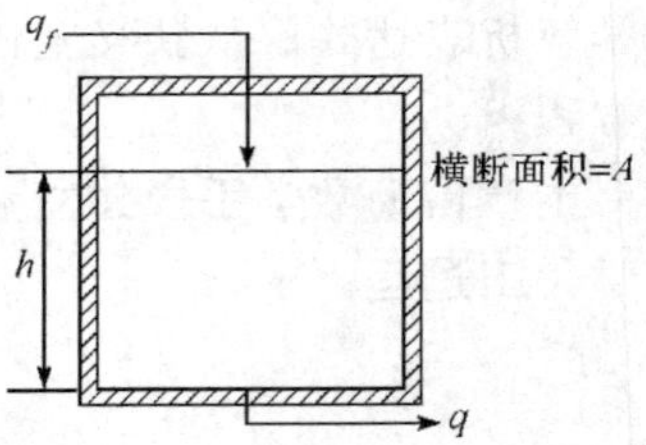

图 2-2 加水与排水示意图

$$m = \rho A h(t)$$

在$t+\Delta t$间隔内：

$$m_{进} = \rho q_f \Delta t$$

$$m_{出} = \rho q \Delta t$$

按照质量守恒定律，基本变量与特征变量之间的恒等式为

$$\rho A h(\Delta t + t) = \rho A h(t) + \rho q_f \Delta t - \rho q \Delta t$$

上式两边分别除以ρA，得

$$h(\Delta t + t) = h(t) + \frac{1}{A}(q_f - q)\Delta t$$

这里q_f、q均看作常量，不论Δt多大，上式都成立。

(3) 确定基本模型方程

设t_0为开始加水时间，t为任意时间，则上式可改写为

$$h(t) = h(t_0) + \frac{1}{A}(q_f - q)(t - t_0) \tag{2-1}$$

式(2-1)为基本模型方程。

(4) 检验方程是否满足

式(2-1)为代数式，在已知其他变量的条件下，可用来求取在任何时间 t 时的液面高度。所以基本模型方程就是数学模型。但要注意它的限定条件是 q_f、q 在($t \sim t_0$)间隔内保持不变。

如果 q_f 与 q 随时间变化，分别为 $q_f(t)$、$q(t)$，则数学模型建立如下：设在很小的时间间隔 Δt 内，q 可视为常量，则在 Δt 内离开的量应为 $\rho q \Delta t$，故在任意时间 $t_1 \sim t_2$ 水排出的总量应为 $\int_{t_1}^{t_2} \rho q(t) \mathrm{d}t$，进入的总量应为 $\int_{t_1}^{t_2} \rho q_f(t) \mathrm{d}t$。应用质量守恒定律有

$$\rho A h(t_2) = \rho A h(t_1) + \int_{t_1}^{t_2} \rho q_f(t) \mathrm{d}t - \int_{t_1}^{t_2} \rho q(t) \mathrm{d}t$$

上式两端同除 ρA，整理可得

$$h(t_2) = h(t_1) + \frac{1}{A}\int_{t_1}^{t_2} [q_f(t) - q(t)]\mathrm{d}t \tag{2-2}$$

式(2-2)为水箱进出流量均为变量时的形式，如果已知 q_f 和 q 随时间变化的具体函数关系，则可求得液面高度 h。

如果 q_f 和 q 的函数表达式不易表达，可采用微分的形式。引用数学分析中的中值定理，可将式(2-2)改写为以下形式：

$$h(\Delta t + t) - h(t) = \frac{1}{A} \cdot \overline{(q_f - q)} \cdot \Delta t$$

式中：$\overline{(q_f - q)}$表示在时间 $\Delta t + t$ 与 t 间加水和排水速率之差的平均值。当 Δt 趋向于 0 时，不难得出

$$\frac{\mathrm{d}h}{\mathrm{d}t} = \frac{1}{A}(q_f - q)$$

或

$$\frac{\mathrm{d}}{\mathrm{d}t}(\rho A h) = \rho q_f - \rho q \tag{2-3}$$

式(2-3)中左边表示水箱中物质的变化率，右边则代表物质的净流率。

【例 2-2】 欲设计一封闭的圆柱形储油罐，当给定容积为 V 时，试建立用料最少时的储罐直径 D 和高 H 的数学模型。

解 根据题意，材料用量最少实际可处理为表面积 S 最小，其最优化数学模型是使

$$S = 2 \cdot \frac{\pi}{4} D^2 + \pi D H \tag{2-4}$$

最小。其中

$$V = \frac{\pi}{4} D^2 H \tag{2-5}$$

由式(2-5)有

$$H = \frac{4V}{\pi D^2}$$

代入式(2-4),则有

$$S = \frac{\pi}{2}D^2 + \frac{4V}{D} \tag{2-6}$$

若使 S 为最小,令 $\frac{dS}{dD}=0$,得

$$D^* = \sqrt[3]{\frac{4V}{\pi}} = H^* \tag{2-7}$$

$$S^* = 3\sqrt[3]{2\pi V^2} \tag{2-8}$$

D^*、H^*、S^* 即为所求。

2.3 由实验数据建立数学模型

一般的科学实验都是用图或表来描述一组数据,从中找出所需要的信息,但是图、表使用起来没有数学表达式方便。另外对于复杂体系变量间的复杂对应关系,图或表不能准确地反映出来。如对于一个多组分体系,组分间的相互影响不能通过图或表准确地表达出来。如果将它们的关系整理成一个或几个数学表达式,用计算机进行数据处理,便可去掉相互的影响,从一个复杂体系中提取单一元素的信息。因此由实验数据求取数学模型,是计算机应用的基本方法,也是重要的一个环节。

数学模型可以指某一具体的表达式,也可以泛指某一类型的表达式,如多项式、幂函数、指数函数。在化学和化工中常用到指数函数 $y=ab^x$ 或 $y=ae^{bx}$。例如,在生物实验室中培养细菌,假设原来细菌的数量为 a、繁殖率为 b,则每一时刻的细菌总量 y 与时间 t 的关系是指数关系,即 $y=ae^{bt}$。

对一组实验数据所选择的数学模型 $y=\psi(x)$,在一定的区间 $[\alpha,\beta]$ 内应该能最接近真函数 $f(x)$。换句话说,在某些问题中,我们取函数 $\psi(x)$ 构成数学模型,在给定区间 $[\alpha,\beta]$ 内,差值 $|f(x)-\psi(x)|$ 的最大值要比选用任何其他的数学模型时更小一些。

2.3.1 典型曲线法

将由实验所得的数据绘成曲线,与典型的函数曲线相对照,以确定数学模型的类型,或根据经验来选定函数曲线作为数学模型的方法叫典型曲线法。

化学和化工中变量之间的关系多为非线性的,为了便于计算机计算,常常要对所选的曲线进行直线化处理。表 2-1 给出了在化工和化学中常见的典型曲线和直线化形式。

表 2－1　化学化工中常见的 8 个函数关系式

函数关系式	图　示	直线化
$y=ax+b$	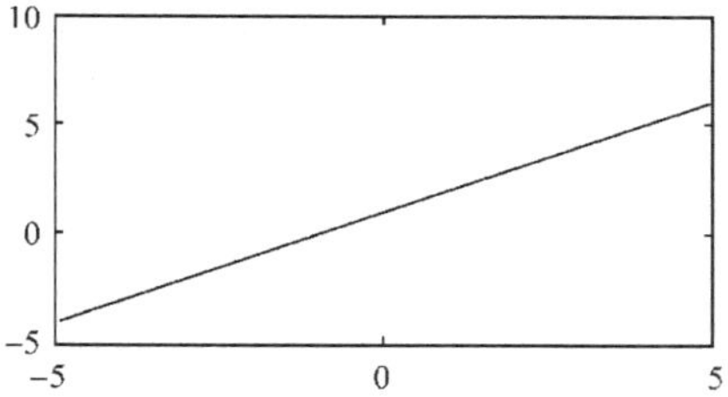 a=1, b=1	基本型 Ⅰ
$y=ax^2+bx+c$	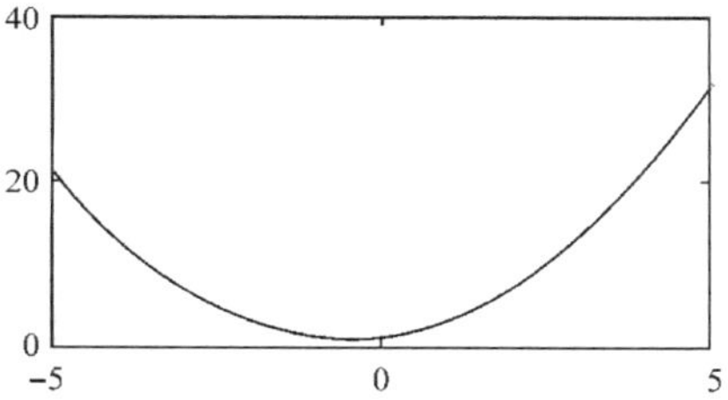 a=1, b=1, c=1	基本型 Ⅱ
$y=\dfrac{1}{ax+b}$	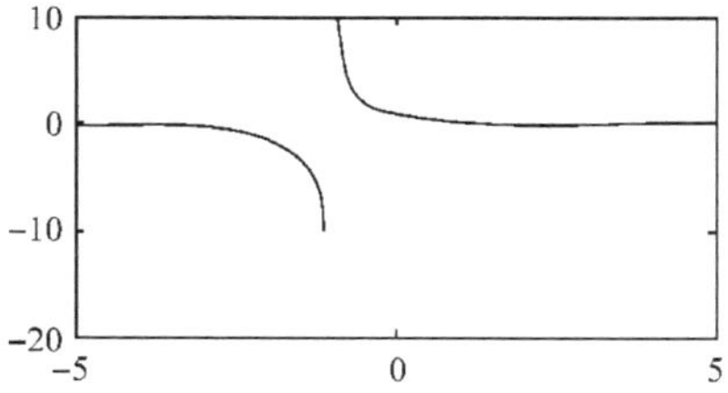 a=1, b=1	令 $X=x$ $Y=\dfrac{1}{y}$ 有 $Y=ax+b$ →基本型 Ⅰ
$y=\dfrac{1}{ax^2+bx+c}$	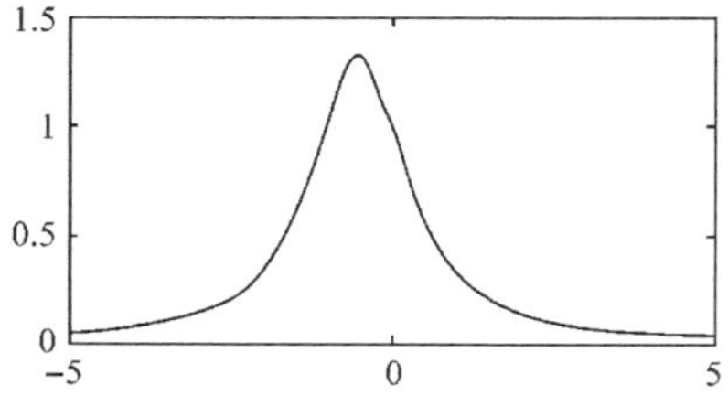 a=1, b=1, c=1	令 $X=x$ $Y=\dfrac{1}{y}$ 有 $Y=aX^2+bX+c$ →基本型 Ⅱ

续表

函数关系式	图　示	直线化
$y=ax^b+c$	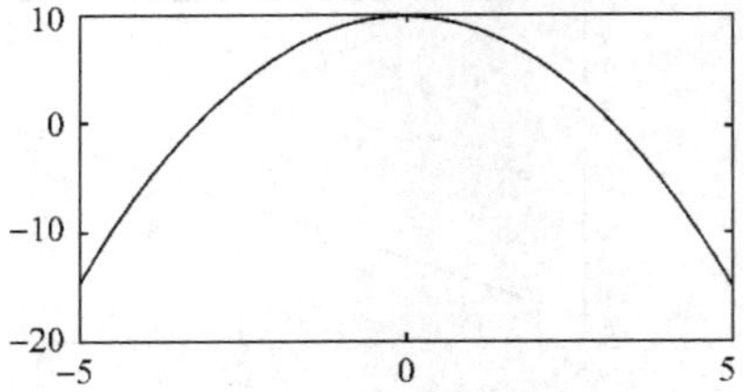 $a=-1,\ b=2,\ c=10$	令 $X=x$ $Y=\lg(y-c)$ 有 $Y=\lg a+bX$ →基本型Ⅰ
$y=ae^{bx}$	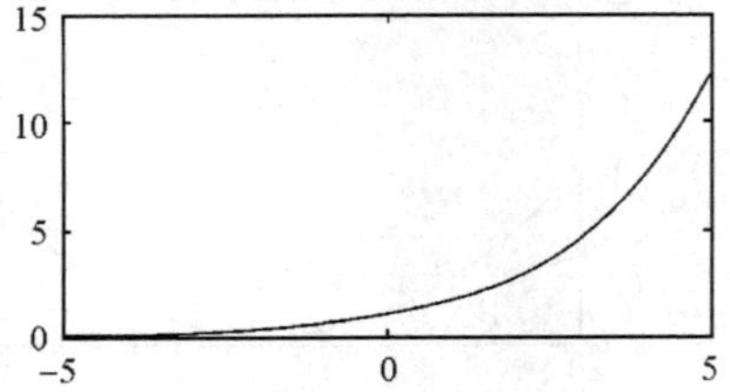 $a=1,\ b=0.5$	令 $X=x$ $Y=\ln y$ 有 $Y=\ln a+bX$ →基本型Ⅰ
$y=\dfrac{1}{a+be^{-x}}$	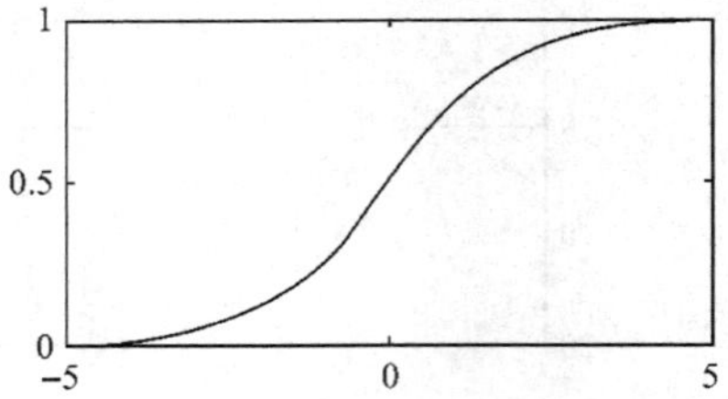 $a=1,\ b=1$	令 $X=e^{-x}$ $Y=\dfrac{1}{y}$ 有 $Y=a+bX$ →基本型Ⅰ
$y=\dfrac{x}{Ax^2+Bx+C}$	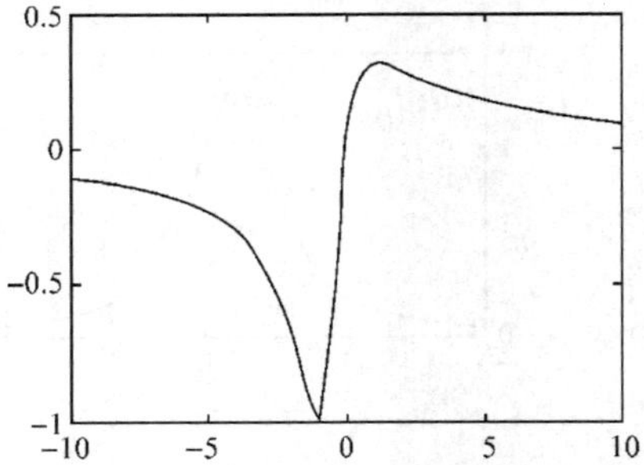	令 $Z=\dfrac{x}{y}$ 有 $Z=Ax^2+Bx+C$ →基本型Ⅱ

2.3.2　多项式拟合

对于复杂的化学化工过程，很难用一种曲线型式来描述。对于 $n+1$ 对实验数据，通常采用多项式拟合来确定最佳数学表达式：

$$y = b_0 + b_1x + b_2x^2 + \cdots + b_nx^n \tag{2-9}$$

对于 n 次多项式模型，在给定的误差要求下，增加 x 的次数时，总可以找到适当的 n 值，使数学模型与实验数据任意接近，甚至可以使实验数据与公式完全吻合。建立多项式数学模型，可以由后续最小二乘法和差分法来完成。

2.3.3　多元回归分析法

多元回归分析法可以建立反映多个与研究体系相关的因素与测量值之间相关关系的数学模型，一般的表达为

$$y = b_0 + b_1x_1 + b_2x_2 + \cdots + b_nx_n$$

详细内容在第 6 章中介绍。

必须指出，整理实验数据时不必力求使所有的数据与所求出的数学模型完全相符，因为在实验数据中是有随机误差的，当追求完全相等时，可能反而降低公式的正确性。

2.4　数学模型的选择

数学模型的建立可以根据理论推导，也可以根据经验来确定；可以用典型曲线的数学模型表达来代替，也可以用多项式拟合近似。通常，可能有多种形式的模式满足同一个问题，因此要对所建立的数学模型与真函数的近似程度进行检验评价，以得到最佳的数学模型。评价的方法有直线法、差分法和误差法。

2.4.1　直线化检验

直线化检验数学模型的方法适用于典型曲线法建立的数学模型。由实验数据绘制的实验曲线往往不止和一个典型曲线相类似，而这些曲线的方程是各不相同的。

当我们对照典型曲线初步选定一个公式模型后，可以用直线化检验法来检验所选数学模型是否正确。所谓直线化检验法就是将所选函数 $y=\psi(x)$ 转换成线性函数。一般可选取新的变量 $X=\Phi(x,y)$ 和 $Y=\Psi(x,y)$ 来代替原来的变量 x 和 y，以便得到直线方程：

$$Y = A + BX$$

检验方法是，按已知 x_i 和 y_i 值计算出 X_i 和 Y_i 值，用 X_i 对 Y_i 作图。如果所

得图形近似于一条直线，说明所选公式模型 $y=\psi(x)$ 适合用来表达实验数据中所蕴藏的规律性。

【例 2-3】 已知某一化学反应混合物中物质随时间 t(min)变化的量 m(g)，见表 2-2。试利用典型曲线法建立一个合适的数学模型。

表 2-2 实验数据表

t	m	$\lg m$
20	57.6	1.7604
40	41.9	1.6222
60	31.0	1.4912
80	22.7	1.3569
100	16.6	1.2201
120	12.2	1.0864
140	8.9	0.9494
160	6.5	0.8129

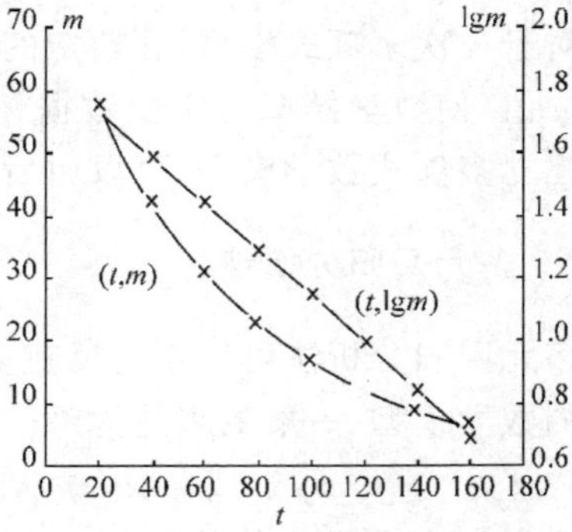

图 2-3 原始数据图和直线化图

解 首先将这些数据绘图，如图 2-3 所示，由实验曲线和专业知识，初步选取 $y=ae^{bt}$ 为数学模型来表达反应的内在规律。为了验证所选数学模型是否正确，将公式两边取对数，以达到直线化的目的，即

$$\lg m = \lg a + bt/2.303$$

然后计算 $\lg m$ 值，并以$(t,\lg m)$作图。由图 2-3 看出，直线化以后的点都落在一条直线上，说明所选的数学模型是合适的。

【例 2-4】 利用表 2-3 中的数据，建立合成纤维的强度 Q(MPa)与拉伸倍数 n 之间关系的数学模型。

表 2-3 合成纤维的强度 Q 与拉伸倍数 n

Q	n	$\lg Q$	$\lg n$	$\Delta\lg Q$	$\Delta\lg n$
3.2	1.12	0.5051	0.1133	0.0389	0.5232
3.5	1.89	0.5441	0.6366	0.0241	0.2595
3.8	2.45	0.5798	0.8961	0.0240	0.0935
4.1	2.69	0.6128	0.9895	0.0413	−0.0653
4.4	2.52	0.6435	0.9243	0.0197	−0.2667
4.7	1.93	0.6721	0.6575	0.0280	−0.4424
5.0	1.24	0.6990	0.2151	0.0177	−0.6008
5.3	0.68	0.7243	−0.3857	0.0253	−0.6931
5.6	0.34	0.7482	−1.0788	0.0161	−0.8183
5.9	0.15	0.7709	−1.8971		

解　将表 2－3 中前两列数据作图，得图 2－4，将图 2－4与表 2－1 中典型曲线相比较，发现与如下两方程的图形相似：

$$y = \frac{x}{a + bx + cx^2} \tag{2-10}$$

$$y = ax^b \tag{2-11}$$

按题意数学模型可分别设为

$$n = \frac{Q}{a + bQ + Q^2} \tag{2-10$'$}$$

$$n = aQ^b \tag{2-11$'$}$$

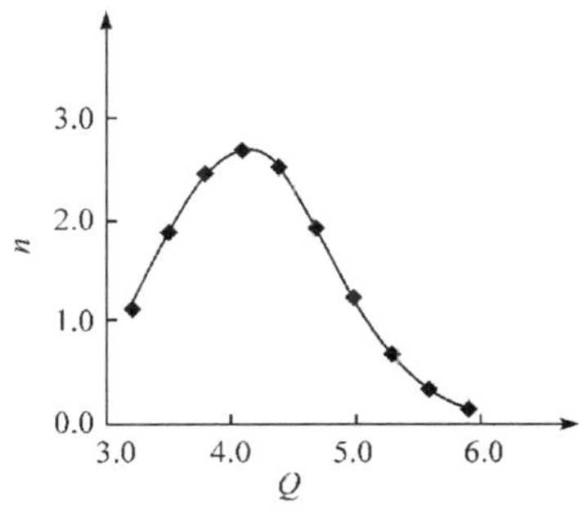

图 2－4　原始数据图

(1) 将公式直线化

在式(2－10′)中可设 $Z=Q/n$，导出

$$Z = a + bQ + cQ^2 \tag{2-12}$$

式(2－11′)可变为

$$\lg n = \lg a + b\lg Q \tag{2-13}$$

(2) 初步判断

式(2－12)为一元二次方程，不是直线。粗略看一下式(2－13)，lg$Q$ 与 lg$n$ 也不成直线。

(3) 进一步判断

利用 lg$Q$ 与 lg$n$ 值，求出一阶差分 $\Delta\lg Q$ 与 $\Delta\lg n$，并以 $\Delta\lg Q$ 与 $\Delta\lg n$ 为坐标绘图，发现实验数据能很好地符合成一条直线(图 2－5)。说明选取式(2－11)为其数学模型是正确的。

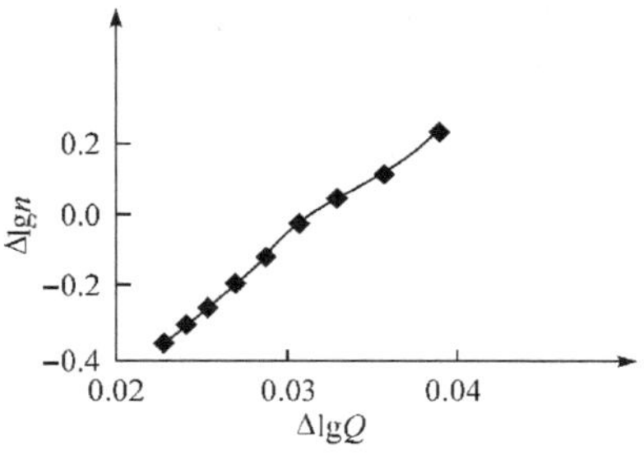

图 2－5　直线化图

此外还会遇到这种情况：某一表达式能相当准确地代表实验数据，但这个表达式的典型曲线与实验曲线却完全不同。这种情况出现时，应检查一下实验过程是否准确、自变量的范围是否一致、坐标轴选择是否正确。

2.4.2　差分检验

对于 $n+1$ 对实验数据(x_i, y_i) $(i=0,1,2,\cdots,n)$，通常可以用多项式模型任意逼近：

$$y_i = a_0 + a_1x_i + a_2x_i^2 + \cdots + a_nx_i^n$$

但要达到一定的准确度，所需的多项式次数并不确定。差分检验可用于确定多项式模型的次数。建立差分递推公式后，很容易由计算程序来完成最佳逼近。

所谓差分检验是在 x 的一定等差级距 h 下，求出 y 的差分值，直到所有点的差分值相等或小于某一给定数值时的差分阶数即为某一问题中多项式的次数。如果取一系列成等差数列的自变量之值，即 $x_{i+1}-x_i=h$(常数)，则 $x_k=k_0+kh$。以 h 为级距列出相应的 y 值，进而算出一阶差分 $\Delta y_i = y_{i+1} - y_i$，二阶差分 $\Delta^2 y_i =$

$\Delta y_{i+1} - \Delta y_i$，三阶差分 $\Delta^3 y_i = \Delta^2 y_{i+1} - \Delta^2 y_i$。然后做出如表 2－4 所示的差分表。

表 2－4　差分表

x_i	y_i	Δy_i	$\Delta^2 y_i$	$\Delta^3 y_i$	
x_0	y_0	Δy_0	$\Delta^2 y_0$	$\Delta^3 y_0$	⋮
x_1	y_1	Δy_1	$\Delta^2 y_1$	$\Delta^3 y_1$	⋮
x_2	y_2	Δy_2	$\Delta^2 y_2$	$\Delta^3 y_2$	⋮
x_3	y_3	Δy_3	$\Delta^2 y_3$	⋮	
x_4	y_4	Δy_4	⋮		
x_5	y_5	⋮			

当第 n 阶差分列内所有数字相等或几乎相等时，差分计算停止，此时表示用 n 次多项式来表示未知函数已足够准确。

需要特别注意的是，在差分计算时，要正确使用有效数字。因为每一个 y 值数据的取舍，即使含有不大的误差，再高一级的差分中都会引起加倍的误差。

【例 2－5】 已知树脂合成中反应时间 t 和黏度 η 的关系为一多项式，试利用表 2－5 的数据，用差分检验确定二者多项式的次数。

解　利用表 2－5 第二列相邻数值的差可求得函数值的一阶差分 $\Delta\eta$ 与二阶差分 $\Delta^2\eta$ 的计算值。可以看出二阶差分已接近常数，故 η 与 t 的关系可以足够准确地用二次多项式表达，即

$$\eta = a_0 + a_1 t + a_2 t^2$$

表 2－5　原始数据及差分表

t	η	$\Delta\eta$	$\Delta^2\eta$
60	1.140	0.170	0.030
80	1.310	0.200	0.030
100	1.510	0.230	0.030
120	1.740	0.260	0.031
140	2.000	0.291	
160	2.291		

2.4.3　误差检验

在实际应用中，对于数学模型检验和选择更多地使用所建模型的模拟值与实验值之间的误差来确定。这种方法可以用于典型曲线法、差分法、最小二乘法及多元回归分析数学模型的确定。这在后续章节中还会介绍。

按照以上方法，根据实验数据总可以确定出描述某一实际问题的数学模型。可以看出，无论用何种方法确定的数学模型中都含有未知系数。下一节将介绍如何确定数学模型中的系数。

2.5　数学模型中系数的确定

建立数学模型以后，要利用已知 x，y 的对应数据求出模型中的系数 a，b，c，…，进而建立仅含有 x 与 y 的关系式。数学模型中系数可以用差分法、图解法、平均值法、矩阵法和数学解析方法来确定。

2.5.1　差分法

多项式可以用差分的形式来表示：

$$y = y_0 + \frac{\Delta y_0}{h}(x - x_0) + \frac{\Delta^2 y_0}{2h^2}(x - x_0)(x - x_1) + \cdots + \frac{\Delta^n y_0}{n!h^n}(x - x_0)(x - x_1)\cdots(x - x_{n-1}) \tag{2-14}$$

式(2-14)又称为牛顿内插公式，是利用差商的形式由拉格朗日插值多项式改写而成的。利用式(2-14)，很容易从差分计算中求出多项式中的常数值 a_0，a_1，…，a_n。对于例 2-5 中所确定的数学模型可写为

$$y = a_0 + a_1 x + a_2 x^2 \tag{2-15}$$

式中的系数 a_0、a_1、a_2 可由差分多项式求出。取差分多项式(2-14)中的前三项：

$$y = y_0 + \frac{\Delta y_0}{h}(x - x_0) + \frac{\Delta^2 y_0}{2h^2}(x - x_0)(x - x_1) \tag{2-16}$$

将式(2-16)展开后按升幂排列后，比较方程(2-15)与方程(2-16)中 x 的同次幂的系数可得

$$a_0 = y_0 - \frac{\Delta y_0}{h}x_0 + \frac{\Delta^2 y_0}{2h^2}x_0 x_1 \tag{2-17}$$

$$a_1 = \frac{\Delta y_0}{h} - \frac{\Delta^2 y_0}{2h^2}x_0 - \frac{\Delta^2 y_0}{2h^2}x_1 \tag{2-18}$$

$$a_2 = \frac{\Delta^2 y_0}{2h^2} \tag{2-19}$$

式中 y_0、h、$\Delta^2 y_0$、x_0、x_1 都为已知，可根据差分表(表 2-3)将 a_0、a_1、a_2 求出。

对于三次多项式：

$$y = a_0 + a_1 x + a_2 x^2 + a_3 x^3 \tag{2-20}$$

此时仅需取式(2-14)中的前四项，即

$$y = y_0 - \frac{\Delta y_0}{h}x_0 + \frac{\Delta y_0}{h}x + \frac{\Delta^2 y_0}{2h^2}(x^2 - x_0 x - x_1 x + x_0 x_1) + \frac{\Delta^3 y_0}{3!h^3}(x^3 - x_0 x^2 - x_1 x^2 - x_2 x^2 + x_0 x_1 x + x_0 x_2 x + x_1 x_2 x - x_0 x_1 x_2) \tag{2-21}$$

按升幂排列并与式(2-20)比较,可得

$$a_0 = y_0 - \frac{\Delta y_0}{h}x_0 + \frac{\Delta^2 y_0}{2!h^2}x_0x_1 - \frac{\Delta^3 y_0}{3!h^3}x_0x_1x_2 \tag{2-22}$$

$$a_1 = \frac{\Delta y_0}{h} - \frac{\Delta^2 y_0}{2!h^2}(x_0 + x_1) + \frac{\Delta^3 y_0}{3!h^3}(x_0x_1 + x_0x_2 + x_1x_2) \tag{2-23}$$

$$a_2 = \frac{\Delta^2 y_0}{2!h^2} - \frac{\Delta^3 y_0}{3!h^3}(x_0 + x_1 + x_2) \tag{2-24}$$

$$a_3 = \frac{\Delta^3 y_0}{3!h^3} \tag{2-25}$$

推而广之,可将 n 次多项式中系数公式写为

$$a_0 = y_0 + \sum_{k=1}^{n} (-1)^k \frac{\Delta^k y_0}{k!h^k} \prod_{i=0}^{k-1} x_i \tag{2-26}$$

$$a_i = \sum_{k=i}^{n} (-1)^{k-i} \frac{\Delta^k y_0}{k!h^k} \cdot C_{ki} \qquad (i = 1,2,\cdots,n) \tag{2-27}$$

其中

$$C_{ki} = \begin{cases} \sum\limits_{k_i=1}^{k-i} \sum\limits_{k_{i-1}=k_i+1}^{k-(i-1)} \cdots \sum\limits_{k_1=k_2+1}^{k-1} x_{k_i}^{-1} x_{k_{i-1}}^{-1} \cdots x_{k_2}^{-1} x_{k_1}^{-1} \prod\limits_{k_0=0}^{k-1} x_{k_0} & (k = i+1, i+2, \cdots, n) \\ 1 & (k = i) \end{cases} \tag{2-28}$$

式中:i 为行号;k 为列号;k_i 为运算下标,$k_i=i$,但不等于零。

例如,当 $i=1$ 时

$$C_{k1} = \begin{cases} \sum\limits_{k_1=0}^{k-1} x_{k_1}^{-1} \prod\limits_{k_0=0}^{k-1} x_{k_0} & (k = 2,3,\cdots,n) \\ 1 & (k = 1) \end{cases}$$

当 $i=2$ 时

$$C_{k2} = \begin{cases} \sum\limits_{k_2=0}^{k-2} \sum\limits_{k_1=k_2+1}^{k-1} x_{k_2}^{-1} x_{k_1}^{-1} \prod\limits_{k_0=0}^{k-1} x_{k_0} & (k = 3,4,\cdots,n) \\ 1 & (k = 2) \end{cases}$$

在以上各式中,任何一对 x_i 和 y_i 值均可作为初值 x_0、y_0 代入。由此可知,由于这些实验数据包含有不同的误差,故当采用不同值代入时,得到的 $a_0, a_1, \cdots, a_n$ 的值难免有些不同,若差别较大,最好采用 n 对不同的 x_i 和 y_i 值作为初值,算出 $a_0, a_1, \cdots, a_n$ 后,取平均值。

【例 2-6】 在例 2-5 中已知树脂合成中反应时间 t 和黏度 η 的关系可用二次多项式模型

$\eta = a_0 + a_1 t + a_2 t^2$ 来表示，试求出二次数学模型中各系数的值。

解　由表 2-4 所知，时间间隔为 20min，因此级距 $h=20$，可根据式(2-17)、式(2-18)和式(2-19)来计算二次多项式中的系数项。根据实际问题，式(2-17)、式(2-18)和式(2-19)可变为

$$a_0 = \eta_i - (\Delta\eta_i/h)t_i + (\Delta^2\eta_i/2h^2)t_i t_{i+1}$$

$$a_1 = \Delta\eta_i/h - (\Delta^2\eta_i/2h^2)t_i - (\Delta^2\eta_i/2h^2)t_{i+1}$$

$$a_2 = \Delta^2\eta_i/2h^2$$

对于第一对 t_1 和 η_1 可得

$$a_2 = \Delta^2\eta_1/2h^2 = 0.030/(2\times 20^2) = 3.75\times 10^{-5}$$

$$a_0 = \eta_1 - (\Delta\eta_1/h)t_1 + (\Delta^2\eta_1/2h^2)t_1 t_2$$
$$= 1.14 - (0.17/20)\times 60 + 3.75\times 10^{-5}\times 60\times 80 = 0.81$$

$$a_1 = \Delta\eta_1/h - (\Delta^2\eta_1/2h^2)t_1 - (\Delta^2\eta_1/2h^2)t_2$$
$$= 0.17/20 - 3.75\times 10^{-5}\times 60 - 3.75\times 10^{-5}\times 80 = 0.003\,25$$

对于第二对 t_2 和 η_2 可得

$$a_2 = \Delta^2\eta_2/2h^2 = 0.030/(2\times 20^2) = 3.75\times 10^{-5}$$

$$a_0 = \eta_2 - (\Delta\eta_2/h)t_2 + (\Delta^2\eta_2/2h^2)t_2 t_3$$
$$= 1.31 - (0.20/20)\times 80 + 3.75\times 10^{-5}\times 80\times 100 = 0.81$$

$$a_1 = \Delta\eta_2/h - (\Delta^2\eta_2/2h^2)t_2 - (\Delta^2\eta_2/2h^2)t_3$$
$$= 0.20/20 - 3.75\times 10^{-5}\times 80 - 3.75\times 10^{-5}\times 100 = 0.003\,25$$

同样可计算出其余的 a_0、a_1 与 a_2 值，见表 2-6。

表 2-6　差分计算表

t	η	$\Delta\eta$	$\Delta^2\eta$	a_0	a_1	a_2
60	1.140	0.170	0.030	0.810	0.003 250	3.750×10^{-5}
80	1.310	0.200	0.030	0.810	0.003 250	3.750×10^{-5}
100	1.510	0.230	0.030	0.810	0.003 250	3.750×10^{-5}
120	1.740	0.260	0.031	0.831	0.002 925	3.875×10^{-5}
140	2.000	0.291				
160	2.291					

最后取平均值 $\bar{a}_0 = 0.815\,25$、$\bar{a}_1 = 3.169\times 10^{-3}$ 和 $\bar{a}_2 = 3.781\times 10^{-5}$ 作为所求的系数，故反应温度与黏度之间的数学模型为

$$\eta = 0.815\,25 + 3.169\times 10^{-3} t + 3.781\times 10^{-5} t^2$$

按此式可以计算任意时刻的 η 值，以验证模型的准确性。

将上述差分过程编成一个计算程序，在微型计算机上实现系数的求解。具体程序见 2.6 节。

2.5.2　图解法

用图解法求定数学模型中的系数，虽然其准确度逊于计算法，但是其简单、直观，而且在很多情况下可以给出令人满意的结果。

当所研究的函数关系可以利用直线方法化为线性时，可得到直线方程：

$$y = A + Bx \tag{2-29}$$

这是以 x、y 为坐标时的一条直线，当 $x=0$ 时，$y=A$，可求出直线截距。如果由实验数据绘出的直线不交于 y 轴，则要用图解法求出 A 值，此时可延长直线交于 y 轴，即可得 A 值。需要注意的是，此项函数关系仅限于所研究的 x、y 范围以内才是正确的。由方程(2-29)可以求出直线斜率，即

$$B = \frac{y_i - A}{x_i}$$

如果 x、y 之值远远大于零，而图上也未标出原点时，则可利用任意两个直线上的点(x_1, y_1)和(x_2, y_2)来确定系数 A 和 B。为了减小计算误差，最好选择相互距离较远的两点。

2.5.3 平均值法

平均值法求定系数是计算求定的方法之一。计算精度逊于最小二乘法，在所有点都非常接近一条直线时最为合适。

平均值法的计算步骤为：

(1) 利用直线化求出模型的线性关系式

$$y = a + bx$$

(2) 列出所有的条件方程 $y_i = a + bx_i (i = 1, 2, \cdots, n)$，按照相等(偶数个时)或近似相等(奇数个时)的原则，将 n 个条件方程分为两组并分别相加得两组方程，即

$$\sum_{i=1}^{m} y_i = ma + b\sum_{i=1}^{m} x_i$$

$$\sum_{i=m+1}^{n} y_i = (n-m)a + b\sum_{i=m+1}^{n} x_i$$

解方程，便可求得系数 a 与 b 的值。可见成对的实验数据 x_i、y_i 越多，平均值法就越可靠。

【例 2-7】 在研究某化学反应速率时得到的数据如表 2-7 所示，第一列为实验的时间序列，第二列 y 为瞬时 t 内反应混合物中物质的量。若已知基数模型为 $y = ae^{bt}$，求反应速率数学模型中系数 a、b 值。

表 2-7 实验数据

t	y	$\lg y$	t	y	$\lg y$
30	27.1	1.433	70	34.3	1.535
40	28.2	1.450	80	36.6	1.563
50	30.5	1.484	90	38.6	1.587
60	32.1	1.507	100	41.1	1.614

解　首先将数学模型直线化：

$$\lg y = \lg a + bt/2.303$$

将 8 对 t 和 $\lg y$ 数据分成相等的两组，代入到直线化的数学模型中，然后将它们相加。

$$1.433 = \lg a + 30 \times b/2.303 \qquad 1.535 = \lg a + 70 \times b/2.303$$
$$1.450 = \lg a + 40 \times b/2.303 \qquad 1.563 = \lg a + 80 \times b/2.303$$
$$1.484 = \lg a + 50 \times b/2.303 \qquad 1.587 = \lg a + 90 \times b/2.303$$
$$1.507 = \lg a + 60 \times b/2.303 \qquad 1.614 = \lg a + 100 \times b/2.303$$

$$5.874 = 4\lg a + 180 \times b/2.303 \qquad 6.299 = 4\lg a + 340 \times b/2.303$$

解此方程组可得

$$\lg a = 1.349, \ a = 22.33, \ b = 6.12 \times 10^{-3}$$

故所求数学模型为

$$y = 22.33e^{6.12\times10^{-3}t}$$

用此数学模型进行验证，结果如表 2－8 所示。

表 2－8　结果对照表

t	30	40	50	60	70	80	90	100
y	27.1	28.2	30.5	32.1	34.3	36.6	38.6	41.1
$y_{计算}$	26.832	28.526	30.326	32.240	34.275	36.438	38.737	41.182

将 n 个条件方程分为两组时，其分法很多，而且不同的分组法会有不同的拟合误差。利用“穷举法”，将可能有的分法都进行试验，从中找出误差最小的一种分法。这样做无疑是一种浪费。通常是根据经验按实验数据的次序分成相等或近似相等的两组，这样也可得到满意的结果。成对的实验数据越多，平均值法越准确。

2.5.4　解线性方程组

对于 n 组实验数据，按所求的数学模型可得到一线性方程组，用矩阵形式描述为

$$\boldsymbol{AB} = \boldsymbol{Y}$$

对于未知系数矩阵 $\boldsymbol{B}$，可用解线性方程组的方法如代入法、迭代法、消元法等来求解，也可以用矩阵乘的方法来解，有关这方面的知识将在第 5 章、第 6 章中详细介绍。

2.6　计算机实现数学模型的建立

2.6.1　C 语言实现差分法数学模型的建立

1）程序框图

差分法建立数学模型程序框图见图 2－6。

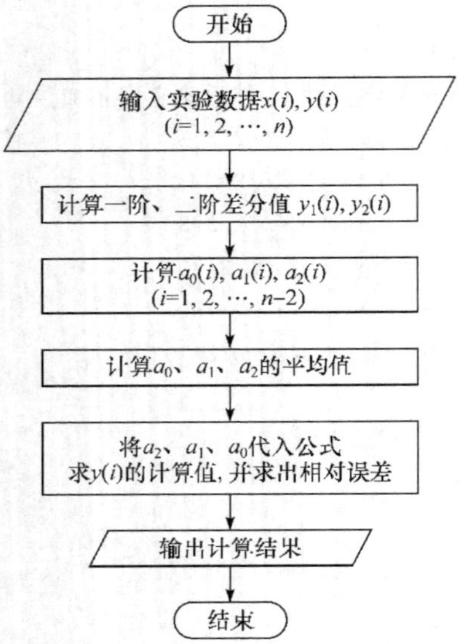

图 2-6 差合法数学模型的建立

2）程序功能

该程序可以对等间距实验点的数据进行处理，确定任何一组数据的多项式数学模型，并用差分法求出模型中的系数，打印数学模型。

3）程序参数

n：实验数据个数。

x[i]：实验数据 x 值。

y[i]：实验数据 y 值。

yy[i]：实验数据的计算值。

a0、a1、a2：拟合系数。

4）程序清单

V C++ 环境下建立新文件，输入程序清单，编辑程序。

```
// 差分法数学模型的建立
# include <stdio.h>
# include <malloc.h>
void main()
{
    int i,n;
    double * x, * y0, * y1, * y2, * yy, * a0, * a1, * a2,h,h2;
    printf("输入数据个数:"); scanf("%d",&n);
    x=(double * )malloc((n+1) * sizeof(double));
    y0=(double * )malloc((n+1) * sizeof(double));
    yy=(double * )malloc((n+1) * sizeof(double));
    y1=(double * )malloc((n) * sizeof(double));
    y2=(double * )malloc((n-1) * sizeof(double));
    a0=(double * )malloc((n-2) * sizeof(double));a0[0]=0;
    a1=(double * )malloc((n-2) * sizeof(double));a1[0]=0;
    a2=(double * )malloc((n-2) * sizeof(double));a2[0]=0;
    printf("H="); scanf("%lf",&h);
    h2=2 * h * h;
    printf("X(1)="); scanf("%lf",&x[1]);
    printf("Y(1)="); scanf("%lf",&y0[1]);
    for (i=2;i<=n;i++)
    {
        x[i]=x[i-1]+h;
        printf("X(%d)=%.2f\t",i,x[i]);
```

```
        printf("Y(%d)=",i); scanf("%lf",&y0[i]);
    }
    for (i=1;i<=n-1;i++) y1[i]=y0[i+1]-y0[i];
    for (i=1;i<=n-2;i++) y2[i]=y1[i+1]-y1[i];
    for (i=1;i<=n-2;i++)
    {
        a0[i]=y0[i]-y1[i]/h * x[i]+y2[i]/h2 * x[i] * x[i+1];
        a1[i]=y1[i]/h-y2[i]/h2 * (x[i]+x[i+1]);
        a2[i]=y2[i]/h2;
        a0[0] +=a0[i]/(n-2);
        a1[0] +=a1[i]/(n-2);
        a2[0] +=a2[i]/(n-2);
    }
    printf("X\tY\tY'\tE(%%)\n");
    for (i=1;i<=n;i++)
    {
        yy[i]=a0[0]+a1[0] * x[i]+a2[0] * x[i] * x[i];
        printf("%.0f\t%.4f\t%.4f\t",x[i],y0[i],yy[i]);
        printf("%.4f\n",100 * (yy[i]-y0[i])/y0[i]);
    }
    printf("Y=(%f)+(%f) * X+(%f) * X^2\n",a0[0],a1[0],a2[0]);
}
```

5）运行结果

检查程序没有错误，运行程序。

X	Y	Y'	E(%)
5	1.0029	1.0029	0.0037
10	1.0013	1.0013	0.0000
15	1.0000	1.0000	-0.0025
20	0.9990	0.9990	-0.0038
25	0.9983	0.9983	-0.0038
30	0.9979	0.9979	-0.0025
35	0.9978	0.9978	-0.0000
40	0.9981	0.9980	-0.0063
45	0.9987	0.9986	-0.0113
50	0.9996	0.9994	-0.0150

```
Y=(1.004888)+(-0.000421) * X+(0.000006) * X^2
```

2.6.2　VB 实现差分法数学模型的建立

1）属性设置

进入 VB 界面后按照表 2－9 设置属性。

表 2-9 VB 实现差分法建立数学模型的属性设置

对 象	属 性	属性值	说 明
Form1	Caption	差分法数学模型的建立	窗体的标题
Command1	Caption	运行	按钮的标题
Picture1	BackColor	白色	图片框的背景色

2）程序列表

程序中 n、x、y、yy、a0、a1、a2 的含义与 C 语言程序的相同。建立程序新文件以后，开始输入程序并编辑。

```
Private Sub Command1_Click()
Dim x#(), a0#(), a1#(), a2#(), y0#(), y1#(), y2#(), yy#()
n=Val(InputBox("输入数据个数 n", "输入数据", 0))
ReDim x#(1 To n), y0#(1 To n), y1#(1 To n-1), y2#(1 To n-2), yy#(1 To n)
ReDim a0#(n), a1#(n), a2#(n)
h=Val(InputBox("输入数据间距 h", "输入数据", 0)): h2=2*h*h
Picture1.Cls
Picture1.Height=(n+2)*195
Form1.Height=Picture1.Height+1250
x(1)=Val(InputBox("请输入 x1", "输入数据", 0))
y0(1)=Val(InputBox("请输入 y1", "输入数据", 0))
For i=2 To n
      x(i)=x(1)+(i-1)*h
      y0(i)=Val(InputBox("请输入 y" & i, "输入数据", 0))
Next i
For i=1 To n-1:y1(i)=y0(i+1)-y0(i):Next i
For i=1 To n-2:y2(i)=y1(i+1)-y1(i):Next i
For i=1 To n-2
      a0(i)=y0(i)-y1(i)/h*x(i)+y2(i)/h2*x(i)*x(i+1)
      a1(i)=y1(i)/h-y2(i)/h2*(x(i)+x(i+1))
      a2(i)=y2(i)/h2
      a0(0)=a0(0)+a0(i)/(n-2):a1(0)=a1(0)+a1(i)/(n-2)
      a2(0)=a2(0)+a2(i)/(n-2)
Next i
Picture1.Print "X"; Tab(10); "测量值="; Tab(20); "计算值="; Tab(30); "相对
误差%"
For i=1 To n
      yy(i)=a0(0)+a1(0)*x(i) +a2(0)*x(i)^2
      Picture1.Print x(i);
      Picture1.Print Tab(10); Format(y0(i), "#.####");
```

```
        Picture1.Print Tab(20); Format(yy(i), "#.####");
        Picture1.Print Tab(30); Format(100 * (yy(i)-y0(i)) / y0(i), "##.#
      #"); "%"
  Next i
        Picture1.Print "Y="; Format(a0(0), "#.####");"+";
        Picture1.Print Format(a1(0), "#.####");" * X+";
        Picture1.Print Format(a2(0), "#.########"); " * X^2"
  End Sub
```

3）运行结果

运行程序时点击图 2-7 中“运行”按钮，便可以显示运行结果。

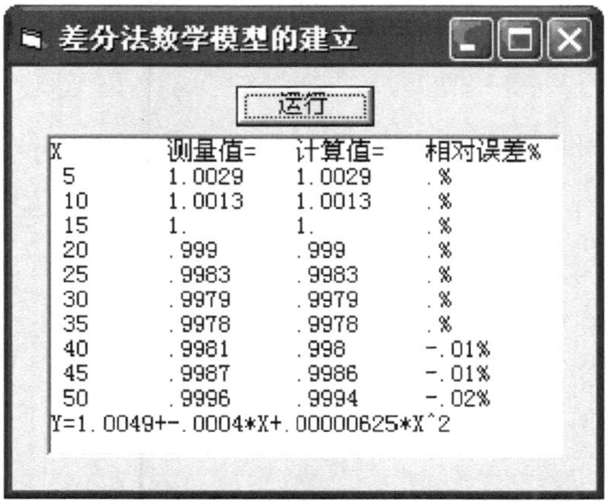

图 2-7　差分法建立数学模型的运行结果

参 考 文 献

江体乾. 1984. 化工数据处理. 北京：化学工业出版社

寿纪麟. 1993. 数学建模. 西安：西安交通大学出版社

Bates D M，Watts D G. 1997. 非线性回归分析及其应用. 北京：中国统计出版社

习　　题

1. 对活性为 100%的某催化剂的活性随时间的变化进行了测定，数据如下：

T/s	0	27	40	52	70	89	100
$Y/\%$	100	82.2	76.3	71.8	66.4	63.3	61.3

今需选定一个表示催化剂活性与工作持续时间的数学模型，应如何选择？（完成模型的选取、验证、表达的全过程）

2. 有一组实验数据如下，试用差分法确定其数学模型并用差分法求出模型中系数。

X	1	3	5	7	9
Y	0.776	0.770	0.759	0.745	0.730

3. 编写差分程序，求题 1 数学模型中的系数，并输出数学模型。

4. 当水的流量保持不变时洗涤滤渣，得出洗涤水与时间的关系，其实验数据如下表：

t/min	1	2	3	4	5	6	7	8
c/(mol/L)	6.6	4.7	3.3	2.3	1.7	1.15	0.78	0.56

若已知数学模型为 $c=c_0\mathrm{e}^{At}$，根据实验数据求模型中的系数并验证数学模型的正确性。

第 3 章　概率论与数理统计基本知识

本章内容是计算机在化学化工中应用的数学理论基础。利用概率论与数理统计可以有效地收集、整理、分析数据，对所观察的现象做出推断或预测，直到为决策提供依据；可以对实验数据进行整理，进而得出数学模型；也可以用来判断实验条件的优化等。因此概率论与数理统计在实验数据的误差分析和实验设计中都有着广泛的应用，本章内容仅仅是为后续章节提供必要的基础知识，不是概率论与数理统计的全部内容。

3.1　概率论基础

自然界的一切现象都存在着规律性，即确定规律或统计规律。在大量重复实验中所呈现出来的规律性称为统计规律。统计规律是随机现象所固有的，概率论就是研究若干随机事件中数量规律的一门学问。测定次数越多，规律表现得越明显。

3.1.1　随机事件

在随机实验中，不能预言其结果的事件叫随机事件。

3.1.2　频率

如果事件 A 属于任意随机事件，则 A 在 n 次独立实验中出现 m 次时的频率为

$$f(\mathrm{A}) = \frac{m}{n} \tag{3-1}$$

一般说，A 出现的可能性越大，频率就越大；反之，频率越小。它仅仅反映了事件发生的可能性。

3.1.3　概率

将反映某一事件可能性大小的概念抽象出来构成概率：

$$P(\mathrm{A}) = M/N \tag{3-2}$$

式中：M 为有利于 A 出现的场合数；N 为所有可能出现 A 的场合数。这里 $0 \leqslant P(\mathrm{A}) \leqslant 1$。当测定次数很大时，可以取事件的频率 $f(\mathrm{A})$ 作为概率 $P(\mathrm{A})$ 的近

似值。

3.1.4 随机变量

对于随机实验，其结果可以用随机变量这一数量性指标表征。如果对每一个随机实验 e 都有一个实值 x 与之对应，记作 $x=x(e)$，则称 x 为一个随机变量。它发生的概率为 P。

随机变量分为离散变量和连续变量。当随机变量 x 的所有可能取的值是有限多个或可列无限多个，就称 x 为离散随机变量。如果 x 所有可能的取值为 $x_k(k=1,2,\cdots,n)$，x 取各可能值的概率为

$$P\{x = x_k\} = P_k \qquad (k = 1,2,\cdots) \tag{3-3}$$

其中

$$P_k \geqslant 0 \qquad (k = 1,2,\cdots)$$

$$\sum_{i=1}^{\infty} P_k = 1$$

通常称式(3-3)为离散随机变量 x 的概率分布。

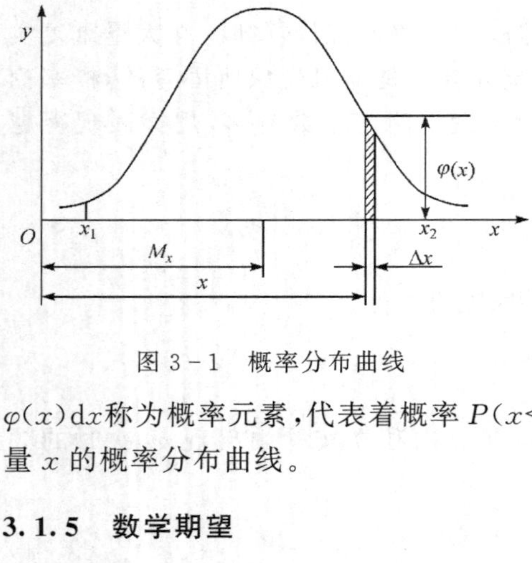

图 3-1　概率分布曲线

当随机变量 x 在某区间内取任意值时，就称 x 为连续随机变量。如图 3-1 所示，我们可以确定随机变量 x 在区间 x 和 $x+\mathrm{d}x$ 之内取值时的概率为

$$\mathrm{d}P = \varphi(x)\mathrm{d}x \tag{3-4}$$

函数 $\varphi(x)$ 称为随机变量 x 的概率密度函数；将 $\mathrm{d}P/\mathrm{d}x$ 称为概率密度；乘积 $\varphi(x)\mathrm{d}x$ 称为概率元素，代表着概率 $P(x<x<x+\mathrm{d}x)$；曲线 $y=\varphi(x)$ 则称为随机变量 x 的概率分布曲线。

3.1.5 数学期望

数学期望是随机变量在数轴取值的集中位置，可以说明 X 的值大多集中在那里。数学期望可以看作能满足这一要求的平均值。但是要注意，这里所谓的平均值并不是算术平均值，在一定程度上起着"代表"随机变量的作用。例如，我们说 H_2SO_4 的纯度为 98%，并不是说它绝对准确地为 98%，只是表示了该产品纯度的期望值。离散型随机变量的数学期望值为

$$E(x) = \sum x_i p_i = \bar{x}$$

连续性随机变量的数学期望值，由概率密度函数知

$$E(x) = \sum x\varphi(x)\Delta x \tag{3-5}$$

写成积分形式为

$$E(x) = \int x\varphi(x)\mathrm{d}x \tag{3-6}$$

如果知道 $\varphi(x)$ 的表达形式，便可求出数学期望值。

【例 3-1】 设连续随机变量 ξ 均匀地分布在 $[a,b]$ 区间内，此处分布密度 $\varphi(x)=1/(b-a)$，求数学期望。

解 由式(3-6)知，数学期望为

$$E(x) = \int_a^b x\varphi(x)\mathrm{d}x = \int_a^b x\frac{1}{b-a}\mathrm{d}x = \frac{1}{b-a}\int_a^b x\mathrm{d}x = \frac{1}{b-a}\times\frac{x^2}{2}\bigg|_a^b = \frac{a+b}{2}$$

3.2 数理统计基本概念及应用

数理统计的基本内容大致包括数据采集和统计推断两个方面，两者在应用中都很重要，而且关系密切。数据采集主要包含抽样理论和实验设计等内容，统计推断则包括估计和检验两类大问题。

本节主要介绍数理统计的基本知识，以便于学生自学。

3.2.1 数理统计基本概念

1. 样本

数理统计的研究对象是一些受随机性影响的数据。通过观察或实验得到的数据称为样本或子样，观察或实验的过程称为抽样。例如，用同一架天平称某重物 n 次，得到一组 n 个数据

$$x_1, x_2, \cdots, x_n$$

就称其为一个样本 x_i，其中 n 称为样本容量。容量为 n 的样本称为 n 维空间的一个点，样本所有可能的取值构成了 n 维空间的一个子集，称为样本空间。注意"数据"一词在这里是广义的，它可以是实数值，如 x_i 表示称得某重物的质量；也可以是事物的属性，如 x_i＝"正品"(或"废品")等；有时数据也可以是一组向量，如武器实验中一组弹着点的坐标

$$(x_1, y_1), (x_2, y_2), \cdots, (x_n, y_n)$$

即为二维向量的一组样本，在多元统计分析中，将专门研究这种情形。

对样本需要强调两点：

(1) 样本并非一堆杂乱无章、无规律可循的数据，它是受随机性影响的一组数据，因此每个样本既可以视为一组数据，又可视为一组随机变量，这就是所谓样本的二重性。

(2) 样本不是任意一组随机变量，它是一组独立同分布的随机变量。同分布

就是要求样本具有代表性，独立是要求样本中各数据的出现互不影响，就是说抽取样本时应该是在相同的条件下独立重复地进行。

2. 总体

研究对象全体的集合称为总体或母体，我们观察到的样本总是由某个具体事物产生并反映该事物的特征，这时可以把样本视为一些从母体中被抽取的该事物的个体，而将该事物本身视为所有个体的集合，即总体。总体是一个随机变量，它的分布为 X_1、X_2，…，X_n 中每个 X_i 有共同分布。这样，样本 $X_1, X_2, \cdots, X_n$ 就可视为由总体 X 独立"拷贝"出来同分布的 n 个随机变量，如用两台同类仪器同测一批样本，分别测 m 及 n 次，测得结果为 $x_1, x_2, \cdots, x_m$ 及 $y_1, y_2, \cdots, y_n$，这时我们得到的样本分别是为

$$x_1, x_2, \cdots, x_m \text{ 和 } y_1, y_2, \cdots, y_n$$

可以视它们为出自同一总体的 X 和 Y 两个样本，样本容量分别为 m 和 n。有了总体这个概念，我们就可以将统计推断的基本任务概括为由样本推断总体。由于推断总体的实质是推断总体的分布，即解决一个实际统计问题往往归结为总体分布的确定，所以我们也常称总体的分布是该问题的统计模型。

3.2.2 χ^2 分布

1. χ^2 分布的概率密度函数

χ^2 分布，中文称为卡方分布，是 1900 年 Pearson 推导出来的。

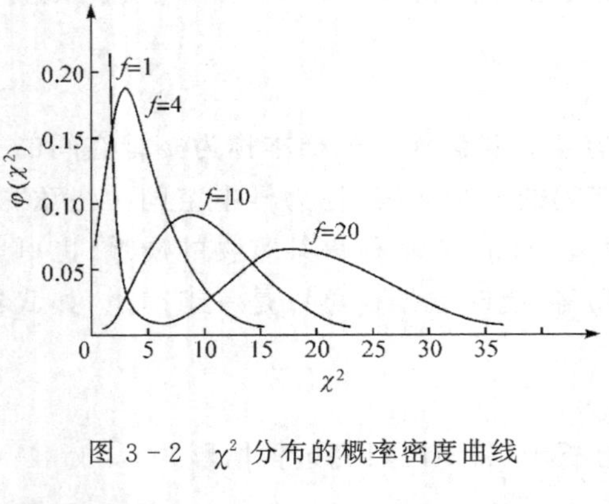

图 3-2 χ^2 分布的概率密度曲线

若 $x_1, x_2, \cdots, x_n$ 为遵从正态分布 $N(\mu, \sigma^2)$ 的随机变量 x 的样本值：

$$\chi^2 = \frac{1}{\sigma^2}\sum_{i=1}^{n}(x_i - \bar{x})^2 = \frac{(n-1)}{\sigma^2}s^2 \tag{3-7}$$

称 χ^2 为遵从自由度为 $f = n-1$ 的 χ^2 分布。它是一个统计量，不含未知参数。所有统计量都是随机变量。若总体分布函数已知，则统计量分布函数是可以求得的。χ^2 分布是由正态分布派生出来的一个分布，它的概率密度函数为

$$\varphi(\chi^2) = \frac{1}{2^{f/2}\Gamma\left(\dfrac{f}{2}\right)}[(\chi^2)^{f/2}]^{-1}e^{-\chi^2/2} \qquad (0 \leqslant \chi^2 < \infty) \tag{3-8}$$

式中：$\Gamma(f/2)$ 为伽玛函数。χ^2 分布的概率密度曲线如图 3-2 所示。

χ^2 分布的概率密度曲线的特点是：

当 $f=1$ 时，$\varphi(\chi^2)=\frac{1}{\sqrt{2\pi}}(\chi^2)^{-1/2}e^{-\chi^2/2}$，曲线单调下降，从 $+\infty$ 下降趋于零；

当 $f=2$，$\varphi(\chi^2)=\frac{1}{2}e^{-\chi^2/2}$ 是一个指数曲线，也是单调下降，从1/2 单调下降趋于零；

当 $f>2$ 时，曲线有单峰。

对函数

$$g(\chi^2)=[(\chi^2)^{f/2}]^{-1}e^{-\chi^2/2} \tag{3-9}$$

微分，并令其等于零，得

$$g'(\chi^2)=\left(\frac{f}{2}-1\right)e^{-\chi^2/2}[(\chi^2)^{f/2}]^{-2}-\frac{1}{2}e^{-\chi^2/2}[(\chi^2)^{f/2}]^{-1}=0 \tag{3-10}$$

解式(3－10)，得 χ^2 值。由图 3－2 可见，f 越小，曲线越不对称；f 越大，曲线越趋于正态分布，但 χ^2 分布越分散。

χ^2 分布在不同显著性水平 α 与不同自由度 f 时的 $\chi^2_\alpha(f)$ 值已由表格形式给出(附表 2)。

χ^2 分布表中给出的概率是指 $\chi^2(f)>\chi^2_\alpha(f)$ 的概率，即图 3－3 中阴影部分。χ^2 分布表中只详细地列出了到 $f=45$ 为止的 χ^2 值，$f>45$ 时的 χ^2 值可通过正态分布近似计算得到。Fisher 曾经证明，当 $f>30$ 时，$\sqrt{2\chi^2}$ 近似地遵从正态分布 $N(\sqrt{2f-1},1)$。

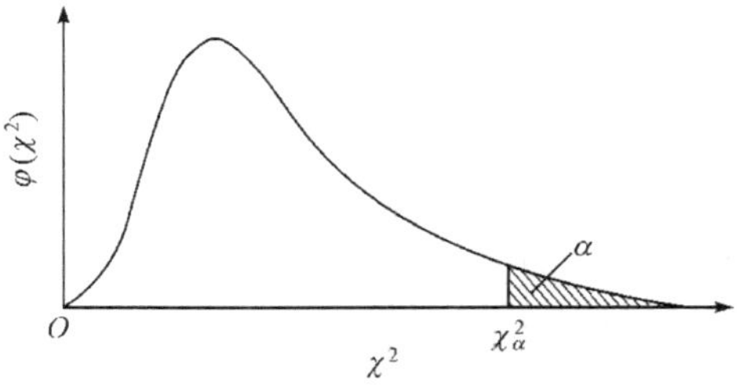

图 3－3　χ^2 分布的概率示意图

2. χ^2 分布表的使用

χ^2 分布表可用来查单侧置信概率及其相应的 $\chi^2_\alpha(f)$ 值，也可用来表示双侧置信概率及其相应的 $\chi^2_\alpha(f)$ 值。先介绍单侧置信概率及其相应的 $\chi^2_\alpha(f)$ 值的查法。例如，给定显著性水平 $\alpha=0.05$，$n=10$，$f=n-1=9$，由 χ^2 分布表查得 $\chi^2_{0.05}(9)=16.92$，即

$$P[\chi^2>\chi^2_{0.05}(9)]=P(\chi^2>16.92)=0.05 \tag{3-11}$$

χ^2 分布双侧置信概率可由

$$P(\chi^2_{1-\alpha/2}<\chi^2<\chi^2_{\alpha/2})=P_{(1-\alpha/2)}-P_{\alpha/2}=\left(1-\frac{\alpha}{2}\right)-\frac{\alpha}{2}=1-\alpha \tag{3-12}$$

给出。例如，$f=5$，显著性水平 $\alpha=0.05$，查 χ^2 分布表，$\chi^2_{0.025}(5)=12.833$，$\chi^2_{0.975}(5)=0.831$，则

$$P(0.831<\chi^2<12.833)=0.975-0.025=0.950$$

3.2.3 t 分布

正态分布曾证明，算术平均值 $\bar{x}$ 的期望值是 μ，算术平均值 $\bar{x}$ 方差的期望值是 $\frac{\sigma^2}{n}$，算术平均值 $\bar{x}$ 遵从正态分布 $N\left(\mu,\frac{\sigma^2}{n}\right)$ 或 $\frac{\bar{x}-\mu}{\sigma/\sqrt{n}}$ 遵从标准正态分布 $N(0,1)$，由此可以估计 μ 落在某一区间的概率，或反过来可以在一定概率下估计 μ 的区间大小。在日常的工作中多为小样本测定，σ 未知，事实证明，如果直接用小样本测定得到的标准差估计值 s 代替 σ 来进行 μ 的区间估计，偏差较大，而应用 t 分布则可以得到 μ 的较精确的区间估计。

1. t 分布的概率密度函数

t 分布是 1908 年英国统计学家 W. S. Gosset 发现的。它是由正态分布派生出来的一个分布。

若 $x_1,x_2,\cdots,x_n$ 是从遵从正态分布 $N(\mu,\sigma^2)$ 的总体中随机抽取的样本值，统计量

$$t=\frac{|\bar{x}-\mu|}{s/\sqrt{n}} \tag{3-13}$$

为遵从自由度 $f=n-1$ 的 t 分布。式中：$\bar{x}$ 为样本算术平均值；s 为样本标准差。t 分布的概率密度函数为

$$\varphi(t)=\frac{1}{\sqrt{\pi f}}\frac{\Gamma\left(\frac{f+1}{2}\right)}{\Gamma\left(\frac{f}{2}\right)}\left(1+\frac{t^2}{f}\right)^{-\frac{f+1}{2}} \quad (-\infty<t<+\infty) \tag{3-14}$$

式中：$\Gamma(f)$ 为 Γ 函数。t 分布只取决于自由度 f 与统计量 t 值。t 分布的概率密度曲线如图 3-4 所示。

t 分布的概率密度曲线的特点是：分布密度是关于 $t=0$ 对称的；在 $t=0$ 分布密度达到极大；在 $t=\pm\sqrt{f/(f+2)}$ 处有拐点；当 $f\to\infty$，t 分布近似于标准正态分布 $N(0,1)$，当 f 很小时，t 分布与标准正态分布 $N(0,1)$ 相差很大。

若 $\bar{x}_1$ 与 $\bar{x}_2$ 分别来自正态分布 $N(\mu_1,\sigma^2)$ 和 $N(\mu_2,\sigma^2)$，则 $\bar{x}_1-\bar{x}_2$ 遵从正态分布 $N\left(\mu_1-\mu_2,\frac{\sigma^2}{n_1}+\frac{\sigma^2}{n_2}\right)$ 或 $\frac{(\bar{x}_1-\bar{x}_2)-(\mu_1-\mu_2)}{\sqrt{1/n_1+1/n_2}}$ 遵从标准正态分布 $N(0,1)$。统计量

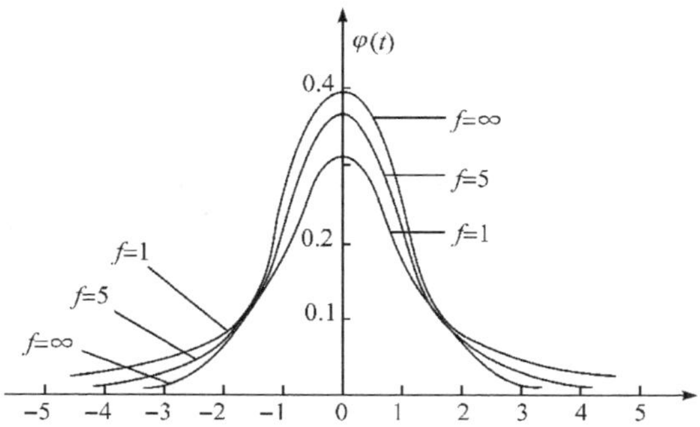

图 3-4　t 分布的概率密度曲线

$$t=\frac{\overline{x}_1-\overline{x}_2}{\bar{s}}\sqrt{\frac{n_1 n_2}{n_1+n_2}} \tag{3-15}$$

$$\bar{s}=\sqrt{\frac{\sum\limits_{i=1}^{n_i}(x_{1i}-\overline{x}_1)^2+\sum\limits_{j=1}^{n_j}(x_{2j}-\overline{x}_2)^2}{(n_1-1)+(n_2-1)}} \tag{3-16}$$

为遵从自由度 $f=n_1+n_2-2$ 的 t 分布。式中：$\bar{s}$ 为并合标准差；n_1、n_2 分别为 $\overline{x}_1$、$\overline{x}_2$ 的测定次数。在有限次测定中，用并合方差 $\bar{s}^2$ 估计 σ^2。

2. t 分布表的使用

t 分布表有单侧概率值和双侧概率值两种。附表 3 t 分布表给出的概率值是双侧概率值，可以用于双侧检验，也可以用于单侧检验，表示为 $P(|t|>t_\alpha)=\alpha$。

例如，对于 $\alpha=0.1$、$f=9$ 的单侧检验，查附表 3 中 $\alpha/2=0.05$，可知，$t_{0.05,9}=2.262$，表示为

$$P(t>2.262)=0.1$$

对于双侧检验，随机变量 t 出现在区间 $(-t_\alpha, t_\alpha)$ 的概率为

$$P(-t_\alpha<t<t_\alpha)=1-\alpha \tag{3-17}$$

3.2.4　*F* 分布

1. F 分布的概率密度函数

F 检验实质是对“方差相等”作检验。样本 $x_1,x_2,\cdots,x_n$ 与样本 $y_1,y_2,\cdots,y_n$ 可以看作独立地分别取自正态母体 $N(\mu_1,\sigma_1^2)$ 与 $N(\mu_2,\sigma_2^2)$，其中 μ_1、μ_2 未知，要检验 σ_1^2 是否等于 σ_2^2。我们试图比较 σ_1^2 与 σ_2^2 的估计量 s_1^2 与 s_2^2、以推断 σ_1^2 与 σ_2^2 之间有显著性差异，为此 F 分布是在遵从第一自由度 $f_1=n_1-1$ 与第二自由度 $f_2=n_2-1$ 的条件下，以 s_1^2 与 s_2^2 的比值作统计量（附表 4）：

$$F = \frac{s_1^2}{s_2^2} \tag{3-18}$$

式中：s_1^2 为方差较大者；s_2^2 为方差较小者。故 $F \geqslant 1$。

F 分布的概率密度曲线的特点是：曲线是偏态的，自由度越小，偏态越严重；当 f_1、f_2 都较大时，F 分布可用正态分布来近似。F 分布的一个重要性质是

$$F_{1-\alpha}(f_1, f_2) = \frac{1}{F_\alpha(f_2, f_1)} \tag{3-19}$$

通常统计书中只给出了 $F_\alpha(f_2, f_1)$ 值，利用这一性质可以算得 $F_{1-\alpha}(f_1, f_2)$ 值。

F 分布在不同显著性水平 α 与不同自由度 f_1、f_2 组合时的概率值已用表格形式给出(附表 4)。F 分布表中给出的概率是指 $P[F(f_1, f_2) > F_\alpha(f_1, f_2)] = \alpha$。

2. *F* 分布表的使用

因为 F 分布的概率值涉及两个自由度 f_1、f_2，且 $F(f_1, f_2) \neq F(f_2, f_1)$，为了避免在使用过程中发生混淆，在编制 F 分布表时，规定以 f_1 代表式(3-18)中分子项 s_1^2 的自由度，置于 F 分布表上端行内，以 f_2 代表式(3-18)中分母项 s_2^2 的自由度，置于 F 分布表左边直列内。

例如，$f_1 = 6$，$f_2 = 10$，从 F 分布表中查得 $F_{0.05}(6, 10) = 3.22$，即 $P(F > 3.22) = 0.05$。而 $F_{0.05}(10, 6) = 4.06$，$F_{0.05}(6, 10) \neq F_{0.05}(10, 6)$。

如果要求双侧概率值，直接由 F 分布表中是查不到的，可根据式(3-19)计算得到。例如，要求 $F_{0.95}(6, 10)$ 值，先由 F 分布表中查 $F_{0.05}(10, 6) = 4.06$，则 $F_{0.95}(6, 10) = 1/4.06 = 0.246$，即 $P[F(6, 10) < 0.246] = 0.05$。由此可求出双侧概率值 $P(0.246 < F < 3.22) = 0.90$。

3.3　实验数据统计检验

任何一个实验都是借助所研究组分的物理化学或生物化学性质，利用化学的或物理的测试方法对所研究组分进行测量，预测该组分的浓度或含量。在以上诸环节中，由于方法在设计上的非最优性、测量仪器本身的精度、测试环境、分析者本身的因素影响，信号在产生、传递、接收中往往会产生失真，从而使得到的分析数据不可避免地存在误差。这些误差的存在，使数据的可靠性受到影响。常见的误差有三种：①随机误差；②系统误差；③过失误差。随机误差是由一些随机因素引起的，是不可避免的，通过重复多次测定可以消除。系统误差是由于某些固定因素，诸如工作习惯、仪器参数的偏离等引起的，重复多次测定也不能消除，应设法找到其原因，进行校正。过失误差是由分析全过程中存在错误所造成的，是“致命”的错

误。由过失产生的异常值应舍弃不用。但是在实际工作中这三种误差常常混淆在一起难以区分。试验数据的统计检验目的就是借助数学的方法对原始数据进行处理，做到去假存真，使分析数据结果准确、可靠。

在实际应用中都是采取抽样检验方式对总体的某个或某些特征进行估计，根据统计量做出推断的。因此，检验统计量的方法称为统计检验或假设检验。统计检验的理论依据是小概率原理。

小概率原理：概率很小的事件在一次抽样检验中几乎是不可能发生的。如果发生了，则有理由认为原假设不正确。

统计检验中主要包括参数估计、假设检验、离群值检验、平均值检验及方差检验等。常用的检验方法有 χ^2 检验、t 检验、F 检验等。

3.3.1　参数估计与假设检验

参数估计与假设检验是两类统计推断。参数估计是根据样本数据来估计总体参数值的一种推断方法。可以对某一具体参数进行估计，也叫点估计或定值估计；也可以对某一参数点的范围进行估计，即为区间估计。

1. 点估计

设 μ 为母体的某一未知参数，可能是数学期望 $E(x)$ 或总体方差 σ^2 等。用子样的某个统计量 ξ 的观测值 ξ_i 作为它的估计值，我们就称此统计量为未知参数的定值估计。如果用子样的$(\bar{x},s^2)$去估计母体的(μ,σ^2)，对这个估计值是有要求的，要满足一致性和无偏性。一致性是指这个估计值在子样容量 n 趋于无穷大时，按一定概率收敛于这个未知数。即当 $n\to\infty$ 时，$\bar{x}\approx\mu$。无偏性是指要求该估计值的数学期望就等于未知参数。通常用样本的平均值作为总体均 μ 的点估计，$\bar{x}=\hat{\mu}$。有时也用中位数 $\tilde{x}$ 作为 μ 的点估计，$\tilde{x}=\hat{\mu}$。用样本方差 s^2 估计总体方差 σ^2，$s^2=\hat{\sigma}^2$。

2. 区间估计

区间估计是根据某种统计量的分布，在一定置信度上估计相应的母体特征所在的区间。如利用 t 分布对总体均值的范围进行估计：

$$\bar{x}-t_{\alpha}\frac{s}{\sqrt{n}}<\mu<\bar{x}+t_{\alpha}\frac{s}{\sqrt{n}} \tag{3-20}$$

利用 χ^2 分布估计总体标准差 σ：

$$\frac{\sqrt{f}s}{\sqrt{\chi^2_{\alpha/2}}}<\sigma<\frac{\sqrt{f}s}{\sqrt{\chi^2_{1-\alpha/2}}} \tag{3-21}$$

【例 3-2】 用光度法测定矿石中 Cu（Ⅱ）的含量为 2.081、2.021、2.015、1.956、1.938、2.027，试估计该测定方法标准差的置信区间。

解 $\bar{x}=2.0055, s=0.053, \alpha=0.05, f=6-1=5$。

利用 χ^2 布双侧检验得

$$\chi^2_{0.975}(5)=0.831,\quad \chi^2_{0.025}(5)=12.833$$

利用 χ^2 区间估计公式得

$$\frac{\sqrt{5}\times 0.053}{\sqrt{12.833}}<\sigma<\frac{\sqrt{5}\times 0.053}{\sqrt{0.831}}$$

$$0.033<\sigma<0.13$$

标准差在 0.033～0.13 范围内的概率为 95%。

3.3.2 假设检验

假设检验是概率的反证，即先成立假设，然后依据小概率原理进行反证。

假设检验的过程为：

(1) 根据具体问题，建立原假设 H_0 与备择假设 H_1；

(2) 选择合适的检验统计量；

(3) 选定显著性水平 α，确定拒绝域 ω；

(4) 计算样本的统计量值；

(5) 利用小概率原理，使用概率反证法进行统计推断。

如果先假设原假设 H_0 正确，而 A 事件出现的概率极小，为 $P(\text{A})=0.01$，在一次实验中小概率事件 A 居然出现了，说明原假设 H_0 不成立，接受备择假设 H_1。以 t 分布中统计量 t 为例，当满足 $P(t>t_\alpha)=\alpha$ 时，且 α 为小概率，就否定原假设 H_0，接受备择假设 H_1，否则接受原假设 H_0。按照概率统计原理，对于测定误差这一随机变量，在大样本($n\geqslant 50$)情况下，它遵循正态分布，可以用正态函数来描述其误差分布，并进行假设的检验。在实际应用中通常都是小样本试验，对小样本进行分析，只能求得小样本平均值及标准偏差 s，因此不能直接将正态分布函数应用于小样本进行统计分析。前面介绍的 t 分布、χ^2 分布和 F 分布函数都是小样本检验方法，用它们对小样本进行显著性差异的统计检验，相应地称之为 t 检验、χ^2 检验和 F 检验。

3.3.3 统计检验的判断错误

以上我们介绍的参数估计和假设检验两种推断方法，都是靠显著性检验来完成的。在统计检验或假设检验中常常易犯两类错误。

第一类错误是原假设为真，而我们拒绝了原假设，也称拒真错误。犯第一类错误的概率为 α。这类错误不会使判断结果发生致命错误。

第二类错误是原假设为错，而我们接受了原假设 H_0，也称检验污染。犯第二类错误的概率为 β。这类错误有时会使判断结果发生致命错误。

犯第一类错误的概率 α 与犯第二类错误的概率 β 有互补关系。α 越大，β 越小，可根据要判断问题的重要性确定 α、β 的大小。如药物类检验宁可犯第一类错误大些，也别犯第二类错误，宁可让 α 值大一些。再如原料检验，原材料中某些杂质的存在对生产过程与产品质量并不会产生重大影响，从经济角度考虑，显著性水平 α 可以取得小些。

3.4　统计检验的应用

3.4.1　离群值的检验

我们对同一实验量进行多次重复测定时，常常发现一组测定值中某一两个测定值比其余的测定值明显偏大或偏小。我们将这些测定值称为离群值。离群值可能是测定值随机波动的极度表现，它虽然明显地偏离其余测定值，但仍然处于统计上所允许的合理误差范围内，与其余测定值属于同一总体。所以在讨论离群值时必须明确是否为实验技术上失误引起的。对于过失误差，不管是否为异常值，都应舍弃，而不必进行统计检验。

如果统计检验表明离群值确为异常值，应从这组测定值中将其舍弃，只有这样才会使测定结果符合实际情况；如果统计检验表明它不是异常值，即使是极值，也应将其保留。下面介绍狄克松(Dixon)检验法及格鲁布斯(Grubbs)检验法。

1. Dixon 检验法

Dixon 检验法是 Dixon 在 1951 年提出的，若有一组测定值从小到大排序为 $x_1 \leqslant x_2 \leqslant \cdots \leqslant x_{n-1} \leqslant x_n$，则可能为异常值的测定值必然出现在两端 x_1 或 x_n。如果离群值为 x_1，Dixon 检验 x_1 是否为异常值，所用统计量为

$$D = \frac{x_2 - x_1}{x_n - x_1} \tag{3-22}$$

如果离群值为 x_n，则检验统计量为

$$D = \frac{x_n - x_{n-1}}{x_n - x_1} \tag{3-23}$$

计算得到的 D 值与给定相应显著性水平 α 和测定次数 n 时的临界值 $D_{\alpha,n}$(表 3-1)相比较。当 $D > D_{\alpha,n}$ 时，则可将被检验的离群值作异常值舍去。

表 3-1 Dixon 单侧检验法的临界值表(部分)

n \ α	0.1	0.05	0.01	0.005
3	0.886	0.941	0.988	0.994
4	0.679	0.765	0.889	0.926
5	0.557	0.642	0.780	0.821
6	0.482	0.560	0.698	0.740
7	0.434	0.507	0.637	0.680

Dixon 检验的具体步骤为:

(1) 将全部测定值从小到大排列。

(2) 判断离群值,检验 x_1 或 x_n,再由公式计算统计量 D。

(3) 在选定的显著性水平 α 和样本容量 n 下,查 Dixon 检验临界值 $D_{\alpha,n}$ 并与 D 比较,给出检验结果。$D>D_{\alpha,n}$时,可将离群值舍去。

【例 3-3】 用 1,10-邻菲啰啉测定 Fe(Ⅱ),平行测定五次结果分别为 2.63、2.50、2.65、2.59、2.62,试分析其中有无异常值。

解 排序:2.50,2.59,2.62,2.63,2.65。初步判断异常值为 2.50。

计算统计量:

$$D=(2.59-2.50)/(2.65-2.50)=0.60$$

查表得 $D_{0.05,5}=0.642$,可见 $D<D_{0.05,5}$,此组数据无异常值。

2. Grubbs 检验法

Grubbs 检验法是假设测定值 X 服从正态分布,将实验测定值从小到大排列:$x_1\leqslant x_2\leqslant x_3\leqslant\cdots\leqslant x_{n-2}\leqslant x_{n-1}\leqslant x_n$。离群值在最大值或最小值中。

它的判断步骤为:

(1) 按从小到大的顺序排序。

(2) 计算包括可疑值在内的平均值 $\bar{x}$ 和统计量 G。若 x_1 是可疑值,则 $G=\dfrac{\bar{x}-x_1}{s}$;若 x_n 是可疑值,则 $G=\dfrac{x_n-\bar{x}}{s}$。

(3) 在选定的显著性水平 α 及样本容量 n 下,查表查出临界值 $G_{\alpha,n}$。

(4) 若 $G\geqslant G_{\alpha,n}$,则离群值为异常值,应舍弃,否则应保留。

Grubbs 检验统计量有较严格的结果,概率意义明确。用于检验的统计量临界值见表 3-2。

表 3-2 Grubbs 检验法临界值表

n	α 0.01	α 0.05	n	α 0.01	α 0.05	n	α 0.01	α 0.05
3	1.155	1.153	12	2.550	2.285	21	2.912	2.580
4	1.492	1.463	13	2.607	2.331	22	2.939	2.603
5	1.749	1.672	14	2.659	2.371	23	2.963	2.624
6	1.944	1.822	15	2.705	2.409	24	2.987	2.644
7	2.097	1.938	16	2.747	2.443	25	3.009	2.663
8	2.221	2.023	17	2.857	2.475	26	3.029	2.681
9	2.323	2.110	18	2.821	2.504	27	3.049	2.698
10	2.410	2.176	19	2.854	2.532	28	3.068	2.741
11	2.185	2.234	20	2.884	2.557	29	3.085	2.730

【例 3-4】 合成某药物中间体(B),对 10 次产品进行测定,结果为 0.52、0.46、0.61、0.54、0.55、0.49、0.68、0.46、0.83、0.50。试分析其中有无异常值。

解 排序:0.46,0.46,0.49,0.50,0.52,0.54,0.55,0.61,0.68,0.83。初步判断异常值为 0.83。

计算统计量

$$\bar{x} = 0.564,\ s = 0.116,\ G = \frac{x_n - \bar{x}}{s} = \frac{0.83 - 0.564}{0.116} = 2.293$$

查表得 $G_{0.05,10}=2.18$,可见 $G>G_{0.05,10}$,可知在 0.05 显著性水平上,数据 0.83 为异常值,应舍弃。

3.4.2 比较 s 与 σ 之间是否有显著性差异

在总体标准偏差 σ 已知的情况下,可以利用 3.2.2 小节中 χ^2 分布的统计量检验小样本的标准偏差 s 与总体标准偏差 σ 之间的显著性差异。

【例 3-5】 有一组数据是用某一标准方法测定 8 次而得到的,其测定的标准偏差 s 为 0.074,已知此标准方法总体标准偏差 σ 为 0.060,问此次测定的标准偏差 s 是否同总体标准偏差 σ 存在显著性差异?

解 测定的标准偏差 s 可能大于总体标准偏差 σ,也可能小于,所以要进行双边检验。

已知 $s=0.074$,$\sigma=0.060$,自由度 $f=n-1=7$,选定显著性水平 $\alpha=0.05$。

原假设 $H_0: s=\sigma$。

备择假设 $H_1: s\neq\sigma$。

按式(3-7)计算:

$$\chi^2 = \frac{(n-1)s^2}{\sigma^2} = \frac{(8-1)\times 0.074^2}{0.060^2} = 10.65$$

查附表 2 得 $\chi^2_{\alpha/2}(f)=\chi^2_{0.025}(7)=16.013$,$\chi^2_{1-\alpha/2}(f)=\chi^2_{0.975}(7)=1.690$。

由于 $\chi^2_{0.975}<\chi^2<\chi^2_{0.025}$ 成立,即 10.65 落在(1.690,16.013)中间,接受原假设。因此,在显

著性水平为 0.05 时，测定的标准偏差同总体标准偏差之间没有显著差异，即认为两者的精度是一致的。

3.4.3 总体平均值 μ 的检验

在总体标准偏差 σ 未知的情况下，可以利用 3.2.3 小节中 t 分布的统计量检验小样本的平均值与总体平均值 μ 之间的显著性差异。用基准物或标准试样来评价分析方法时，就涉及样本平均值与标准值做比较的问题。

它的具体步骤为：

(1) 计算统计量

$$t=\frac{\bar{x}-\mu}{s/\sqrt{n}} \tag{3-24}$$

式中：μ 为标准值；s 为标准偏差；$\bar{x}$ 为样本平均值；n 为样本容量。

(2) 查出检验所需的临界值 $t_{\alpha,f}$，其中 f 代表由度，α 为选定的显著性水平。

(3) 比较 t 与 $t_{\alpha,f}$，当 $|t|>t_{\alpha,f}$ 时，统计假设被否定，平均值与标准值之间有显著性差异。$|t|\leqslant t_{\alpha,f}$，统计假设成立，可认为平均值与标准值之间无显著性差异。

【例 3-6】 用标准方法测得某试样中铁的质量分数为 1.20，现在用快速法测定同一试样，平行测定 9 次，测得含铁量质量分数的平均值(w_B)为 1.32，测定的标准偏差为 0.013，问用快速方法测得的平均值与标准方法测得的平均值 μ 之间是否存在显著性差异？

解 已知 $n=9, f=n-1=8, s=0.013$，给定 $\alpha=0.05$，查附表 3，得临界值 $t_{0.05,8}=2.306$。

原假设 H_0：两种方法之间无显著性差异。

备择假设 H_1：两种方法之间有显著性差异。

计算统计量：

$$t=\frac{\bar{x}-\mu}{s/\sqrt{n}}=\frac{0.0132-0.0120}{0.0013/\sqrt{8}}=2.610$$

结论：由于 $t>t_{0.05,8}$，拒绝原假设，接受备择假设。故在置信水平为 95% 的情况下，快速方法测得平均值与标准方法测得的平均值之间有显著性差异。

3.4.4 两组平均值检验

不同分析人员或同一分析人员用不同方法测定相同的试样，所得平均值一般是不相等的。现在要确定两平均值之间是否有显著差异，即样本平均值 $\bar{x}_i$ 和 $\bar{x}_j$ 是否属于同一总体？这时比较的两个平均值，任何一个都不能视为真值。从统计的观点讲，现在的任务是检验统计假设 $u_1=u_2$，必须首先假定这两组数据的方差没有显著性差异。因为只有当两组数据的方差 s_i^2 和 s_j^2 没有显著性差异的情况下，才能把两组数据合在一起共同求和得标准偏差 $\bar{s}$，然后才能比较 $\bar{x}_i$ 和 $\bar{x}_j$。

现假定 s_i^2 和 s_j^2 没有显著性差异，按式(3-15)、式(3-16)计算统计量 t 和 $\bar{s}^2$。比较两平均值。

在附表 3 中查 $t_{\alpha,f}$，其中 $f=f_1+f_2-2$，α 为选定的显著性水平，比较 t 与 $t_{\alpha,f}$，若$t>t_{\alpha,f}$，则假设不能成立，两组数据有显著性差异；若 $t\leqslant t_{\alpha,f}$，则假设成立，根据样本值，看不出两组数据有显著差异。

【例 3-7】 某复合材料制作中，考察了在工序Ⅰ、工序Ⅱ中增塑剂用量的变化，见表 3-3。如果在制作中无系统误差，试确定增塑剂有无损失。增塑剂含量单位为 mg/kg。

表 3-3　增塑剂含量

工序Ⅰ	93.08	91.36	91.60	91.91	92.79	92.80	91.03	92.60	91.80
工序Ⅱ	93.95	93.42	92.20	92.46	92.73	94.31	92.94	93.66	92.05

解　已知：$n_1=n_2=9$，$f_1=f_2=8$。

由表 3-4 计算得 $s_1^2=0.472$，$s_2^2=0.565$，$\bar{x}_1=92.11$，$\bar{x}_2=93.08$。

原假设 H_0：增塑剂无损失。

备择假设 H_1：增塑剂有损失。

求统计量：

$$\bar{s}=\sqrt{\frac{(n_i-1)s_i^2+(n_j-1)s_j^2}{(n_i-1)+(n_j-1)}}=\sqrt{\frac{(9-1)\times 0.472+(9-1)\times 0.565}{(9-1)+(9-1)}}=0.695$$

$$t=\frac{|\bar{x}_i-\bar{x}_j|}{\bar{s}}\sqrt{\frac{n_jn_i}{n_j+n_i}}=\frac{|92.11-93.08|}{0.695}\sqrt{\frac{9\times 9}{9+9}}=2.968$$

$$f=n_1+n_2-2=16$$

查附表 3 得 $t_{0.05,16}=2.15$。因为 $t>t_\alpha$，所以假设不成立，拒绝接受原假设 H_0，接受备择假设，即增塑剂有损失。

3.4.5　两样本方差之间的检验

两样本方差之间的检验是 F 检验的应用。F 检验实质是对“方差相等”做检验。

设样本 $x_1,x_2,\cdots,x_n$ 与样本 $y_1,y_2,\cdots,y_n$，独立地分别取自正态母体 $N(\mu_1,\sigma_1^2)$与 $N(\mu_2,\sigma_2^2)$，其中 μ_1、μ_2 未知，要检验 σ_1^2 是否等于 σ_2^2。我们试图比较 σ_1^2 与 σ_2^2 的估计量 s_1^2 与 s_2^2，以推断 σ_1^2 与 σ_2^2 之间是否有显著性差异，为此我们考虑 s_1^2 与 s_2^2 有无显著性差异，以 s_1^2 与 s_2^2 的比值作统计量：

$$F=\frac{s_1^2}{s_2^2}$$

式中：s_1^2 为方差较大者；s_2^2 为方差较小者；故 $F\geqslant 1$。

【例 3-8】 两个实验室用色谱法测定对同一食品样品中乳酸的含量(w_B)进行了测定，获得如下数据：

实验室 1：	0.5013	0.5011	0.5020	0.5024	0.5006
实验室 2：	0.5041	0.5034	0.5044	0.5049	

问这两次测定结果有无显著性差异？

解 已知：$n_1=5, n_2=4, f_1=4, f_2=3$，给定 $\alpha=0.05$。

原假设 H_0：两个实验室测定结果的标准偏差之间无显著性差异。

备择假设 H_1：两个实验室测定结果的标准偏差之间有显著性差异。

计算统计量：

$$s_1^2 = 5.170 \times 10^{-7},\quad s_2^2 = 3.933 \times 10^{-7},\quad F = \frac{s_1^2}{s_2^2} = \frac{5.170 \times 10^{-7}}{3.933 \times 10^{-7}} = 1.314$$

由附表 4 查得 $F_{0.05}(4,3)=9.12$。结论：由于 $F<F_{0.05}(4,3)$，故可接受原假设，认为在置信水平为 95%时，两组结果没有显著性差异。

3.5 计算机实现统计检验

3.5.1 C 语言实现 Dixon 检验

1）程序框图

Dixon 检验程序框图见图 3－5。

2）程序功能

此程序用于实验数据中离群值的检验，可以进行统计计算和统计检验并给出检验结果。

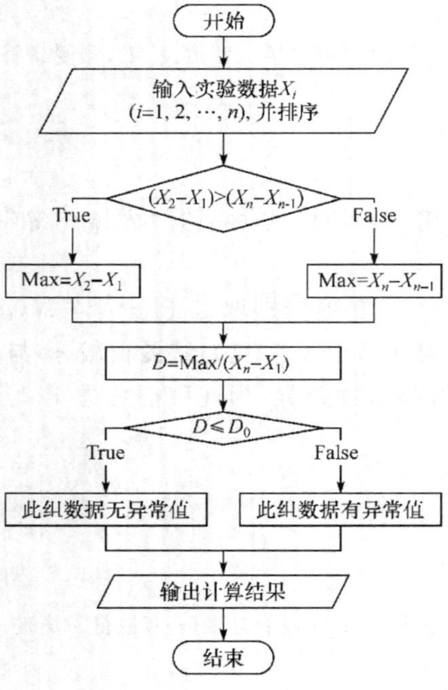

图 3－5 Dixon 检验程序框图

3）程序参数

n：数据个数。

x[i]：存放数据。

d：计算所得到的统计量。

d0：Dixon 检验临界值。

4）程序清单

VC++ 环境下建立新文件，输入程序清单，编辑程序。

```
//    Dixon 检验法
# include<stdio.h>
# include<malloc.h>
void main()
{
    int i,j,n;
    double * x,d,d0,max;
    printf("请输入数据个数:");  scanf
    ("%d",&n);
    x=(double * )malloc((n+1) * sizeof
```

```
        (double));
        for (i=1;i<=n;i++)
        {
              printf("X(%d)=",i);  scanf("%lf",&x[i]);
        }
        for (i=1;i<n;i++)
              for (j=i+1;j<=n;j++)
                    if (x[i]>x[j])
                    {
                          x[0]=x[i]; x[i]=x[j]; x[j]=x[0];
                    }
        max=((x[n]-x[n-1])>(x[2]-x[1]))?(x[n]-x[n-1]):(x[2]-x[1]);
        d=max/(x[n]-x[1]);
        printf("输入 Dixon 检验法临界值:"); scanf("%lf",&d0);
        printf("D=%f\tD0=%f\n",d,d0);
        if (d>d0) printf("D>D0,此组数据有异常值\n");
        else      printf("D<D0,此组数据无异常值\n");
    }
```

5）运行结果

检查程序没有错误，用例 3－3 的数据运行程序进行 Dixon 检验，屏幕显示结果。

```
D=0.600000        D0=0.642000
D<D0,此组数据无异常值
```

3.5.2 VB 实现 Dixon 检验

1）属性设置

进入 VB 界面后，按照表 3－4 设置属性。

表 3－4 Dixon 检验程序的属性设计

对　象	属　性	属性值	说　明
Form1	Caption	Dixon 检验	窗体的标题
Command1	Caption	运行	按钮的标题
Picture1	BackColor	白色	图片框的背景色

2）程序列表

程序中 n、x、d 和 d0 参数的含义与 C 语言程序中相同。建立程序新文件以后，开始输入程序并编辑。

```
Private Sub Command1_Click()
```

```
Picture1.Cls
Dim x#()
n=Val(InputBox("输入数据个数 n", "请输入", 0))
ReDim x#(0 To n)
For i=1 To n
      x(i)=Val(InputBox("输入 x" & i & "值", "请输入", 0))
Next i
For i=1 To n-1
      For j=i+1 To n
            If (x(i)>x(j)) Then
                  x(0)=x(i): x(i)=x(j): x(j)=x(0)
            End If
      Next j
Next i
d=IIf(x(n)-x(n-1)>x(2)-x(1), x(n)-x(n-1), x(2)-x(1))/(x(n)-x(1))
Picture1.Print "D="; Format(d, "#.####")
d0=Val(InputBox("输入 Dixon 检验法临界值", "请输入", 0))
If d>d0 Then
      Picture1.Print "D>D0,此组数据有异常值"
Else
      Picture1.Print "D<D0,此组数据无异常值"
End If
End Sub
```

3）运行结果

程序编缉通过，点击图 3－6 中的“运行”，用例 3－3 的数据运行程序进行 Dixon 检验，结果显示如图 3－6 所示。

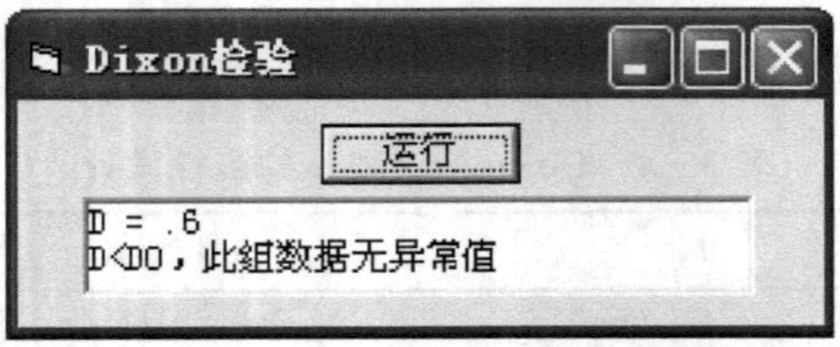

图 3－6　Dixon 检验结果

3.5.3　C 语言实现 Grubbs 检验

1）程序框图

Grubbs 检验程序框图见图 3－7。

2）程序功能

此程序用于实验数据中离群值的检验，可以进行统计计算和统计检验并给出检验结果。

3）程序参数

n：数据个数。

x[i]：存放数据。

s：标准偏差。

g：计算所得到的统计量。

g0：Grubbs 检验临界值。

4）程序清单

VC++ 环境下建立新文件，输入程序清单，编辑程序。

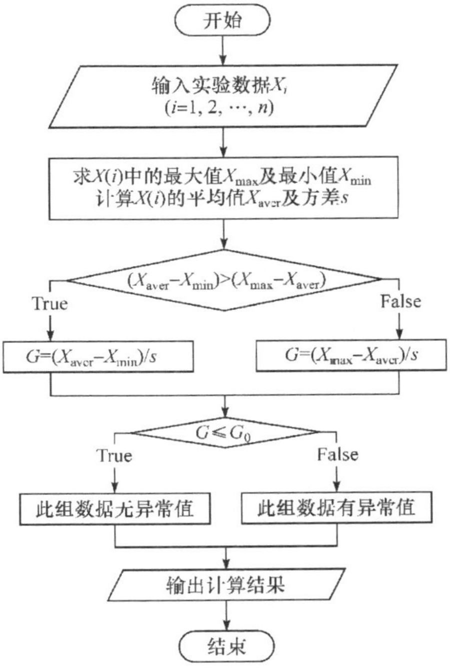

图 3-7　Grubbs 检验程序框图

```
//    Grubbs 检验法
#include<math.h>
#include<stdio.h>
#include<malloc.h>

void main()
{
    int i,n;
double *x,x_max,x_min,aver,sum,sum2,s,g,g0;
printf("请输入数据个数:"); scanf("%d",&n);
x=(double*)malloc((n+1)*sizeof(double));
for (i=1;i<=n;i++)
{
    printf("X(%2d)=",i);
    scanf("%lf",&x[i]);
}
x_max=x[1];x_min=x[1];sum=x[1];sum2=x[1]*x[1];
for (i=2;i<=n;i++)
{
    sum+=x[i];  sum2+=x[i]*x[i];
    if (x[i]>x_max) x_max=x[i];
    if (x[i]<x_min) x_min=x[i];
}
aver=sum/n;
s=sqrt((sum2-sum*aver)/(n-1));
g=((x_max-aver)>(aver-x_min))?(x_max-aver):(aver-x_min);
```

```
    g/=s;
    printf("输入 Grubbs 检验法临界值:");  scanf("%lf",&g0);
    printf("G=%f\tG0=%f\n",g,g0);
    if (g>g0)  printf("G>G0,此组数据有异常值\n");
    else    printf("G<G0,此组数据无异常值\n");
}
```

5）运行结果

检查程序没有错误，用例 3-4 中的数据运行程序。

```
G=2.301327       G0=2.180000
G>G0,此组数据有异常值
```

3.5.4　VB 实现线性 Grubbs 检验

1）属性设置

进入 VB 界面后，按照表 3-5 设置属性。

表 3-5　Grubbs 检验程序属性设置

对　象	属　性	属性值	说　明
Form1	Caption	Grubbs 检验	窗体的标题
Command1	Caption	运行	按钮的标题
Picture1	BackColor	白色	图片框的背景色

2）程序列表

程序中 n、x、s、g 和 g0 的含义与 C 语言相同。在 VB 界面下建立程序新文件，输入程序并编辑。

```
Private Sub Command1_Click()
Picture1.Cls
Dim x#()
n=Val(InputBox("输入数据个数 n", "请输入", 0))
ReDim x#(1 To n)
For i=1 To n
    x(i)=Val(InputBox("输入 x" & i & "值", "请输入", 0))
Next i
x_min=x(1): x_max=x(1): Sum=x(1): Sum2=x(1)^2
For i=2 To n
    Sum=Sum+x(i): Sum2=Sum2+x(i)^2
    If x(i)>x_max Then x_max=x(i)
    If x(i)<x_min Then x_min=x(i)
```

```
Next i
aver=Sum/n
s=Sqr((Sum2-Sum * aver)/(n-1))
g=IIf(aver-x_min>x_max-aver, aver-x_min, x_max-aver)/s
Picture1.Print "G="; Format(g, "#.####")
g0=Val(InputBox("输入 Grubbs 检验法临界值", "请输入", 0))
If g>g0 Then
     Picture1.Print "G>G0,此组数据有异常值"
Else
     Picture1.Print "G<G0,此组数据无异常值"
End If
End Sub
```

3）运行结果

检查程序没有错误，点击图 3－8 中"运行"按钮，用例 3－4 中的数据运行程序，显示图 3－8 的运行结果。

图 3－8　Grubbs 检验结果

3.5.5　C 语言实现平均值检验

1）程序框图

平均值检验程序框图见图 3－9。

2）程序功能

此程序用于两批分析结果平均值的检验，可以进行标准偏差、t 统计量以及求和运算，并给出运算结果。

3）程序参数

nx：第一组数据个数。

ny：第二组数据个数。

x[i]：存放第一组数据。

y[i]：存放第二组数据。

s：合并标准偏差。

t0：平均值检验临界值。

t：计算所得到的统计量。

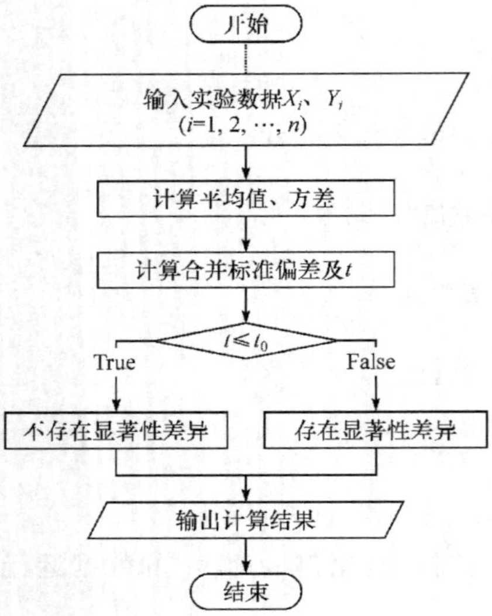

图 3-9 平均值检验程序框图

4）程序清单

VC++ 环境下建立新文件，输入程序清单，编辑程序。

```
//    平均值检验
#include<math.h>
#include<stdio.h>
#include<malloc.h>

void main()
{
    int i,nx,ny;
    double * x, * y,sumx=0,sumy=0,sumx2
=0,sumy2=0;
    printf("请输入第一组数据个数 Nx:");
   scanf("%d",&nx);
    printf("请输入第二组数据个数 Ny:");
   scanf("%d",&ny);
x=(double * )malloc((nx+1) * sizeof(double));
y=(double * )malloc((ny+1) * sizeof(double));
double averx,avery,sx,sy,s,t0,t;
for (i=1;i<=nx;i++)
{
     printf("请输入数据 X[%d]:",i); scanf("%lf",&x[i]);
     sumx+=x[i]; sumx2+=x[i] * x[i];
}
for (i=1;i<=ny;i++)
{
     printf("请输入数据 Y[%d]:",i); scanf("%lf",&y[i]);
     sumy+=y[i];
     sumy2+=y[i] * y[i];
}
averx=sumx/nx;     sx=sumx2-averx * sumx;
avery=sumy/ny;     sy=sumy2-avery * sumy;
s=sqrt((sx+sy)/((nx-1)+(ny-1)));
t=fabs(averx-avery)/s * sqrt((double)nx * ny/(nx+ny));
printf("X 平均值=%f\tSx=%f\n",averx,sx/(nx-1));
printf("Y 平均值=%f\tSy=%f\n",avery,sy/(ny-1));
printf("合并标准偏差 S=%f\nt=%f\n",s,t);
printf("输入平均值检验临界值 T0:");    scanf("%lf",&t0);
if (t>t0)    printf("t>t0,存在显著性差异\n");
```

```
        else        printf("t<t0,不存在显著性差异\n");
    }
```

5）运行结果

检查程序没有错误，用例 3－7 中的数据运行程序，屏幕显示运行结果。

```
x平均值=92.107778          Sx=0.530569
y平均值=93.080000          Sy=0.635450
合并标准偏差 S=0.763551
t=2.701058
输入平均值检验临界值 T0:2.15
t>t0,存在显著性差异
```

3.5.6　VB 实现平均值检验

1）属性设置

进入 VB 界面后，按照表 3－6 设置属性。

表 3－6　平均值检验属性设置

对　象	属　性	属性值	说　明
Form1	Caption	平均值检验	窗体的标题
Command1	Caption	运行	按钮的标题
Picture1	BackColor	白色	图片框的背景色

2）程序列表

程序中 nx、ny、x、y、s、t0 和 t 的含义与 C 语言程序的相同。在 VB 界面下建立程序新文件，输入程序并编辑。

```
Private Sub Command1_Click()

Picture1.Cls
Dim x#(), y#()
sumx=0: sumx2=0: sumy=0: sumy2=0
nx=Val(InputBox("输入第一组数据个数 nx", "请输入", 0))
ny=Val(InputBox("输入第二组数据个数 ny", "请输入", 0))
ReDim x#(1 To nx), y#(1 To ny)
For i=1 To nx
      x(i)=Val(InputBox("输入 x(" & i & ")值", "请输入", 0))
      sumx=sumx+x(i): sumx2=sumx2+x(i)^2
Next i
For i=1 To ny
      y(i)=Val(InputBox("输入 y(" & i & ")值", "请输入", 0))
```

```
        sumy=sumy+y(i): sumy2=sumy2+y(i)^2
    Next i
    averx=sumx/nx: sx=sumx2-sumx * averx
    avery=sumy/ny: sy=sumy2-sumy * avery
    s=Sqr((sx+sy)/(nx+ny-2))
    t=Abs(averx-avery)/s * Sqr(nx * ny/(nx+ny))
    Picture1.Print "样本 1:平均值"; Format(averx, "##.##");
    Picture1.Print "方差"; Format(Sqr(sx/(nx-1)), "#.###")
    Picture1.Print "样本 2:平均值"; Format(avery, "##.##");
    Picture1.Print "方差"; Format(Sqr(sy/(ny-1)), "#.###")
    Picture1.Print "S="; Format(s, "##.####"); Tab(15);
    Picture1.Print "T="; Format(t, "##.####")
    t0=Val(InputBox("输入 T 检验法临界值", "请输入", 0))
    If t>t0 Then
        Picture1.Print "T>T0,有显著性差异"
    Else
        Picture1.Print "T<T0,无显著性差异"
    End If
    End Sub
```

3）运行结果

检查程序没有错误，点击图 3－10 中“运行”按钮，用例 3－7 中的数据运行程序。可以显示图 3－10 的运行结果。

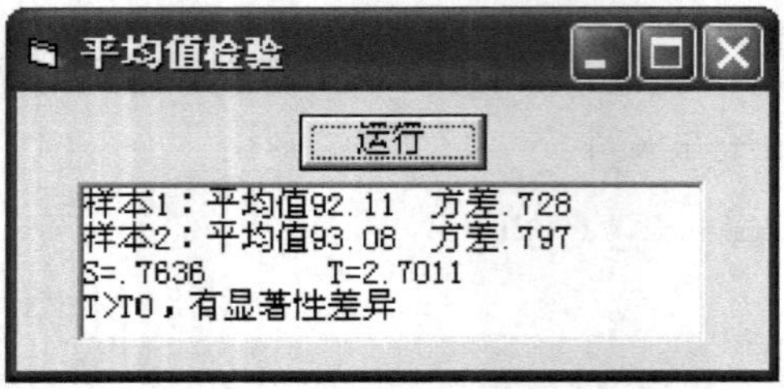

图 3－10　平均值检验运行结果

参考文献

邓勃. 1982. 数理统计方法在分析测试中的应用. 北京:化学工业出版社

郑用熙. 1991. 分析化学中的数理统计方法. 北京:科学出版社

习　题

1. 今有一测铬的仪器分析法，它的方法精度 σ 为 0.24%，一个有经验的分析人员用该分析方法，使用正常的仪器做多次测试，测得某试样中含铬量为 1.88%，现有一台刚安装好的仪器，这个分析人员用相同的方法，在这台仪器上，对以上试样做同样的分析，平行测定 10 次，得到试样中的含铬量为 c(铬)=1.80%，问在这台刚安装好的仪器上测得的分析结果($\bar{x}$)，同在正常仪器上测得的分析结果($\bar{x}_0$)之间是否有显著差异。

2. 测定一试样中某元素 B 的质量分数，熟练的分析人员测得其中被测物质量分数 ω_B 为 3.46，现一个刚从事分析工作的人员用相同的分析方法，对该试样平行测定 6 次，得到被测物质量分数 ω_B 为 3.57，测定的标准偏差为 0.16%，问：他测得的分析结果(平均值 $\bar{x}$)，是否比熟练人员测得的分析结果(平均值 $\bar{x}_0$)要高。

3. 电分析法测定某患者血糖含量 10 次结果(mmol/L)为 7.5、7.4、7.7、7.6、7.5、7.6、7.6、7.5、7.6、7.6，求相对标准偏差及置信度为 95%时平均值的置信区间，此结果与正常人血糖含量 6.7 mmol/L 之间是否有显著性差异？

4. 用一种测定 DDT 的方法，分析未喷洒过杀虫剂(DDT)的植物叶的样品，测得 DDT 含量(μg/g)为 0.2、0.4、0.8、0.5、0.2，今有一植物叶的样品，测得 DDT 含量(μg/g)为 0.4、0.5、0.8、1.0、0.5，该植物是否喷洒过 DDT？

5. 某新方法测 Al_2O_3 含量的 9 次结果分别为(w_B)10.74、10.73、10.77、10.81、10.77、10.80、10.77、10.82、10.81，已知标准参考样含 Al_2O_3 为 10.77，问这一新方法是否可靠？($t_{0.05,8}=2.31$)

6. 已知某种材料的抗压值服从正态分布，现对 10 个试件做抗压值试验，得数据(kg/cm^2)如下：469，394，418，435，446，510，471，457，493，482。试以 95%的可靠性估计该木材的平均抗压值的范围。

7. 设某机床加工零件，在容量为 9 件的随机样本中，测得平均直径为 9.52mm，按自由度计算的均方差为 0.6mm，试用 98%置信概率估计全部零件的平均直径。

8. 某工厂在线产品质量检查，每天抽取 5 个样品，得逐日方差估计值如下：$s_{21}=237$，$s_{22}=320$，$s_{23}=853$，$s_{24}=296$，$s_{25}=141$。试求 σ^2 的 95%置信限。

9. 试编写计算程序，检验下列两组实验数据的精密度有无显著性差异。

8.47　8.32　8.46　8.42　8.56　8.44　8.49

8.52　8.40　8.44　8.46　8.37　8.40　8.43

10. 用硼砂及碳酸钠两种基准物标定盐酸的浓度，所得结果分别为：

用硼砂标定　0.098 96，0.098 91，0.099 01，0.098 96

用碳酸钠标定　0.099 11，0.098 96，0.098 86，0.099 01，0.099 06

当置信度为 95%，用这两种基准物标定盐酸是否存在显著性差异？编程计算用此两种基准物质标定 $KMnO_4$ 浓度有没有显著性差异。

第 4 章　插值法模拟空缺实验点

4.1　概　　述

在分析测试过程中，人们得到的通常是一组离散的数据(x_i, y_i) $(i=1,2,\cdots,n)$，这些数据有的可以用某种确定的函数关系表示。例如，X 荧光分析中，X 射线的荧光强度与含量的关系；同位素分析中放射强度与含量的关系等。这些方法中尽管有准确的关系式，但计算却十分复杂。另外有的测试方法的仪器或试剂昂贵；有的样品难以获取。这些因素造成不能获取过多的测试数据，造成实验点的空缺和信息的不足。插值计算是根据已观测的实验数据构造出一个近似的函数关系表达式以描述这些数据的数学方法，解决实验点空缺的问题。

由观测得到的实验数据，只能反映在某个区间上观测点 $x_i(i=1,2,\cdots,n)$所对应的离散的函数值 $y_i=f(x_i)$ $(i=1,2,\cdots,n)$，这些数据通常记录为表 4-1 的形式。

表 4-1　实验数据的记录

x	x_0	x_1	x_2	x_3	…	x_n
y	y_0	y_1	y_2	y_3	…	y_n

这种用数据表格形式给出的函数 $y=f(x)$称为列表函数，点 $x_0, x_1, x_2, \cdots, x_n$ 称作结点，以两个插值结点为端点的区间称为插值区间。显然，列表函数不能给出结点以外的函数值。为了能在所给函数表中的结点以外，再插进一些所需要的函数值，可设法构造出一个简单的函数 $p(x)$作为函数 $y=f(x)$的近似表达式，使它们在若干点处有相同的函数值，然后通过计算 $p(x)$来求得那些需要插进点的函数值。这一方法称为插值法，函数 $p(x)$称为插值函数，$y=f(x)$称为被插函数。线性插值又称一次插值，是最简单的插值方法。

4.2　线 性 插 值

4.2.1　线性插值原理

已知函数 $y=f(x)$在区间$[a,b]$上连续，点 x_0 和 x_1 的函数值分别为 $y_0=f(x_0)$和 $y_1=f(x_1)$，如图 4-1 所示。通过两点(x_0, y_0)和(x_1, y_1)的直线方程为

$$y = y_0 + \frac{y_1 - y_0}{x_1 - x_0}(x - x_0) \qquad (4-1)$$

式(4-1)右边的 x 一次多项式就是插值多项式 $p_1(x)$，利用 $p_1(x)$ 的计算值可以近似代替已知函数 $f(x)$ 的值，即为两点线性插值。函数 $y=f(x)$ 越接近直线或者两插值结点越接近，则线性插值结果越准确。

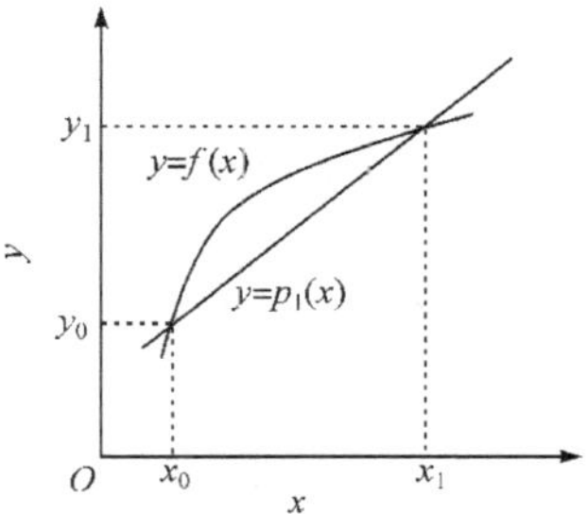

图 4-1　插值示意图

若插值区间较大或函数较复杂，则最好采用分段插值法。如果已知函数 $y=f(x)$ 在 $(n+1)$ 个点 x_0，x_1，…，x_n 处的值分别是 y_0，y_1，…，y_n，可设 $x_0<x_1<\cdots<x_n$，如图 4-2 所示，对于给出的 x 值，欲计算其对应的 y 值，应先判断 x 值是否落在下列区间 $[x_0, x_1]$，$[x_1, x_2]$，…，$[x_{n-1}, x_n]$ 中的某一个，如果在区间 $[x_{i-1}, x_i]$ 中，使用上述两点线性插值计算公式计算 y 值，称为内插；如果 x 在 x_0 左边或在 x_n 右边，则以最靠近它的 $[x_0, x_1]$ 或 $[x_{n-1}, x_n]$ 作为插值区间，用上述两点插值公式计算 y 值，称为外推。

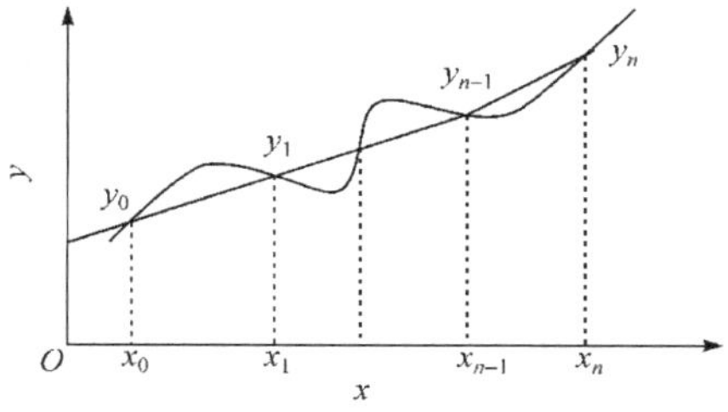

图 4-2　分段插值示意图

【例 4-1】　在进行统计检验时，已知计算出的 χ^2 值为 4.28，欲求其在自由度 $f=9$ 时的概率值，查 χ^2 分布表知，在 χ^2 分布表上查不出 $\chi^2=4.28$ 所对应的概率值。试用线性分段插值求其概率值。

解　由 χ^2 分布表知，$\chi^2_{0.90}(9)=4.168$，$\chi^2_{0.75}(9)=5.899$，是最接近 4.28 的两个点。利用两点线性插值公式：

$$y = y_0 + \frac{y_1 - y_0}{x_1 - x_0}(x - x_0)$$

可得 $\chi^2=4.28$ 的概率值为

$$y = 0.75 + \frac{0.9 - 0.75}{4.168 - 5.899} \times (4.28 - 5.899) = 0.89$$

4.2.2　C 语言实现线性插值计算

1）程序框图

插值计算程序框图见图 4-3。

2）程序功能

此程序可以完成任意区间 $[x_i, x_{i+1}]$ 的线性插值。

3）程序参数

n：结点个数。

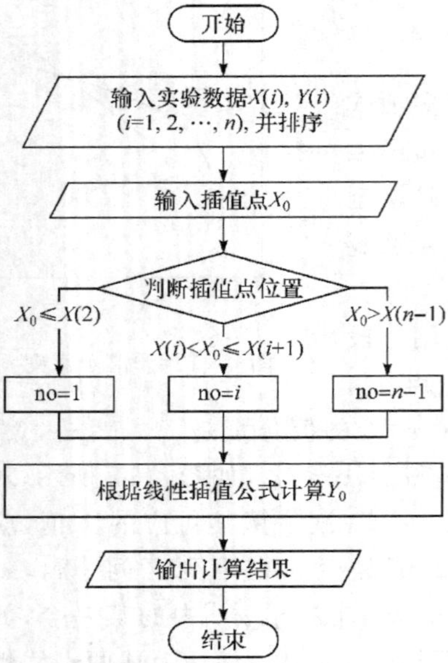

图 4-3　线性插值计算

x[i]：结点横坐标。

y[i]：结点纵坐标。

x0：插值点。

y0：插值函数值。

4）程序清单

VC++ 环境下建立新文件，输入程序清单，编辑程序。

```
//     线性插值计算
#include<stdio.h>
#include<malloc.h>

void main()
{
    int i,n,no;
    double * x, * y,x0,y0;
    printf("请输入数据个数:");  scanf("%d",&n);
    x=(double * )malloc((n+1) * sizeof(double));
    y=(double * )malloc((n+1) * sizeof(double));
    for (i=1;i<=n;i++)
    {
        printf("X(%2d)=",i); scanf("%lf",&x[i]);
        printf("Y(%2d)=",i); scanf("%lf",&y[i]);
    }
    printf("输入插入的 x 值:"); scanf("%lf",&x0);
    if (x0<=x[2]) no=1;
    else if (x0>x[n-1]) no=n-1;
    else for (i=2;i<=n-2;i++)
        if ((x0>x[i])&&(x0<=x[i+1]))  no=i;
    y0=y[no]+(x0-x[no]) * (y[no+1]-y[no])/(x[no+1]-x[no]);
    printf("y=%f\n",y0);
}
```

5）运行结果

检查程序没有错误，运行程序，屏幕显示运行结果。

```
X=0.000000    Y=0.334600
X=1.000000    Y=0.321300
X=3.000000    Y=0.297800
X=5.000000    Y=0.277400
```

```
输入插入的 x 值:-1
y=0.347900
输入插入的 x 值:2
y=0.309550
输入插入的 x 值:4
y=0.287600
```

4.2.3　VB 实现线性插值计算

1）属性设置

进入 VB 界面后，按照表 4－2 设置属性。

表 4－2　线性插值程序属性设置

对　象	属　性	属性值	说　明
Form1	Caption	线性插值计算	窗体的标题
Command1	Caption	运行	按钮的标题
Picture1	BackColor	白色	图片框的背景色

2）程序列表

程序中 n、x、y 、x0 和 y0 的含义与 C 语言程序的相同。在 VB 界面下建立程序新文件，输入程序并编辑。

```
Private Sub Command1_Click()

Picture1.Cls
Dim x#(), y#()
n=Val(InputBox("输入数据个数 n", "请输入", 0))
ReDim x#(1 To n), y#(1 To n)
Picture1.Height=(n+3) * 195
Form1.Height=Picture1.Height+1250
For i=1 To n
      x(i)=Val(InputBox("输入 x" & i & "值", "请输入", 0))
      y(i)=Val(InputBox("输入 y" & i & "值", "请输入", 0))
Next i
For i=1 To n
      Picture1.Print "x="; Format(x(i), "#.####"),
      Picture1.Print "y="; Format(y(i), "#.####")
Next i
x0=Val(InputBox("输入插值点 x0", "请输入", 0))
If x0<=x(2) Then
      no=1
ElseIf x0>x(n-1)Then no=n-1
```

```
Else
      For i=1 To n-2
            If (x0>x(i) And x0<=x(i+1)) Then
                  no=i
            End If
      Next i
End If
y0=y(no)+(x0-x(no)) * (y(no+1)-y(no))/(x(no+1)-x(no))
Picture1.Print "x0="; x0, "y0="; y0
End Sub
```

3）运行结果

检查程序没有错误，点击图 4-4 中“运行”按钮，运行程序。可以显示图 4-4 的运行结果。

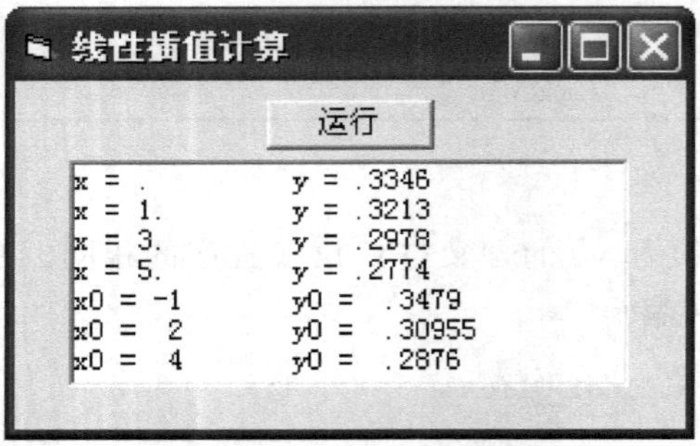

图 4-4　线性插值运行结果

4.3　Lagrange 插值多项式

采用线性插值法应用于非线性函数的数据中，显然计算精度不能满足要求，或者说用直线逼近曲线造成的误差较大，尤其当两个插值结点相距较远时。为了提高精度，可采用拉格朗日插值法。

4.3.1　Lagrange 插值原理

Lagrange 插值法是 $n+1$ 个结点的多项式计算方法。前面已经知道线性插值函数的点斜式方程为

$$y = P_1(x) = y_0 + \frac{y_1 - y_0}{x_1 - x_0}(x - x_0)$$

可改写为

$$P_1(x) = \frac{x - x_1}{x_0 - x_1}y_0 + \frac{x - x_0}{x_1 - x_0}y_1 \tag{4-2}$$

令

$$l_0(x) = \frac{x - x_1}{x_0 - x_1},\quad l_1(x) = \frac{x - x_0}{x_1 - x_0}$$

则线性函数又可表示为

$$P_1(x) = y_0 l_0(x) + y_1 l_1(x) \tag{4-3}$$

函数 $l_0(x)$、$l_1(x)$称为线性插值的基函数。显然

$$l_0(x) + l_1(x) \equiv 1$$

且

$$l_0(x_0) = 1,\quad l_1(x_0) = 0,\quad p_1(x_0) = y_0$$
$$l_0(x_1) = 0,\quad l_1(x_1) = 1,\quad p_1(x_1) = y_1$$

以三点的插值计算为例，通过已知函数 $y=f(x)$的三个插值结点(x_0,y_0)、(x_1,y_1)、(x_2,y_2)作抛物线 $y=p_2(x)$，其解析式同理可表示为

$$P_2(x) = y_0 l_0(x) + y_1 l_1(x) + y_2 l_2(x) \tag{4-4}$$

此处基函数是

$$l_0(x) = \frac{(x - x_1)(x - x_2)}{(x_0 - x_1)(x_0 - x_2)}$$
$$l_1(x) = \frac{(x - x_0)(x - x_2)}{(x_1 - x_0)(x_1 - x_2)}$$
$$l_2(x) = \frac{(x - x_0)(x - x_1)}{(x_2 - x_0)(x_2 - x_1)}$$

根据上式可验证：

$$l_0(x_0) = 1,\quad l_1(x_0) = 0,\quad l_2(x_0) = 0$$
$$l_0(x_1) = 0,\quad l_1(x_1) = 1,\quad l_2(x_1) = 0$$
$$l_0(x_2) = 0,\quad l_1(x_2) = 0,\quad l_2(x_2) = 1$$

因此在结点 x_0、x_1、x_2 处，抛物线插值函数能满足条件：

$$p_2(x_0) = y_0,\quad p_2(x_1) = y_1,\quad p_2(x_2) = y_2$$

即通过已知函数 $y=f(x)$的三点(x_0,y_0)、(x_1,y_1)、(x_2,y_2)所作的二次抛物线 $y=p_2(x)$，能近似表示已知函数曲线 $y=f(x)$。我们已经知道，通过已知函数 $y=f(x)$的两个插值结点可求出一次插值多项式 $P_1(x)$，通过三个插值结点可求出二次插值多项式 $P_2(x)$，由此可推得对于 $n+1$ 个插值结点 $x_0,x_1,\cdots,x_n$ 的函数值 $y_0,y_1,\cdots,y_n$，可求出一个 n 次插值多项式：

$$\begin{aligned} p_n(x) &= a_0 + a_1 x + a_2 x^2 + \cdots + a_n x^n \\ &= y_0 l_0(x) + y_1 l_1(x) + \cdots + y_n l_n(x) \end{aligned}$$

且有 $n+1$ 个基函数：

$$l_j(x)=\frac{(x-x_0)(x-x_1)\cdots(x-x_{j-1})(x-x_{j+1})\cdots(x-x_n)}{(x_j-x_0)(x_j-x_1)\cdots(x_j-x_{j-1})(x_j-x_{j+1})\cdots(x_j-x_n)}$$

$$=\prod_{\substack{k=0\\k\neq j}}^{n}\frac{x-x_k}{x_j-x_k}\qquad(j=0,1,\cdots,n)\tag{4-5}$$

同理容易验证：

$$l_j(x_i)=\begin{cases}1 & (i=j)\\0 & (i\neq j)\end{cases}$$

从而证明 n 次插值多项式能满足条件：

$$P_n(x_i)=y_i\qquad(i=0,1,2,\cdots,n)$$

因此已知函数 $y=f(x)$ 的 $n+1$ 个点所做 n 次插值多项式

$$P_n(x)=\sum_{j=0}^{n}\left(\prod_{\substack{k=0\\k\neq j}}^{n}\frac{x-x_k}{x_j-x_k}\right)y_j\tag{4-6}$$

能近似表示已知函数 $y=f(x)$。我们称这一插值函数为一元 $n+1$ 点 Lagrange 插值多项式。

【例 4-2】 已知某种难溶物质在不同温度的酸中溶解度，见表 4-3。试求 30℃时的溶解度。

表 4-3　难溶物质的溶解度

T/℃	S/(mol/L)	T/℃	S/(mol/L)
20	0.4032	60	0.6341
40	0.5167	80	0.6689

解　$n=4$，插值点 S_{30} 为

$$\begin{aligned}S_{30}=\ &0.4032\times(30-40)(30-60)(30-80)/(20-40)(20-60)(20-80)\\&+0.5167\times(30-20)(30-60)(30-80)/(40-20)(40-60)(40-80)\\&+0.6341\times(30-20)(30-40)(30-80)/(60-20)(60-40)(60-80)\\&+0.6689\times(30-20)(30-40)(30-60)/(80-20)(80-40)(80-60)\\=\ &0.4537\end{aligned}$$

4.3.2　分段抛物线插值

分段抛物线插值即一元三点拉格朗日插值。

已知一元函数 $y=f(x)$ 的结点 $x_i(i=0,1,2,\cdots,n)$ 对应的函数值 $y_i(i=0,1,2,\cdots,n)$，对于任意点 $y(x)$，根据式(4-6)可得一元拉格朗日插值计算式：

$$y(x)=\sum_{j=0}^{n}\left(\prod_{\substack{k=0\\k\neq j}}^{n}\frac{x-x_k}{x_j-x_k}\right)y_j \tag{4-7}$$

展开计算式：

$$\begin{aligned}y(x)=&y_0\frac{(x-x_1)(x-x_2)\cdots(x-x_n)}{(x_0-x_1)(x_0-x_2)\cdots(x_0-x_n)}\\&+y_1\frac{(x-x_0)(x-x_2)\cdots(x-x_n)}{(x_1-x_0)(x_1-x_2)\cdots(x_1-x_n)}+\cdots\\&+y_j\frac{(x-x_0)(x-x_1)\cdots(x-x_{j-1})(x-x_{j+1})\cdots(x-x_n)}{(x_j-x_0)(x_j-x_1)\cdots(x_j-x_{j-1})(x_j-x_{j+1})\cdots(x_j-x_n)}+\cdots\\&+y_n\frac{(x-x_0)(x-x_1)\cdots(x-x_n)}{(x_n-x_0)(x_n-x_1)\cdots(x_n-x_{n-1})}\end{aligned} \tag{4-8}$$

在式(4-8)中计算一个插值点要用上所有的测量点数据，当 n 较大时，计算工作量显然很大。对于 n 个插值结点 $x_1<x_2<\cdots<x_n$，从中选出最靠近插值点 x 的相邻三个点，得一元三点插值函数：

$$y(x)=\sum_{k=i}^{i+2}\left(\prod_{\substack{j=i\\j\neq k}}^{i+2}\frac{x-x_j}{x_k-x_j}\right)y_k \tag{4-9}$$

根据式(4-9)可进行给定点 x 的插值计算。首先需要进行判断插值点所在的结点区间。

当插值点 x 位于结点 x_i 与 x_{i+1} 之间时，为确定第三个结点需判断 x 究竟偏向区间(x_i,x_{i+1})的哪一侧，当 x 靠近 x_{i+1} 时，对于等间距的结点，可以直接选结点 x_{i+2}，式(4-9)中下标 i 不变；反之选择 x_{i-1}，而式(4-9)中的下标 i 改为 $i-1$。对于不等间距的结点，则要考察 x 与 x_{i+2} 和 x_{i-1} 之间的距离，选择离 x 最近的点。很明显，当 x 靠近 x_0 一端，选 x_0、x_1、x_2 为结点，式(4-9)中的 $i=0$；当 x 靠近 x_n，选 x_{n-2}、x_{n-1}、x_n 为结点，令式(4-9)中的 $i=n-2$。归纳起来，判断和选点方法如式(4-10)所示：

$$I=\begin{cases}0 & x\leqslant x_1\\ i & x_i<x\leqslant x_{i+1}\text{ 且 }x-x_{i-1}>x_{i+2}-x \quad (i=1,2,\cdots,n-2)\\ i-1 & x_i<x\leqslant x_{i+1}\text{ 且 }x-x_{i-1}\leqslant x_{i+2}-x \quad (i=1,2,\cdots,n-2)\\ n-2 & x>x_{n-1}\end{cases} \tag{4-10}$$

4.3.3　二元 Lagrange 插值

在一元 Lagrange 插值中解决的是非线性平面插值的问题，但是在化学工程中经常遇到二元空间插值或对某一曲面插值的问题，即对函数 $Z=f(x,y)$的插值。

设有一组数据：

$$x_1, x_2, \cdots, x_m$$

$$y_1, y_2, \cdots, y_n$$

$$z_{11}, z_{12}, \cdots, z_{ij} \qquad (i = 1,2,\cdots,m; j = 1,2,\cdots,n)$$

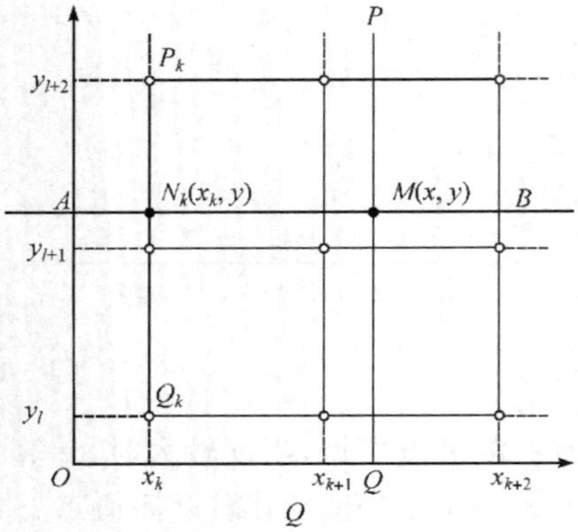

图 4-5　二元 Lagrange 插值分析图

要在 $n\times m$ 个点上确定函数值 $Z_{ij}=f(x_i,y_j)$。同理也要构造一个简单函数 $\varphi(x,y)$，使它在各个点上 $f(x_i,y_j)=\varphi(x_i,y_j)$，其余各点 $f(x,y)\approx\varphi(x,y)$。如果从曲面的插值考虑是一个很复杂的问题，实际应用中可以按着平面简化处理。将插值结点在 xOy 坐标平面上制成矩形网格，网格结点处函数值为已知，见图 4-5。插值就是求网格上任意一点处的函数值。

假设 $M(x,y)$ 为插值点，过 M 点作直线 AB 和 PQ。直线 AB 和网格中的纵线有一系列的交点，交点处的函数值是未知的，可以通过一元线性插值法求得。在图 4-5 中寻找一个 x 已知的点 N_k 并作直线 P_k、Q_k。在直线 P_kQ_k 上，用一元线性插值法可以求出任意 y_j 点的函数值 $Z=f(x_k,y_j)$。求出 N_k 处 y 值以后，再一次用一元插值对 x 插值，最终可以求出 $M(x,y)$ 的函数值。同理也可以先固定 y_k，求出任意 x_i 点的函数值 $Z=f(x_i,y_k)$。

根据上面的论述，二元 Lagrange 插值公式的推导要从一元 Lagrange 插值入手。由式(4-6)可推得

$$Z_k = \sum_{j=1}^{n} l_j(y) z_{kj} \qquad (k = 1,2,\cdots,m) \tag{4-11}$$

其中

$$l_j(y) = \frac{(y-y_1)(y-y_2)\cdots(y-y_{j-1})(y-y_{j+1})\cdots(y-y_n)}{(y_j-y_1)(y_j-y_2)\cdots(y_j-y_{j-1})(y_j-y_{j+1})\cdots(y_j-y_n)}$$

令 $Z_k=Z_i$，对 x 插值，有

$$Z(x,y) = \sum_{i=1}^{m} l_i(x) z_i \tag{4-12}$$

将 z_i 代入，可得

$$Z(x,y) = \sum_{i=1}^{m}\sum_{j=1}^{n} l_i(x) l_j(y) z_{ij} \tag{4-13}$$

同理也可以推得二元三点 Lagrange 插值公式：

$$Z(x,y) = \sum_{i=p}^{p+2}\sum_{j=q}^{q+2}\prod_{\substack{k=p\\k\neq i}}^{p+2}\left(\frac{x-x_k}{x_i-x_k}\right)\prod_{\substack{l=q\\l\neq j}}^{q+2}\left(\frac{y-y_l}{y_j-y_l}\right) z_{ij} \tag{4-14}$$

插值区间的选择与一元三点 Lagrange 插值相同。

4.3.4　C 语言实现一元三点 Lagrange 插值计算

1）程序框图

Lagrange 插值程序框图见图 4－6。

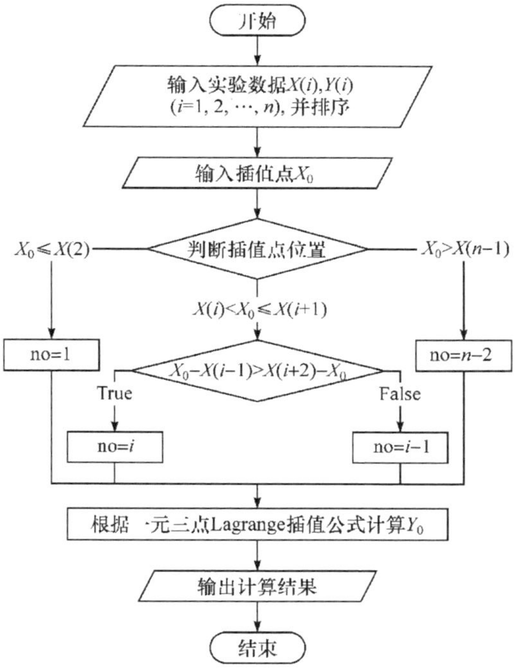

图 4－6　一元三点 Lagrange 插值计算程序框图

2）程序功能

对于给定的 n 个插值结点 $x_1<x_2<\cdots<x_n$ 及其对应的函数值 $y_i(i=1,2,\cdots,n)$，从这 n 个结点中选出最靠近插值点 x_0 的相邻的三个点，用拉格朗日三点插值公式求取 x_0 所对应的函数值 y_0。

3）程序参数

n：结点个数。

x[i]：结点横坐标。

y[i]：结点纵坐标。

x0：插值点。

y0：插值函数值。

no：所选区间的起始点。

4）程序清单

VC++ 环境下建立新文件，输入程序清单，编辑程序。

```
//    一元三点 Lagrange 插值计算
#include<stdio.h>
#include<malloc.h>
void main()
{
    int n,i,j,no;
    double * x, * y,x0,y0=0,a;
    printf("请输入数据个数:");  scanf("%d",&n);
    x=(double * )malloc((n+1) * sizeof(double));
    y=(double * )malloc((n+1) * sizeof(double));
    for (i=1;i<=n;i++)
    {
        printf("X(%2d)=",i); scanf("%lf",&x[i]);
        printf("Y(%2d)=",i); scanf("%lf",&y[i]);
    }
    for (i=1;i<=n;i++)
        printf("X=%f\tY=%f\n",x[i],y[i]);
    printf("输入插入的 X 值:"); scanf("%lf",&x0);
    if (x0<=x[2]) no=1;
    else if (x0>x[n-1]) no=n-2;
    else for (i=2;i<=n-2;i++)
            if ((x[i]<x0)&&(x0<=x[i+1]))
                ((x0-x[i-1])>(x[i+2]-x0))?no=i:no=i-1;
    for (i=no;i<=no+2;i++)
    {
        a=1.0;
        for (j=no;j<=no+2;j++)
        {
            if (i==j) continue;
            a * =(x0-x[j])/(x[i]-x[j]);
        }
        y0+=a * y[i];
    }
    printf("%.3f 对应的函数值近似为%f\n",x0,y0);
}
```

5）运行结果

检查程序没有错误，运行程序，屏幕显示运行结果。

```
输入插入的 x 值:-1
-1.000 对应的函数值近似为 0.348933
输入插入的 x 值:2
2.000 对应的函数值近似为 0.309033
输入插入的 x 值:4
4.000 对应的函数值近似为 0.287212
```

4.3.5 VB 实现一元三点 Lagrange 插值计算

1）属性设置

进入 VB 界面后，按照表 4－4 设置属性。

表 4－4　一元三点 Lagrange 插值程序属性设置

对　象	属　性	属性值	说　明
Form1	Caption	Lagrange 插值计算	窗体的标题
Command1	Caption	运行	按钮的标题
Picture1	BackColor	白色	图片框的背景色

2）程序列表

程序中 n、x、y、x0、y0 和 no 的含义与 C 语言程序的相同。在 VB 界面下建立程序新文件，输入程序并编辑。

```
Private Sub Command1_Click()

Picture1.Cls
Dim x#(), y#()
n=Val(InputBox("输入数据个数 n", "请输入", 0))
ReDim x#(1 To n), y#(1 To n)
Picture1.Height=(n+3) * 195
Form1.Height=Picture1.Height+1250
For i=1 To n
      x(i)=Val(InputBox("输入 x" & i & "值", "请输入", 0))
      y(i)=Val(InputBox("输入 y" & i & "值", "请输入", 0))
Next i
For i=1 To n
      Picture1.Print "x="; Format(x(i), "#.####"),
      Picture1.Print "y="; Format(y(i), "#.####")
Next i
y0=0
x0=Val(InputBox("输入插值点 x0", "请输入", 0))
If x0<=x(2) Then no=1
ElseIf x0>x(n-1) Then no=n-2
```

```
Else
        For i=2 To n-2
                If x(i)<x0 And x0<=x(i+1) Then
                          no=IIf(x0-x(i-1)>x(i+2-x0), i, i-1)
                End If
        Next i
End If
For i=no To no+2
        a=1#
        For j=no To no+2
                If (i<>j) Then a=a * (x0-x(j))/(x(i)-x(j))
        Next j
        y0=y0+a * y(i)
Next i
Picture1.Print "x0="; Format(x0, "#.####"),
Picture1.Print "y0="; Format(y0, "#.####")
End Sub
```

3）运行结果

检查程序没有错误，点击图 4－7 中“运行”按钮，运行程序。可以显示图 4－7 的运行结果。

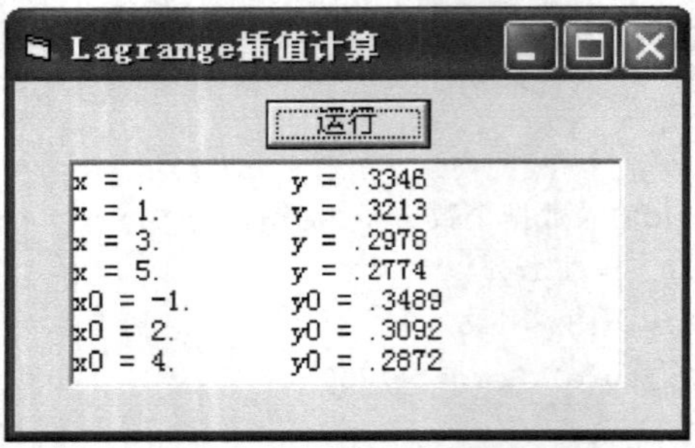

图 4－7　一元三点 Lagrange 插值运行结果

4.4　Hermite 插值

对于非线性函数插值，有时要求在 $x_1, x_2, \cdots, x_n$ 处满足下列条件：

$$P(x_i) = f(x_i) \qquad (i = 1,2,\cdots,n)$$

$$P^{(r)}(x_i) = f^{(r)}(x_i) \qquad (r = 0,1,2,\cdots,k; i = 1,2,\cdots,n)$$

r 表示求导的阶数。也即，不但要求在结点处 $P(x_i)=f(x_i)$。还要求在各结点的若干阶导数相等。

我们讨论最简单也是最常用的各结点处一阶导数相的情况，即

$$P(x_i) = f(x_i), \quad P'(x_i) = f'(x_i)$$

已知函数 $y=f(x)$ 在 n 个不同点 $x_1, x_2, \cdots, x_n$ 处对应的函数值 $y_1, y_2, \cdots, y_n$ 及其导数 $y'_1, y'_2, \cdots, y'_n$，寻找次数不超过 $2n-1$ 次的多项式 $P_{2n-1}(x)$，使

$$P_{2n-1}(x_1) = y_1, \quad P_{2n-1}(x_2) = y_2, \cdots$$

$$P'_{2n-1}(x_1) = y'_1, \quad P'_{2n-1}(x_2) = y'_2, \cdots$$

通常将按函数及其一阶导数进行插值的插值多项式称为 Hermite 插值多项式，该插值的几何意义为：要求曲线 $y=P(x)$ 和 $y=f(x)$ 都经过 n 个共同点 $[x_i, f(x_i)]$，而且在这些点处的切线相同。

由于 $P(x_i)=y_i$，因此可以做出拉格朗日多项式 $L_{n-1}(x) = \sum_{i=1}^{n} \omega_i(x) y_i$，使其满足 $L_{n-1}(x_i)=y_i$，通常它并不满足 $L'_{n-1}(x_i)=y'_i$。但我们可以构造一个函数：

$$P(x) = L_{n-1}(x) + Q(x) \tag{4-15}$$

其中 $Q(x)$ 的次数不超过 $2n-1$，且结点处取零值，为满足上述条件，可令

$$Q(x) = P_{n-1}(x)(x - x_1)(x - x_2)\cdots(x - x_n)$$

记

$$\bar{\omega}(x) = (x - x_1)(x - x_2)\cdots(x - x_n)$$

则

$$Q(x) = P_{n-1}(x) \cdot \bar{\omega}(x) \tag{4-16}$$

将式(4-16)代入式(4-15)得

$$P(x) = L_{n-1}(x) + P_{n-1}(x) \cdot \bar{\omega}(x) \tag{4-17}$$

式中：P_{n-1} 为待定的次数不超过 $n-1$ 的多项式。对式(4-17)两端求导，有

$$P'(x) = L'_{n-1}(x) + P'_{n-1}(x) \cdot \bar{\omega}(x) + P_{n-1}(x) \cdot \bar{\omega}'(x)$$

因为 $\bar{\omega}(x_i)=0$，且有 $P'(x_i)=y'_i$，所以有

$$P'(x_i) = L'_{n-1}(x_i) + P_{n-1}(x_i) \cdot \bar{\omega}'(x_i) = y'_i$$

可以导出

$$P_{n-1}(x_i) = \frac{y'_i - L'_{n-1}(x_i)}{\bar{\omega}'(x_i)} \qquad (i = 1, 2, \cdots, n)$$

这表明，待定的多项式 $P_{n-1}(x)$ 在 n 个结点处取值是已知的。由一元 Lagrange 多项式可知

$$P_{n-1}(x) = \sum_{i=1}^{n} \omega_i(x) P_{n-1}(x_i) \tag{4-18}$$

其中

$$\omega_i(x) = \frac{\bar{\omega}(x)}{\bar{\omega}'(x_i)(x - x_i)}$$

其中

$$\bar{\omega}(x) = \prod_{i=1}^{m} (x - x_i)$$

$$\bar{\omega}'(x_i) = (x_i - x_1)(x_i - x_2)\cdots(x_i - x_{i-1})(x_i - x_{i+1})\cdots(x_i - x_m)$$

将式(4-18)代入式(4-17)得

$$P(x) = L_{n-1}(x) + \bar{\omega}(x) \cdot \sum_{i=1}^{n} \omega_i(x) P_{n-1}(x_i) \tag{4-19}$$

将 $L_{n-1}(x)$代入得

$$P(x) = \sum_{i=1}^{n} \omega_i(x) y_i + \bar{\omega}(x) \cdot \sum_{i=1}^{n} \omega_i(x) P_{n-1}(x_i) \tag{4-20}$$

这就是 Hermite 插值多项式。

为了编程方便,经推导,整理如下:

$$P(x) = \sum_{i=1}^{n} b_i^2 [(x - x_i)(y_i' - 2a_i y_i) + y_i] \tag{4-21}$$

其中

$$b_i = \prod_{\substack{j=1 \\ j \neq i}}^{n} \frac{x - x_j}{x_i - x_j}, \qquad a_i = \prod_{\substack{j=1 \\ j \neq i}}^{n} \frac{1}{x_i - x_j}$$

当结点数 n 很大时,多项式阶数太高,计算费时,占空间,实际应用时都将其分段考察,用分段插值法。如在区间$[x_1, x_2]$内插值,插值结点为 $n=2$,$S(x)$是 $2n-1=3$ 次多项式,按一般 Hermite 插值式(4-21),有

$$S(x) = \sum_{i=1}^{n} b_i^2 [(x - x_i)(y_i' - 2a_i y_i) + y_i] \tag{4-22}$$

其中

$$b_1 = \frac{x - x_2}{x_1 - x_2}, \qquad b_2 = \frac{x - x_1}{x_2 - x_1}$$

$$a_1 = \frac{1}{x_1 - x_2}, \qquad a_2 = \frac{1}{x_2 - x_1}$$

将其展开,有

$$S(x) = \left(\frac{x - x_2}{x_1 - x_2}\right)^2 \left[(x - x_1)\left(y_1' - \frac{2}{x_1 - x_2} y_1\right) + y_1\right] + \left(\frac{x - x_1}{x_2 - x_1}\right)^2 \left[(x - x_2)\left(y_2' - \frac{2}{x_2 - x_1} y_2\right) + y_2\right]$$

整理合并同类项,得

$$S(x) = \left(\frac{x - x_2}{x_1 - x_2}\right)^2 \left[1 - \frac{2(x - x_1)}{x_1 - x_2}\right] y_1 + \left(\frac{x - x_1}{x_2 - x_1}\right)^2 \left[1 - \frac{2(x - x_2)}{x_2 - x_1}\right] y_2$$

$$+(x-x_1)\left(\frac{x-x_2}{x_1-x_2}\right)^2 y_1' + (x-x_2)\left(\frac{x-x_1}{x_2-x_1}\right)^2 y_2' \tag{4-23}$$

其中 y_1、y_2、y_1'、y_2' 为已知，x_1、x_2 和 x 为已知，可求出任意两点的插值函数值$S(x_i)$。

Hermite 插值的计算参看 9.6 节。

4.5　三次样条函数插值

Lagrange 插值方法相对于线性插值而言精度大大提高，但当插值点增多时，所得插值曲线往往会带来插值的不稳定性。采用分段插值，只能保证插值曲线连续，不能保证插值曲线各个分段的连接点处光滑，往往不能满足实际问题所提出的光滑性要求。我们设想出一条逼近曲线，在结点处满足 $S(x_i)=y_i(i=0,1,\cdots,n)$，同时，又能保证结点处有一阶和二阶连续导数，这就是样条函数。从工程角度上讲，这个样条函数已相当光滑。在样条函数中，多采用三次样条函数平滑曲线，因此本节主要介绍三次样条函数插值的方法。

对给定的插值序列$(x_i,y_i)(i=0,1,\cdots,n)$有 $n+1$ 个插值结点 $x_0<x_1<\cdots<x_n$，其对应函数值分别为 $y_0,y_1,\cdots,y_n$，则在$[a,b]$上插值函数 $S(x)$满足以下三个条件：

(1) 插值条件，即

$$S(x_i)=y_i \quad (i=0,1,\cdots,n) \tag{4-24}$$

(2) 连接条件，即在整个区间$[x_0,x_n]$上，结点 $x_i(i=1,2,\cdots,n-1)$处具有一阶和二阶连续导数

$$S'(x_i-0)=S'(x_i+0) \tag{4-25}$$

$$S''(x_i-0)=S''(x_i+0) \tag{4-26}$$

(3) 在每个子区间$[x_{i-1},x_i](i=1,2,\cdots,n)$上 $S(x)$都是三次多项式，则称函数 $S(x)$为三次样条函数或三次样条多项式。可见样条函数实际上是一分段拟合的低次函数，因此有利于反映每一子区间上函数变化的客观规律。另外，三次样条函数能满足在整个区间$[x_0,x_n]$上各结点处均具有一阶和二阶连续导数的条件，因此尽管样条函数是一种分段拟合方式，但它能保证函数曲线在各结点处光滑，从而避免单纯拟合在连接点处由于不能光滑所带来的计算误差。

对任意一个子区间$[x_i,x_{i+1}]$来说，要进行三次样条插值，只知道两个端点的函数值 y_i、y_{i+1}是无法确定三次多项式的，因为三次多项式有四个系数，需要四个条件才能确定。根据三次样条插值的条件，可以增加函数 $S(x)$在结点 x_i,x_{i-1}处的二阶导数 $S''(x_i)$、$S''(x_{i-1})$或一阶导数 $S'(x_i)$、$S'(x_{i-1})$作为边界条件。

令 m_i 表示 $S(x)$在 x_i 处的导数值，即

$$S'(x_i) = m_i \qquad (i = 0,1,\cdots,n)$$

因此,对$[a,b]$的每一个子区间$[x_i,x_{i+1}]$有

$$S(x_i) = y_i, \quad S'(x_i) = m_i$$
$$S(x_{i+1}) = y_{i+1}, \quad S'(x_{i+1}) = m_{i+1}$$

成立,$S(x_i)$实际是一个满足以上条件的三次 Hermite 插值多项式。记 $h_i = x_{i+1} - x_i$,由式(4 - 23)得

$$\begin{aligned} S(x) =& \frac{1}{h_i^3}[h_i + 2(x - x_i)](x - x_{i+1})^2 y_i \\ &+ \frac{1}{h_i^3}[h_i - 2(x - x_{i+1})](x - x_i)^2 y_{i+1} \\ &+ \frac{1}{h_i^2}(x - x_i)(x - x_{i+1})^2 m_i + \frac{1}{h_i^2}(x - x_{i+1})(x - x_i)^2 m_{i+1} \end{aligned} \tag{4 - 27}$$

$S(x)$的二阶导数为

$$\begin{aligned} S''(x) =& \frac{6}{h_i^3}[h_i + 2(x - x_{i+1})]y_i + \frac{6}{h_i^3}[h_i - 2(x - x_i)]y_{i+1} \\ &+ \frac{1}{h_i^2}[6(x - x_{i+1}) + 2h_i]m_i + \frac{1}{h_i^2}[6(x - x_i) - 2h_i]m_{i+1} \end{aligned} \tag{4 - 28}$$

于是有

$$S''(x_i) = -\frac{6}{h_i^2}y_i + \frac{6}{h_i^2}y_{i+1} - \frac{4}{h_i}m_i - \frac{2}{h_i}m_{i+1}$$
$$S''(x_{i+1}) = \frac{6}{h_i^2}y_i - \frac{6}{h_i^2}y_{i+1} + \frac{2}{h_i}m_i + \frac{4}{h_i}m_{i+1}$$

此外,$S(x)$在子区间$[x_{i-1},x_i]$右端点 x_i 的二阶导数值应为

$$S''(x_i^-) = \frac{6}{h_{i-1}^2}y_{i-1} - \frac{6}{h_{i-1}^2}y_i + \frac{2}{h_{i-1}}m_{i-1} + \frac{4}{h_i}m_i \tag{4 - 29}$$

而 $S(x)$在子区间$[x_i,x_{i+1}]$左端点 x_i 的二阶导数值应为

$$S''(x_i^+) = -\frac{6}{h_i^2}y_i + \frac{6}{h_i^2}y_{i+1} - \frac{4}{h_i}m_i - \frac{2}{h_i}m_{i+1} \tag{4 - 30}$$

由于要求 $S(x)$在连接点 x_i 处二阶导数连续,应有

$$S''(x_i^-) = S''(x_i^+)$$

取上述两式相等,经整理后得

$$(1 - \alpha_i)m_{i-1} + 2m_i + \alpha_i m_{i+1} = 3\left[\frac{1 - \alpha_i}{h_{i-1}}(y_i - y_{i-1}) + \frac{\alpha_i}{h_i}(y_{i+1} - y_i)\right] \tag{4 - 31}$$

其中

$$\alpha_i = \frac{h_{i-1}}{h_{i-1} + h_i}$$

式(4－31)对所有连接点 $x_1, x_2, \cdots, x_{n-1}$ 均应成立，可得到 $n-1$ 个含 $m_i(i=0, 1, \cdots, n)$ 的方程，整理如下：

$$\begin{aligned} &(1-\alpha_1)m_0 + 2m_1 + \alpha_1 m_2 = \beta_1 \\ &(1-\alpha_2)m_1 + 2m_2 + \alpha_2 m_3 = \beta_2 \\ &\cdots\cdots \\ &(1-\alpha_{n-1})m_{n-2} + 2m_{n-1} + \alpha_{n-1} m_n = \beta_{n-1} \end{aligned} \tag{4-32}$$

其中

$$\beta_i = 3\left[\frac{1-\alpha_i}{h_{i-1}}(y_i - y_{i-1}) + \frac{\alpha_i}{h_i}(y_{i+1} - y_i)\right]$$

方程(4－31)称为三斜率方程。

若所给的插值问题在 a, b 处满足

$$S''(x_0) = 0, \quad S''(x_n) = 0$$

即在区间$[a, b]$之外，插值曲线直线延伸。可以由 $S''(x)$ 的表达式得到另外两个方程：

$$\alpha m_0 + m_1 = \frac{3}{h_0}(y_1 - y_0)$$

$$m_{n-1} + 2m_n = \frac{3}{h_{n-1}}(y_n - y_{n-1})$$

与前面所得到的 $n-1$ 个方程联立，可以求出 $m_0, m_1, \cdots, m_n$，代入 $P_3(x) = S(x)$ 的分段表达中，从而求出 $x \in [a, b]$ 的插值函数值 $S(x_i)$。

在计算机上实现可以用 9.6 节 MATLAB 程序来完成。

参考文献

江体乾. 1984. 化工数据处理. 北京：化学工业出版社

习　题

1. 在涂料生产中得到黏度和增稠剂的关系如下：

增稠剂用量/mL	1.0	2.7	3.0	4.5	5.6
黏度/(Pa · s)	14.2	17.6	21.0	37.5	50.7

试写出 Lagrange 多项式并求出加入增稠剂 2mL、4mL 时涂料的黏度。

2. 用任何一种计算机语言编写 Lagrange 插值的程序，并处理题 1 中的数据。

3. 简述线性插值、Lagrange 插值、Hermite 插值及样条插值的异同。

4. 在化学工程中，管路摩擦损失与流体的雷诺数 Re 和管壁粗糙度 ε 有关，摩擦系数 $= f(Re,\varepsilon)$，试用二元 Lagrange 插值求 ε/d 为 0.02、Re 为 5×10^4 时的 λ 值。

不同条件下的摩擦系数

摩擦系数 Re \ ε/d	0.001	0.002	0.01	0.05
1×10^4	0.0305	0.032	0.0435	0.074
2×10^4	0.026	0.028	0.041	0.073
4×10^4	0.025	0.025	0.040	0.072
6×10^4	0.021	0.023	0.039	0.072
1×10^5	0.0188	0.022	0.085	0.072

第5章　实验数据的最小二乘拟合及平滑

5.1　概　　述

实验数据的拟合和平滑是两个完全不同的概念，前者是根据所得实验数据去寻找一个最佳的数学表达方式，即寻找某一问题的经验公式。后者是将所得实验信号进行滤波处理，消除随机误差的影响，提高信噪比。实验数据拟合与平滑最常用的数学方法为最小二乘(LS)法。用它反映给定函数的一般趋势，可以不受实验随机误差的影响。最小二乘法是在精确度相等而误差呈正态分布的许多实验数据中求得最优概值的方法，基本判断方法为各数据的残差的平方和为最小。在实验数据处理中，最小二乘法是一种基本、简便和有效的算法。

值得指出的是，用最小二乘法找出近似函数 $y=\varphi(x)$ 与插值函数不同。它不要求曲线 $y=\varphi(x)$ 恰好通过各实验点 (x_i, y_i)，而只要求出的曲线能够反映给定数据的一般趋势即可。

5.2　最小二乘原理

某一给定的函数 $y(x)$ 是由观测或实验得来的，带有各种随机误差，假定存在着一个没有误差的真函数 $u(x)$，并设其表达式如下：

$$u(x_i) = b_0 + b_1 x_i + b_2 x_i^2 + \cdots + b_m x_i^m$$

另设模拟近似函数

$$\varphi(x_i) = a_0 + a_1 x_i + a_2 x_i^2 + \cdots + a_m x_i^m = Z_i \tag{5-1}$$

是对于实验函数 $y(x)$ 的最小二乘的近似值，除 $y\equiv\varphi(x)$ 外，一般有

$$\int_a^b W(z-u)^2 \mathrm{d}x < \int_a^b W(y-u)^2 \mathrm{d}x$$

即对实验函数值 y 所求得的近似函数 $\varphi(x)$ 比 $y(x)$ 本身更接近于真函数 $u(x)$ (W 为权函数)。

最小二乘法的数学描述如下：

设有 n 对试验数据 (x_i, y_i) $(i=1,2,\cdots,n)$，一般可用 m $(m<n)$ 次多项式来逼近近似函数 $\varphi(x)$，若函数经 n 次测定后，其结果分别为 $y_1, y_2, \cdots, y_n$，可得一方程组：

$$\left.\begin{array}{l} a_0 + a_1 x_1 + a_2 x_1^2 + \cdots + a_m x_1^m = y_1 \\ a_0 + a_1 x_2 + a_2 x_2^2 + \cdots + a_m x_2^m = y_2 \\ \cdots\cdots \\ a_0 + a_1 x_n + a_2 x_n^2 + \cdots + a_m x_n^m = y_n \end{array}\right\} \quad (5-2)$$

如果方程组中 a_i 为最佳值,则可得 y_i 与 $\varphi(x_i)$之间的误差方程组为

$$\left.\begin{array}{l} y_1 - (a_0 + a_1 x_1 + a_2 x_1^2 + \cdots + a_m x_1^m) = e_1 \\ y_2 - (a_0 + a_1 x_2 + a_2 x_2^2 + \cdots + a_m x_2^m) = e_2 \\ \cdots\cdots \\ y_n - (a_0 + a_1 x_n + a_2 x_n^2 + \cdots + a_m x_n^m) = e_n \end{array}\right\} \quad (5-3)$$

式中:e_i 为残差。若令

$$\varphi(x_i) = a_0 + a_1 x_i + a_2 x_i^2 + \cdots + a_m x_i^m$$

确定各未知系数 $a_0, a_1, \cdots, a_m$,使 $\varphi(x_i)$与 y_i 的所有残差平方和最小时即为所求。记残差平方和为 Q,则

$$Q = \sum_{i=1}^{n} [\varphi(x_i) - y_i]^2 = \sum_{i=1}^{n} \left(\sum_{k=0}^{m} a_k x_i^k - y_i\right)^2 \quad (5-4)$$

在此式中待定系数 $a_0, a_1, \cdots, a_m$ 是变量,Q 是一个 $m+1$ 元的函数,即

$$Q = Q(a_0, a_1, a_2 \cdots, a_m)$$

最小二乘解的结果是要使残差平方和 Q 为最小。由多元函数极值条件知,a_i 应满足如下方程组:

$$\begin{cases} \dfrac{\partial Q}{\partial a_0} = 2\sum\limits_{i=1}^{n} (a_0 + a_1 x_i + a_2 x_i^2 + \cdots + a_m x_i^m - y_i) = 0 \\ \dfrac{\partial Q}{\partial a_1} = 2\sum\limits_{i=1}^{n} (a_0 x_i + a_1 x_i^2 + a_2 x_i^3 + \cdots + a_m x_i^{m+1} - x_i y_i) = 0 \\ \cdots\cdots \\ \dfrac{\partial Q}{\partial a_m} = 2\sum\limits_{i=1}^{n} (a_0 x_i^m + a_1 x_i^{m+1} + a_2 x_i^{m+2} + \cdots + a_m x_i^{2m} - x_i^m y_i) = 0 \end{cases}$$

即

$$\frac{\partial Q}{\partial a_l} = 2\sum_{i=1}^{n} \left(\sum_{k=0}^{m} a_k x_i^k - y_i\right) x_i^l = 0 \ (l = 0, 1, \cdots, m)$$

写成更方便的形式:

$$\sum_{k=0}^{m} \left(\sum_{i=1}^{n} x_i^{k+l}\right) a_k = a_0 \sum x_i^l + a_1 \sum x_i^{l+1} + \cdots + a_m \sum x_i^{l+m} = \sum y_i x_i^l \quad (5-5)$$

设

$$s_{k+l} = \sum_{i=1}^{n} x_i^{k+l}, v_l = \sum_{i=1}^{n} y_i x_i^l$$

式(5－5)变为

$$\sum_{k=0}^{m} s_{k+l} a_k = v_l \qquad (5-6)$$

将式(5－6)展开可得方程组

$$\left.\begin{array}{l} s_0 a_0 + s_1 a_1 + \cdots + s_m a_m = v_0 \\ s_1 a_0 + s_2 a_1 + \cdots + s_{m+1} a_m = v_1 \\ \cdots\cdots \\ s_m a_0 + s_{m+1} a_1 + \cdots + s_{2m} a_m = v_m \end{array}\right\} \qquad (5-7)$$

式(5－7)通常称为最小二乘法的正规方程组。这是一个以 $a_0, a_1, \cdots, a_m$ 为未知量的 $m+1$ 阶线性代数方程组,可见经 m 次最小次二乘拟合,多项式的系数必满足式(5－7)。

正规方程组(5－7)的系数行列式的秩数为

$$\det|s_{k+l}| \neq 0$$

从而这个方程组对于 $a_0, a_1, \cdots, a_m$ 一定有一个唯一的解存在,而且此解必然使残差平方和 Q 达到最小值。因此我们可以通过相应的正规方程(5－7)确定 m 次最小二乘拟合多项式,并用来逼近已知的数据点集。这样得到的多项式是在残差平方和最小时拟合的最好的多项式。

5.3　最小二乘实验数据拟合

在科学实验中,常常需要根据实际测得的一系列数据组 $(x_i, y_i)(i=1,2,\cdots,n)$,去寻找自变量 x 和因变量 y 的一个数学表达式 $\varphi(x)$,也就是通过合适的化学量测模型构造一个拟合函数,使其尽可能地反映浓度与测量信号之间的关系。因此,实验数据的拟合实际上是函数曲线的拟合。曲线拟合可分为线性拟合和非线性拟合。

线性拟合是假设 y 与 x 之间的关系可以用线性方程来表示:

$$y_i = a_0 + a_1 x_1 + a_2 x_2 + \cdots + a_n x_n + e_i$$

非线性拟合是假设 y 与 x 之间的关系可以用多项式来表示:

$$y_i = a_0 + a_1 x_i + a_2 x_i^2 + \cdots + a_m x_i^m + e_i$$

线性拟合仅仅是最小二乘拟合的一个特例,本章主要讨论最小二乘用于多项式拟合。

在化学量测中经常遇到一些单值曲线,如光谱曲线、极谱曲线、吸收曲线等,还可能遇到一些关系为指数、三角函数等的实验数据,它们不能用线性多项式去描述。但我们总可以找到一个合适的多项式函数来描述，即用一个非线性逼近函数或模型来拟合。

设有 n 组量测数据$(x_i, y_i)(i=1,2,\cdots,n)$，可以用一个 m 阶多项式表示：

$$y_i = a_0 + a_1 x_i + a_2 x_i^2 + \cdots + a_m x_i^m + e_i$$

式中：a_i（不包括 a_0）为拟合系数。我们总可以确定一个函数 $\varphi(x_i)=\sum_{k=0}^{m} a_k x_i^k$ 而使

$$Q = \sum_{i=1}^{n} [\varphi(x_i) - y_i]^2$$

最小。对于其他一些指数形式的非线性表达式，只要先将其进行直线变换后，也可用最小二乘来拟合。

有关正规方程中系数项的求法可以用代入法、消元法、迭代法等数学方法来解决，这方面的详细论述见 5.4 节。

【例 5-1】 用化工中常用的模型 $s=q \cdot t^p$ 拟合表 5-1 中数据。

表 5-1 化工数据

t/min	20	27	35	41
s	65	60	53	50

解 先进行线性代换，对模型两端求对数。即

$$\lg s = \lg q + p \lg t$$

令

$$x = \lg t, a_0 = \lg q, y = \lg s, a_1 = p$$

则上式变为

$$y = a_0 + a_1 x$$

正规方程组为

$$s_0 a_0 + s_1 a_1 = v_0$$
$$s_1 a_0 + s_2 a_1 = v_1$$

x、y 值计算如表 5-2 所示。

表 5-2 原始数据及数据处理

x^0	x^1	x^2	y	xy
1	1.3010	1.6927	1.8129	2.3587
1	1.4314	2.0488	1.7782	2.5452
1	1.5441	2.3841	1.7243	2.6624
1	1.6128	2.6011	1.6990	2.7401
$\sum$	5.8892	8.7267	7.0143	10.3063

正规方程为

$$4a_0 + 5.8892a_1 = 7.0143$$
$$5.8892a_0 + 8.7267a_1 = 10.3063$$

解得

$$a_0 = 2.3052,\ a_1 = -0.3747,$$
$$q = 10^{a_0} = 201.94,\ p = a_1 = -0.3747$$

所以拟合模型为

$$s = 201.94 \times t^{-0.3747}$$

【例 5-2】 在造纸业中，加入润滑剂量与纸的平滑程度有关，根据表 5-3 中数据建立润滑剂量与平滑度之间的关系。

表 5-3　润滑剂量与平滑度

加碱量/kg	2	4	6	8	10
平滑度/%	0.71	0.85	0.92	0.80	0.75

解　设 $y = a_0 + a_1x + a_2x^2$，由最小二乘算法可导出计算值与测量值残差平方和最小时的关系式：

$$\sum_{i=1}^{5}(a_0 + a_1x_i + a_2x_i^2) = \sum_{i=1}^{5} y_i$$
$$\sum_{i=1}^{5}(a_0x_i + a_1x_i^2 + a_2x_i^3) = \sum_{i=1}^{5} x_iy_i$$
$$\sum_{i=1}^{5}(a_0x_i^2 + a_1x_i^3 + a_2x_i^4) = \sum_{i=1}^{5} x_i^2y_i$$

由上式可导出正规方程：

$$\left.\begin{aligned} s_0a_0 + s_1a_1 + s_2a_2 &= v_0 \\ s_1a_0 + s_2a_1 + s_3a_2 &= v_1 \\ s_2a_0 + s_3a_1 + s_4a_2 &= v_2 \end{aligned}\right\} \tag{5-8}$$

$$s_0 = \sum_{i=1}^{5} x_i^0 = 5,\ s_1 = \sum_{i=1}^{5} x_i^1 = 30,\ s_2 = \sum_{i=1}^{5} x_i^2 = 220,\ s_3 = \sum_{i=1}^{5} x_i^3 = 1800$$
$$s_4 = \sum_{i=1}^{5} x_i^4 = 15\ 664,\ v_0 = \sum_{i=1}^{5} y_i = 4.03,\ v_1 = \sum_{i=1}^{5} x_iy_i = 24.24,$$
$$v_2 = \sum_{i=1}^{5} x_i^2y_i = 175.76$$

将 s_i 值代入式(5-8)，得

$$\begin{cases} 5a_0 + 30a_1 + 220a_2 = 4.03 \\ 30a_1 + 220a_2 + 1800a_3 = 24.24 \\ 220a_2 + 1800a_3 + 15\ 664a_4 = 175.76 \end{cases} \tag{5-9}$$

可解得

$$a_0 = 0.512,\ a_1 = 0.124,\ a_2 = -0.0102$$

拟合多项式为

$$y=0.512+0.124x-0.0102x^2$$

5.4 计算机上实现最小二乘建模

用计算机来实现最小二乘计算，首先是从最小二乘原理出发建立仅含未知系数项的正规方程组，然后选用适当的数学方法求解线性方程组未知系数，或者利用变量 x_i 直接构造矩阵 $\boldsymbol{X}$，利用矩阵运算求解拟合系数，进而得到拟合值。求解线性方程中未知系数的方法很多，常用的方法有 Gramer 法则、消元法、迭代法、LU 分解等。本章结合学生的数学基础主要介绍 Gramer 法则、Gauss-Seidel 迭代法、LU 分解法和矩阵法用于实现最小二乘正规方程组系数的求解，进而实现计算机上最小二乘建模。

5.4.1 正规方程组的建立

由最小二乘原理可知，对任何 n 对实验数据(x_i, y_i)，其中任何一组数据都可以用 m 次多项式来逼近：

$$y = a_0 + a_1x + a_2x^2 + \cdots + a_mx^m = \sum_{i=0}^{m} a_ix^i$$

只要 m 确定我们就可以得到式(5－7)的 $m+1$ 阶正规线性方程组。式(5－7)中的 s 和 v 可以利用

$$s_0 = \sum_{i=1}^{n} x_i^0 = n \qquad v_0 = \sum_{i=1}^{n} x_i^0 y_i$$

$$s_1 = \sum_{i=1}^{n} x_i \qquad v_1 = \sum_{i=1}^{n} x_i y_i$$

$$s_2 = \sum_{i=1}^{n} x_i^2 \qquad v_2 = \sum_{i=1}^{n} x_i^2 y_i$$

$$\cdots\cdots \qquad \cdots\cdots$$

$$s_{2m} = \sum_{i=1}^{n} x_i^{2m} \qquad v_m = \sum_{i=1}^{n} x_i^m y_i$$

通过编程后，在计算机上进行求和运算获得。

求正规方程组中常数项系数的程序框图见图 5－1，其中 n 为数据点数，m 为多项式阶数。

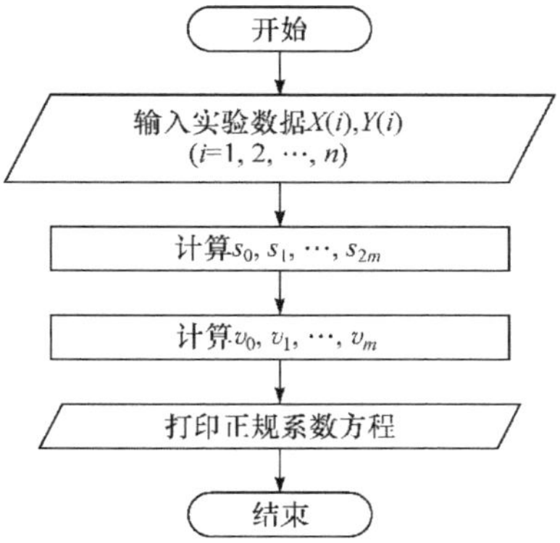

图 5 - 1　正规方程组中常数项系数程序框图

【例 5 - 3】 测得导电材料在温度 T_i 时的电阻 R_i，如表 5 - 4 所示，求电阻 R 与温度 T 之间的正规方程组和函数关系。

表 5 - 4　电阻 *R* 与温度 *T*

序　号	1	2	3	4	5	6	7
T_i/℃	19.1	25.0	30.1	36.0	40.0	45.1	50.0
R_i/Ω	76.3	77.80	79.25	80.80	82.35	83.90	85.10

解　简单作图看出近似一条直线，设 $R=a_0+a_1T$

要选择 a_0、a_1，使所有计算值与测量值之差（即为残差）的平方和为最小。

正规方程组为

$$s_0a_0+s_1a_1=v_0, s_1a_0+s_2a_1=v_1$$

$$s_0=\sum_{i=0}^{n}T_i^0=7,\ s_1=\sum_{i=0}^{n}T_i^1=245.3,\ s_2=\sum_{i=0}^{n}T_i^2=9325.83$$

$$v_0=\sum_{i=0}^{n}R_i=566.5,\ v_1=\sum_{i=0}^{n}T_iR_i=20\ 029.4$$

代入正规方程组

$$\begin{cases}7a_0+245.3a_1=566.65\\245.3a_0+9325.83a_1=20\ 029.4\end{cases}$$

用代入法即可解得 $a_0=70.57$，$a_1=0.291$。故 R 与 T 关系为

$$R\approx 70.57+0.291T$$

求例 5 - 3 正规方程的程序

```
# include<stdio.h>
void main()
{
    int i;
```

```
    double x[7]={19.1,25.0,30.1,36.0,40.0,45.1,50.0};
    double y[7]={76.30,77.80,79.25,80.80,82.35,83.90,85.10};
    for (i=0;i<7;i++)
    {
        s[0]++;
        s[1]+=x[i];
        s[2]+=x[i]*x[i];
        v[0]+=y[i];
         v[1]+=y[i]*x[i];
    }
     printf("s0=%.2f\ts1=%.2f\ts2=%.2f\n",s[0],s[1],s[2]);
    printf ("v0=%.2f\tv1=%.2\n",v[0],v[1]);
    printf("a0*%.2f+ a1*%.2f= %.2f\n",s[0],s[1],v[0]);
    printf("a1*%.2f+ a2*%.2f = %.2f\n",s[1],s[2],v[1]);
}
```

5.4.2 Gramer 法则

由最小二乘法建立的正规方程组中，仅含有回归系数 a_i 这一变量。如例 5－2 中含有未知项系数的方程组(5－9)表示成矩阵形式为

$$\begin{pmatrix} 5 & 30 & 220 \\ 30 & 220 & 1800 \\ 220 & 1800 & 15\,664 \end{pmatrix}\begin{pmatrix} a_0 \\ a_1 \\ a_2 \end{pmatrix}=\begin{pmatrix} 4.03 \\ 24.20 \\ 175.76 \end{pmatrix}$$

可以表示为

$$\boldsymbol{CA}=\boldsymbol{B}$$

式中：$\boldsymbol{C}$ 为 $(m+1)\times(m+1)$ 阶方阵；$\boldsymbol{A}$ 为 $(m+1)\times 1$ 维列向量，$\boldsymbol{A}=(a_0,a_1,a_2,\cdots a_m)^T$ 为待求系数；$\boldsymbol{B}$ 为 $(m+1)\times 1$ 维列向量。最终将问题归结为求解系数矩阵 $\boldsymbol{A}$。

Gramer 法则适用于求解维数较少的矩阵，计算过程较为简单，对于矩阵 $\boldsymbol{CA}=\boldsymbol{B}$ 有

$$a_j=\frac{|D_i|}{|C|},\boldsymbol{C}\neq 0(i=1,2,\cdots,m+1,j=0,1,\cdots,m)$$

D_i 为 $\boldsymbol{C}$ 的第 i 列被 $\boldsymbol{B}$ 取代后的系数矩阵对应的行列式。如例 5－2 是 $m=2$ 的二次多项式，$\boldsymbol{C}$ 有 $m+1=3$ 的 3×3 阶矩阵：

$$\boldsymbol{C}=\begin{pmatrix} c_{11} & c_{12} & c_{13} \\ c_{21} & c_{22} & c_{23} \\ c_{31} & c_{32} & c_{33} \end{pmatrix},\ \boldsymbol{B}=\begin{pmatrix} b_1 \\ b_2 \\ b_3 \end{pmatrix}$$

则有

$$a_0 = \frac{\begin{vmatrix} b_1 & c_{12} & c_{13} \\ b_2 & c_{22} & c_{23} \\ b_3 & c_{32} & c_{33} \end{vmatrix}}{\begin{vmatrix} c_{11} & c_{12} & c_{13} \\ c_{21} & c_{22} & c_{23} \\ c_{31} & c_{32} & c_{33} \end{vmatrix}},\ a_1 = \frac{\begin{vmatrix} c_{11} & b_1 & c_{13} \\ c_{21} & b_2 & c_{23} \\ c_{31} & b_3 & c_{33} \end{vmatrix}}{\begin{vmatrix} c_{11} & c_{12} & c_{13} \\ c_{21} & c_{22} & c_{23} \\ c_{31} & c_{32} & c_{33} \end{vmatrix}},\ a_3 = \frac{\begin{vmatrix} c_{11} & c_{12} & b_1 \\ c_{21} & c_{22} & b_2 \\ c_{31} & c_{32} & b_3 \end{vmatrix}}{\begin{vmatrix} c_{11} & c_{12} & c_{13} \\ c_{21} & c_{22} & c_{23} \\ c_{31} & c_{32} & c_{33} \end{vmatrix}}$$

行列式 C 和 D 的求解是从左到右从主对角线开始求上三角各项乘积之和，再由右向左求上三角各项乘积之和，不足的项由下三角中的顶替。最后求二者和的差。可知

$$|C| = (c_{11}c_{22}c_{33} + c_{12}c_{23}c_{31} + c_{13}c_{21}c_{32}) - (c_{13}c_{22}c_{31} + c_{12}c_{21}c_{33} + c_{11}c_{23}c_{32})$$

$$|D_1| = (b_1c_{22}c_{33} + c_{12}c_{23}b_3 + c_{13}b_2c_{32}) - (c_{13}c_{22}b_3 + c_{12}b_2c_{33} + b_1c_{23}c_{32})$$

同理可以得出 D_2、D_3，进而解出 a_0、a_1、a_2。

1. C 语言实现 Gramer 法求解正规方程中系数

1）程序框图

求解正规方程中系数程序框图见图 5-2。

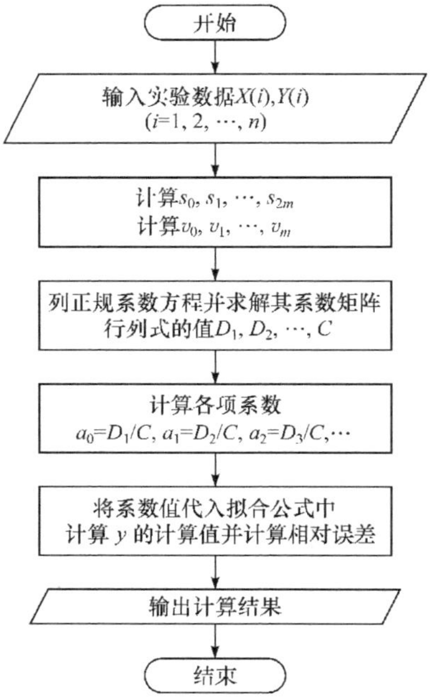

图 5-2　Gramer 法求解正规方程

2）程序功能

此程序利用 Gramer 法求解正规方程的系数，包含了求和、矩阵乘和矩阵除的运算，打印线性方程及数学模型。

3）程序参数

x[i]：实验值 x。

y[i]：实验值 y。

y0[i]：计算值。

e[i]：相对误差(%)。

s[i]：x 的 i 次幂求和。

v[i]：y 乘 x 的 i 次幂求和。

4）程序清单

VC++环境下建立新文件，输入程序清单，编辑程序。

```
//    Gramer 法求解正规方程中系数
# include <stdio.h>
# include <malloc.h>

void main()
{
```

```
    int i,n;
    double * x, * y, * y0, * e;
    double s[5]= {0,0,0,0,0},v[3]= {0,0,0},d,a[4];
    printf("请输入数据个数:");     scanf("%d",&n);
    x=(double *)malloc((n+1) * sizeof(double));
    y=(double*)malloc((n+1) * sizeof(double));
    y0=(double*)malloc((n+1) * sizeof(double));
    e=(double*)malloc((n+1) * sizeof(double));
    for(i=1;i<=n;i++ )
    {
      printf("X(%d)=",i);    scanf("%lf",&x[i]);
      printf("Y(%d)=",i);    scanf("%lf",&y[i]);
      s[0]++;
      s[1]+=x[i];
      s[2]+=x[i] * x[i];
      s[3]+=x[i] * x[i] * x[i];
      s[4]+=x[i] * x[i] * x[i] * x[i];
      v[0]+=y[i];
      v[1]+=y[i] * x[i];
      v[2]+=y[i] * x[i] * x[i];
    }
    d= s[0] * s[2] * s[4]+s[1] * s[3] * s[2]+ s[2] * s[1] * s[3]
           -s[0] * s[3] * s[3]-s[1] * s[1] * s[4]-s[2] * s[2] * s[2];
    a[1]=(v[0] * s[2] * s[4]+s[1] * s[3] * v[2]+s[2] * v[1] * s[3]
        -v[0] * s[3] * s[3]-s[1] * v[1] * s[4]-s[2] * s[2] * v[2])/d;
    a[2]=(s[0] * v[1] * s[4]+v[0] * s[3] * s[2]+s[2] * s[1] * v[2]
        -s[0] * s[3] * v[2]-v[0] * s[1] * s[4]-s[2] * v[1] * s[2])/d;
    a[3]=(s[0] * s[2] * v[2]+s[1] * v[1] * s[2]+v[0] * s[1] * s[3]
        -s[0] * v[1] * s[3]-s[1] * s[1] * v[2]-v[0] * s[2] * s[2])/d;
    printf("Y=(%f)+(%f) * X+(%f) * X^2\n",a[1],a[2],a[3]);
    printf(" n\tX\tY\tY'\tE(%%)\n");
    for (i= 1;i<=n;i++)
    {
        y0[i]=a[1]+a[2] * x[i]+a[3] * x[i] * x[i];
        e[i]=(y0[i]-y[i])/y[i] * 100;
        printf("%d\t%.3f\t%.3f\t",i,x[i],y[i]);
        printf("%.4f\t%2.2f\n",y0[i],e[i]);
    }
}
```

5）运行结果

检查程序没有错误,运行程序,屏幕显示运行结果。

```
Y= (0.805714) + (0.200357) * X + (- 0.101786) * X^2
n        X           Y           Y'          E(%)
1        - 3.000     - 0.710     - 0.7114    0.20
2        - 2.000     - 0.010     - 0.0021    - 78.57
3        - 1.000     0.510       0.5036      - 1.26
4        0.000       0.820       0.8057      - 1.74
5        1.000       0.880       0.9043      2.76
6        2.000       0.810       0.7993      - 1.32
7        3.000       0.490       0.4907      0.15
```

2. VB 实现 Gramer 法求解正规方程中系数

1）属性设置

进入 VB 界面后，按照表 5－5 设置属性。

表 5－5　Gramer 法求解正规方程中系数程序属性设置

对　象	属　性	属性值	说　明
Form1	Caption	Gramer 法求解正规方程中系数	窗体的标题
Command1	Caption	运行	按钮的标题
Picture1	BackColor	白色	图片框的背景色

2）程序列表

程序中 x、y、y0、e、s 和 v 的含义与 C 语言程序的相同。在 VB 界面下建立程序新文件，输入程序并编辑。

```
Private Sub Command1_Click()
Picture1.Cls
Dim x#(),y#(),y0#(),e#(),s#(0 To 4),v#(0 To 2), a#(1 To 3)
n= Val(InputBox("请输入数据个数 n", "输入数据", 0))
ReDim x#(1 To n),y#(1 To n),y0#(1 To n),e#(1 To n)
Picture1.Height=(n+3) * 195
Form1.Height= Picture1.Height+1250
For i= 1 To n
    x(i)=Val(InputBox("请输入 x" & i, "输入数据", 0))
    y(i)=Val(InputBox("请输入 y" & i, "输入数据", 0))
    For j=0 To 4: s(j)=s(j) +x(i)^j:Next j
    For j=0 To 2: v(j)=v(j)+y(i) * x(i)^j: Next j
Next i
    d=s(0) * s(2) * s(4)+s(1) * s(3) * s(2)+s(2) * s(1) * s(3)_
        -s(0) * s(3) * s(3)-s(1) * s(1) * s(4)-s(2) * s(2) * s(2)
    a(1)=(v(0) * s(2) * s(4)+s(1) * s(3) * v(2)+s(2) * v(1) * s(3)_
        -v(0) * s(3) * s(3)-s(1) * v(1) * s(4)-s(2) * s(2) * v(2)) / d
    a(2)=(s(0) * v(1) * s(4)+v(0) * s(3) * s(2)+s(2) * s(1) * v(2)_
```

```
    -s(0) * s(3) * v(2)-v(0) * s(1) * s(4)-s(2) * v(1) * s(2))/d
a(3)=(s(0) * s(2) * v(2)+s(1) * v(1) * s(2)+ v(0) * s(1) * s(3)_
    -s(0) * v(1) * s(3)-s(1) * s(1) * v(2)-v(0) * s(2) * s(2))/d
Picture1. Print "Y=("; Format(a(1), "#. ###### "); ")+(";
Picture1. Print Format(a(2), "#. ###### "); ") * X + (";
Picture1. Print Format(a(3), "#. ###### "); ") * X^2": Picture1. Print
Picture1. Print " X"; Tab(5); "Y"; Tab(15); "Y'"; Tab(25); "E"
For i =  1 To n
    y0(i)=a(1)+a(2) * x(i)+a(3) * x(i)^2
    e(i)=(y0(i)-y(i))/y(i) * 100
    Picture1. Print x(i);
    Picture1. Print Tab(5); Format(y(i), "#. #### ");
    Picture1. Print Tab(15); Format(y0(i), "#. #### ");
    Picture1. Print Tab(25); Format(e(i),"## . ## "); "%"
Next i
End Sub
```

3）运行结果

检查程序没有错误，点击图 5－3 中“运行”按钮，运行程序。可以显示图 5－3 的运行结果。

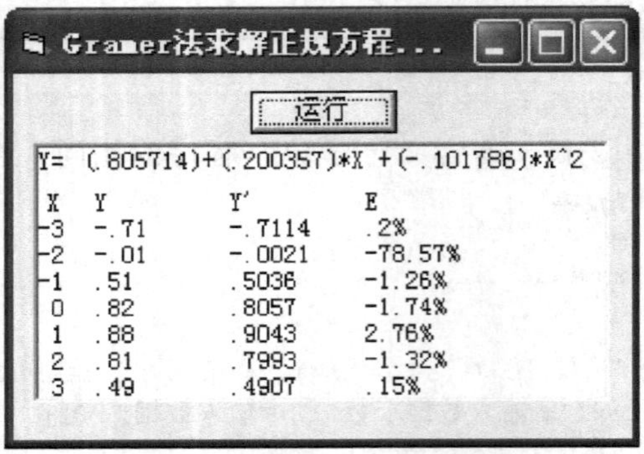

图 5－3　Gramer 法求解正规方程中系数程序运行结果

5.4.3　Gauss-Seidel 迭代法

从计算机编程的角度，迭代法是容易实现和理解的，在科学计算中用得较多。它可用于任意维数矩阵的解，尤其对于维数较高的体系更有意义。

所谓的迭代就是使待求值 $x_i^{(j)}$，从初始值 $x_i^{(0)}=0$ 开始，通过 j 次迭代，每一次迭代计算都使用当前最新值 $x_i^{(j+1)}$，逐步向近似解靠近，直到误差满足 $|x_i^{(j+1)}-x_i^{(j)}|\leqslant e$ 时为止。

例如，对于一个三阶的方程组：

$$a_{11}x_1+a_{12}x_2+a_{13}x_3=b_1$$
$$a_{21}x_1+a_{22}x_2+a_{23}x_3=b_2$$
$$a_{31}x_1+a_{32}x_2+a_{33}x_3=b_3$$

令初始值矩阵为

$$\boldsymbol{X}=\begin{pmatrix}x_1\\x_2\\x_3\end{pmatrix}=\begin{pmatrix}0\\0\\0\end{pmatrix}$$

由上述方程知

$$\left.\begin{aligned}x_1&=\frac{b_1-a_{12}x_2-a_{13}x_3}{a_{11}}\\x_2&=\frac{b_2-a_{21}x_1-a_{23}x_3}{a_{22}}\\x_3&=\frac{b_3-a_{31}x_1-a_{32}x_3}{a_{33}}\end{aligned}\right\}\tag{5-10}$$

为第一次迭代值。等式右边的 x_i 初值为零,由此可求出第一次迭代值。用第一次的迭代值带回到式(5-10),求第二次迭代结果,以此类推。

迭代过程中可以根据所求问题的精度给一个收敛条件或收敛判据 e,如果

$$|x_1^{(m+1)}-x_1^{(m)}|\leqslant e$$
$$|x_2^{(m+1)}-x_2^{(m)}|\leqslant e$$
$$|x_3^{(m+1)}-x_3^{(m)}|\leqslant e$$

可以终止迭代,输出结果。

也可以用前后两次计算结果的相对误差作为收敛判据,即

$$\text{Sum}=\sum_{i=1}^{n}\frac{x_i^{(m)}-x_i^{(m-1)}}{x_i^{(m)}}\leqslant e$$

时终止迭代。

【例 5-4】 已知对一组化工数据整理后得下列线性方程组:

$$30x_1+x_2-x_3=29$$
$$x_1+20x_2-x_3=38$$
$$x_1+x_2+10x_3=33$$

求满足收敛判据为 $e=0.02$ 的近似解。

解 线性方程组的矩阵形式为

$$\begin{pmatrix}30&1&-1\\1&20&-1\\1&1&10\end{pmatrix}\begin{pmatrix}x_1\\x_2\\x_3\end{pmatrix}=\begin{pmatrix}29\\38\\33\end{pmatrix}$$

设

$$x_1^{(0)}=x_2^{(0)}=x_3^{(0)}=0$$

第一次迭代：

$$x_1^{(1)}=\frac{29-0+0}{30}=0.967$$

$$x_2^{(1)}=\frac{38-0.967+0}{20}=1.85$$

$$x_3^{(1)}=\frac{33-0.967-1.85}{10}=3.02$$

第二次迭代：

$$x_1^{(2)}=\frac{29-1\times1.85+1\times3.02}{30}=1.01$$

$$x_2^{(2)}=\frac{38-1\times1.01+1\times3.02}{20}=2.00$$

$$x_3^{(2)}=\frac{33-1\times1.01-1\times2.00}{10}=3.00$$

第三次迭代：

$$x_1^{(3)}=\frac{29-1\times2.00+1\times3.00}{30}=1.00$$

$$x_2^{(3)}=\frac{38-1\times1.00+1\times3.00}{20}=2.00$$

$$x_3^{(3)}=\frac{33-1\times1.00-1\times2.00}{10}=3.00$$

检查知

$$|x_1^{(3)}-x_1^{(2)}|=0.01<e$$

$$|x_2^{(3)}-x_2^{(2)}|=0.00<e$$

$$|x_3^{(3)}-x_3^{(2)}|=0.00<e$$

所以迭代终止，$x_1^{(3)}$、$x_2^{(3)}$、$x_3^{(3)}$ 就是所求的解。

1. C 语言实现 Gauss-Seidel 迭代

1）程序框图

Gauss-Seidel 迭代程序框图见图 5-4。

2）程序功能

此程序用于线性方程组系数的求解，适用于任何维数方程的求解。

3）程序参数

n：未知数个数。

a：系数矩阵（$n\times n$）。

b：解矩阵（$n\times 1$）。

x[i]：待求未知数（$i=1,2,\cdots,n$）。

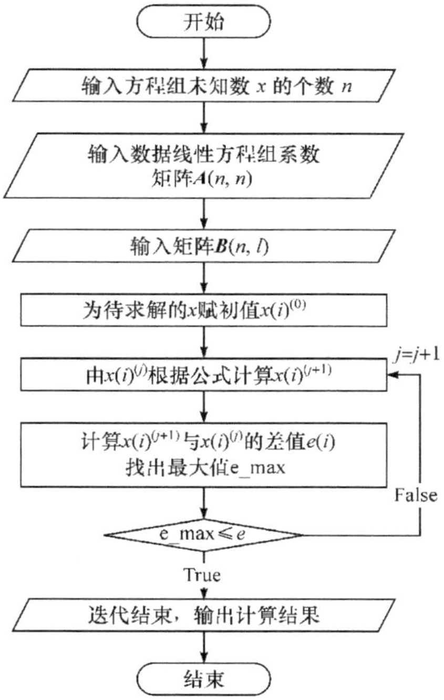

图 5－4　Gauss-Seidel 迭代框图

e_max:两次迭代值差值的最大值。

4）程序清单

VC++环境下建立新文件,输入程序清单,编辑程序。

```
//   Gauss-Seidel 迭代法
# include <math.h>
# include <stdio.h>
# include <malloc.h>
void main()
{
    int i,j,n;
    double * x0, * x1, * a, * b;
    double e= 0.0001,e_max,s;
    printf("请输入未知数个数:"); scanf("% d",&n);
    a= (double * )malloc((n * n+1) * sizeof(double));
    b= (double * )malloc((n+1) * sizeof(double));
    x0= (double * )malloc((n+1) * sizeof(double));
    x1= (double * )malloc((n+1) * sizeof(double));
    for (i= 0;i<n;i++)
    {
```

```
            for (j= 1;j<=n;j++)
            {
                printf("A[%d][%d]= ",i+1,j);
                scanf("%lf",&a[n * i+j]);
            }
            printf("B[%d]= ",i+1); scanf("%lf",&b[i+1]);
            x1[i+1]=0;
        }
        do
        {
            e_max=0;
            for(i=1;i<=n;i++)     x0[i]=x1[i];
            for(i=1;i<=n;i++)
            {
                s=0;
                for(j=1;j<=n;j++)
                    if(i!=j)     s+=a[(i-1) * n+j] * x1[j];
                x1[i]=(b[i]-s)/a[(i-1) * n+i];
                if (fabs(x1[i]- x0[i])>e_max)
                    e_max= fabs(x1[i]- x0[i]);
            }
      }while (e_max>e);
      for (i=1;i<=n;i++)     printf("X%d=%.5f\n",i,x1[i]);
  }
```

5）运行结果

检查程序没有错误，运行程序，屏幕显示运行结果。

```
X1= 1.00000
X2= 2.00000
X3= 3.00000
```

2. VB 实现 Gauss-Seidel 迭代

1）属性设置

进入 VB 界面后，按照表 5-6 设置属性。

表 5-6　Gauss-Seidel 迭代程序属性设置

对　象	属　性	属性值	说　明
Form1	Caption	Gauss-Seidel 迭代	窗体的标题
Command1	Caption	运行	按钮的标题
Picture1	BackColor	白色	图片框的背景色

2）程序列表

程序中 n、a、b、x 和 e_max 的含义与 C 语言程序的相同。在 VB 界面下建立程序新文件，输入程序并编辑。

```
Private Sub Command1_Click()

Dim x0#(), x1#(), a#(), b#()
n= Val(InputBox("请输入未知数个数 n", "输入数据", 0))
ReDim a#(1 To n * n), b#(1 To n)
ReDim x0#(1 To n), x1#(1 To n)
e= 0.0001: e_max=e+1
Picture1.Cls
Picture1.Height=n * 195
Form1.Height =Picture1.Height+1250
For i=0 To n-1
    For j=1 To n
        a(n * i+j)=Val(InputBox("请输入 a" & i+1 & j, "输入数据", 0))
    Next j
    b(i+1)=Val(InputBox("请输入 b" & i+1, "输入数据", 0)): x1(i+1)=0
Next i
While (e_max > e)
    e_max=0
    For i=1 To n: x0(i)=x1(i): Next i
    For i=1 To n
        s=0
        For j=1 To n
            If(i <> j) Then s=s +a((i-1) * n+j) * x1(j)
        Next j
        x1(i)=(b(i)-s)/a((i-1) * n+i)
        If(Abs(x1(i)-x0(i))>e_max)Then e_max=Abs(x1(i) -  x0(i))
    Next i
Wend
For i=1 To n: Picture1.Print "X"; i; "= "; x1(i): Next i
End Sub
```

3）运行结果

检查程序没有错误，点击图 5－5 中“运行”按钮，运行程序。可以显示图 5－5

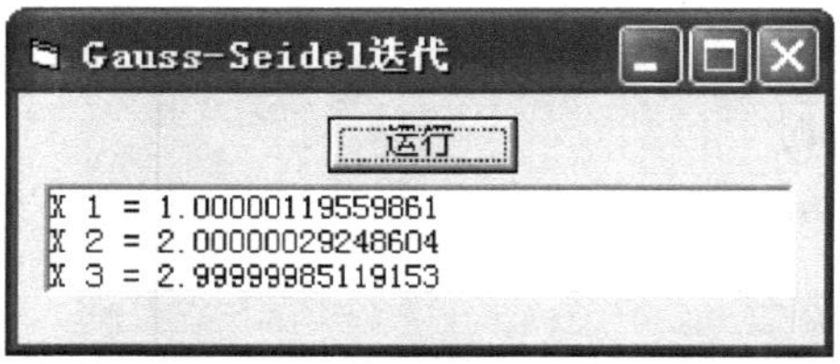

图 5－5 Gauss-Seidel 迭代程序运行结果

的运行结果。

5.4.4 LU 分解法原理

对于最小二乘法建立的任意正规方程组 $\boldsymbol{AX}=\boldsymbol{B}$,其中 $\boldsymbol{X}$ 为待求未知系数矩阵、$\boldsymbol{A}$ 为已知系数矩阵。$\boldsymbol{A}$ 可以分解成下三角矩阵 $\boldsymbol{L}$ 与上三角矩阵 $\boldsymbol{U}$ 的乘积,即

$$\boldsymbol{A}=\boldsymbol{LU}$$

则有

$$\boldsymbol{LUX}=\boldsymbol{B}$$

其中

$$\boldsymbol{L}=\begin{pmatrix} l_{11} & & & \\ l_{21} & l_{22} & & \\ \vdots & \vdots & \ddots & \\ l_{n1} & l_{n2} & \cdots & l_{nn} \end{pmatrix}, \quad \boldsymbol{U}=\begin{pmatrix} 1 & u_{12} & \cdots & u_{1n} \\ & 1 & \ddots & \vdots \\ & & \ddots & u_{n-1,n} \\ & & & 1 \end{pmatrix} \tag{5-11}$$

令

$$\boldsymbol{UX}=\boldsymbol{Y}$$

则方程组分解为两个方程组

$$\boldsymbol{LY}=\boldsymbol{B}, \quad \boldsymbol{UX}=\boldsymbol{Y}$$

由此可以解出

$$\boldsymbol{X}=\boldsymbol{B}/\boldsymbol{LU}$$

所以只要利用系数矩阵 $\boldsymbol{A}$ 求出 $\boldsymbol{L}$、$\boldsymbol{U}$ 矩阵,便可求出正规方程中的未知系数矩阵 $\boldsymbol{X}$。$\boldsymbol{L}$、$\boldsymbol{U}$ 矩阵与 $\boldsymbol{A}$ 矩阵的关系可以表示为

$$\begin{pmatrix} l_{11} & & & \\ l_{21} & l_{22} & & \\ \vdots & \vdots & \ddots & \\ l_{n1} & l_{n2} & \cdots & l_{nn} \end{pmatrix}\begin{pmatrix} 1 & u_{12} & \cdots & u_{1n} \\ & 1 & \ddots & \vdots \\ & & \ddots & u_{n-1,n} \\ & & & 1 \end{pmatrix}=\begin{pmatrix} a_{11} & a_{12} & \cdots & a_{1n} \\ a_{21} & a_{22} & \cdots & a_{2n} \\ \vdots & \vdots & \ddots & \vdots \\ a_{n1} & a_{n2} & \cdots & a_{nn} \end{pmatrix} \tag{5-12}$$

根据矩阵乘法规则可知,左边乘积的第一列,即 $\boldsymbol{L}$ 矩阵的第 n 行分别乘 $\boldsymbol{U}$ 矩阵的第一列,等于 $l_{11},l_{21},\cdots,l_{n1}$,所以 $l_{i1}=a_{i1}$ $(i=1,2,\cdots,n)$,而左边乘积的第一行为 $\boldsymbol{L}$ 矩阵的第一行分别乘 $\boldsymbol{U}$ 矩阵的第 n 列,为 $a_{11}=l_{11}$,$a_{1j}=l_{11}u_{1j}$ $(j=2,3,\cdots,n)$,得

$$u_{1j}=a_{1j}/l_{11}=a_{1j}/a_{11} \quad (j=2,3,\cdots,n)$$

以此类推,当 $i\geqslant j$ 时

$$l_{i1}u_{1j}+l_{i2}u_{2j}+\cdots+l_{i,i-1}u_{i-1,j}+l_{ij}=a_{ij}$$

所以有

$$l_{ij}=a_{ij}-\sum_{k=1}^{i-1}l_{ik}u_{kj} \quad (i\geqslant j) \tag{5-13}$$

以 $\boldsymbol{L}$ 的第 i 行乘以 $\boldsymbol{U}$ 的第 j 列($i<j$)得

$$l_{i1}u_{1j} + l_{i2}u_{2j} + \cdots + l_{ii} = a_{ij}$$

所以有

$$u_{ij} = \frac{1}{l_{i1}\left(a_{ij} - \sum_{k=1}^{i-1} l_{ik}u_{kj}\right)} \quad (i<j) \tag{5-14}$$

式(5-13)、式(5-14)中的 l_{ik}、u_{kj} 是由上一级计算获得。以此类推就可以求出 $\boldsymbol{L}$ 和 $\boldsymbol{U}$ 的全部元素。

LU 分解的计算程序见 9.7 节。

5.4.5　矩阵法

对复杂体系的最小二乘拟合由矩阵法求解拟合系数更为方便。

对于 n 个测试样品，m 个变量的实验数据，用最小二乘法拟合数学模型时，可得到正规方程组：

$$\begin{cases} s_0a_0 + s_1a_1 + \cdots + s_ma_m = v_0 \\ s_1a_0 + s_2a_1 + \cdots + s_{m+1}a_m = v_1 \\ \cdots\cdots \\ s_ma_0 + s_{m+1}a_1 + \cdots + s_{2m}a_m = v_m \end{cases}$$

写成矩阵形式为

$$\begin{pmatrix} s_0 & s_1 & \cdots & s_m \\ s_1 & s_2 & \cdots & s_{m+1} \\ \vdots & \vdots & \ddots & \vdots \\ s_m & s_{m+1} & \cdots & s_{2m} \end{pmatrix}\begin{pmatrix} a_0 \\ a_1 \\ \vdots \\ a_m \end{pmatrix} = \begin{pmatrix} v_0 \\ v_1 \\ \vdots \\ v_m \end{pmatrix} \tag{5-15}$$

即

$$\boldsymbol{SA}=\boldsymbol{V} \tag{5-16}$$

将(5-16)改写成一般形式：

$$\boldsymbol{XA}=\boldsymbol{Y} \tag{5-17}$$

将式(5-17)两边左乘矩阵 $\boldsymbol{X}^T$，再左乘($\boldsymbol{X}^T\boldsymbol{X}$)的逆矩阵$(\boldsymbol{X}^T\boldsymbol{X})^{-1}$就可求出拟合系数矩阵：

$$\bar{\boldsymbol{A}}=(\boldsymbol{X}^T\boldsymbol{X})^{-1}\boldsymbol{X}^T\boldsymbol{Y} \tag{5-18}$$

此计算过程可以用第 9 章 MATLAB 程序来完成。

5.5　实验数据的平滑技术

实验数据的平滑是分析信号处理的一种技术。用测量仪器观测样本的某些性质时所得到的仪器输出结果仅为待测性质的一种估计，这种估计通常叫做分析信号。如在分光光度法中，分析信号就是不同波长下的响应吸光度值；在极谱分析中，极谱仪输出的信号是电流强度。

通常从仪器上获得的所谓分析信号实际包括了仪器噪声、方法空白、样品基体效应等，因此响应信号总是包括分析信号和背景信号两部分。仪器制造者从电路设计方面尽量减少噪声的影响，但由于受电压波动及各种电磁波的随机影响，噪声影响总是随机存在的。因此，产生了多种信号分析的方法，以将分析物信号与仪器噪声相分离，进而提高信噪比。通常使用的方法是数字滤波、数据平滑及 Fourier 变换等。数字滤波可用于分析信号与噪声的分离；Fourier 变换可用于受到扰动扭曲的分析信号复原和重叠的分辨；平滑技术则可减少随机误差对测量数据的干扰，提高分辨能力。

数据或信号平滑是消除小方差信号、保留大方差信号的常用处理方法之一。大方差信号常常认为是有用分析信号，而小方差信号常常是随机误差和仪器的噪声等。应该注意，平滑虽然能消除随机误差和仪器的噪声，但平滑后的数据不包括任何更多的信息。在有用信号相对较小时，平滑往往会使某些数据失真，在实际应用中应慎重使用。

测量数据的平滑有两大类方法：一种是采用图解平滑法，如第 2 章图解法建立数据模型所述；另一种则是采用计算平滑方法，从“残差平方和为最小”这个条件出发，将测量结果进行平滑计算，得出改正值再据此绘平滑曲线。

计算平滑方法中最有效的方法是 Savizkg 与 Golag 提出的基于最小二乘原理的多项式平滑方法，也称卷积平滑。它可以有效地去除噪声，保留分析信号中有用的信息。

5.5.1 多项式平滑原理

设有 $n=2m+1$ 个等距离测量点 $x_i(i=-m,-m+1,\cdots,m-1,m)$，间距为 $x_{i+1}-x_i=x_i-x_{i-1}=h$，且假设点间测量数据 y_i 可以用一个 $k-1$ 次多项式来拟合，即

$$y_i = a_0 + a_1 x_i + a_2 x_i^2 + \cdots + a_{k-1} x_i^{k-1} \tag{5-19}$$

为了处理问题方便，x_i 可以用 i 来简单表示，而不考虑其物理意义，即令

$$x_i = i = -m, -m+1, \cdots, m-1, m$$

式(5-19)可表示为

$$y_i = a_0 + a_1 x_i + a_2 x_i^2 + \cdots + a_{k-1} x_i^{k-1} = \sum_{j=0}^{k-1} a_j x_i^j$$

在 $n=2m+1$ 中，n 为平滑使用中的原始数据个数，是从大量数据集中取出的一个子集，作为平滑的窗口，也叫平滑窗口的宽度。移动此窗口可以对整个数据集

进行平滑。如对吸收光谱进行 $2m+1$ 个点平滑过程如图 5－6 所示，每改变一次中心波长就相当于移动窗口一次。

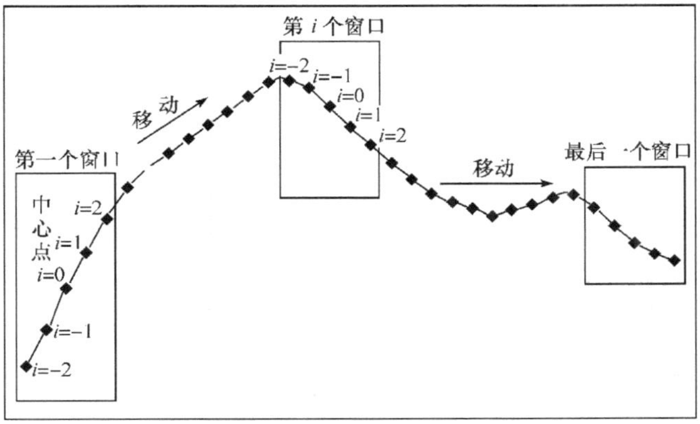

图 5－6　平滑窗口在整个数据曲线上的移动示意图

在平滑窗口中的 n 个数据可以构成 n 个式(5－19)，构成含有 n 个 k 元线性方程的方程组。要求解其中 k 个拟合参量 $a_j(j=0,1,\cdots,k-1)$，参与平滑拟合数据的 n 应大于或至少等于 k。当 $n=k$ 时，可用 Gauss 消去法等线性代数方法求解拟合参数。当 $n>k$ 时，n 个方程构成矛盾方程组，必须用最小二乘法求其近似解。

用最小二乘法平滑实验数据就是将真实信号与噪声分离，来达到平滑的目的。在寻求一个新函数 $p(x_i)$ 代替 $f(x_i)$ 时必然产生误差，因此式(5－19)可以写成

$$y_i = a_0 + a_1 x_i + a_2 x_i^2 + \cdots + a_{k-1} x_i^{k-1} + e_i \tag{5-20}$$

将 $n=2m+1$ 个方程展开并写成矩阵形式

$$\begin{pmatrix} y_{-m} \\ y_{-m+1} \\ \vdots \\ y_m \end{pmatrix} = \begin{pmatrix} 1 & -m & (-m)^2 & \cdots & (-m)^{k-1} \\ 1 & -m+1 & (-m+1)^2 & \cdots & (-m+1)^{k-1} \\ \vdots & \vdots & \vdots & \ddots & \vdots \\ 1 & m & m^2 & \cdots & m^{k-1} \end{pmatrix} \begin{pmatrix} a_0 \\ a_1 \\ \vdots \\ a_{k-1} \end{pmatrix} + \begin{pmatrix} e_{-m} \\ e_{-m+1} \\ \vdots \\ e_m \end{pmatrix} \tag{5-21a}$$

用矩阵符号记为

$$\boldsymbol{Y}_{(2m+1)\times 1} = \boldsymbol{X}_{(2m+1)\times k} \boldsymbol{A}_{k\times 1} + \boldsymbol{E}_{(2m+1)\times 1} \tag{5-21b}$$

按 5.4 节中所述矩阵求解方法，在式(5－21b)两边同时左乘矩阵 $\boldsymbol{X}^T$，再左乘矩阵$(\boldsymbol{X}^T\boldsymbol{X})$的逆矩阵$(\boldsymbol{X}^T\boldsymbol{X})^{-1}$，即可求得最小二乘解 $\bar{\boldsymbol{A}}$：

$$\bar{\boldsymbol{A}} = (\boldsymbol{X}^T\boldsymbol{X})^{-1}\boldsymbol{X}^T\boldsymbol{Y} \tag{5-22}$$

式中：上标“-1”和“T”分别表示矩阵求逆和转置运算。去除噪声和误差项的平滑

值 Y 为

$$\bar{\boldsymbol{Y}}=\boldsymbol{X}\bar{\boldsymbol{A}}=\boldsymbol{X}(\boldsymbol{X}^T\boldsymbol{X})^{-1}\boldsymbol{X}^T\boldsymbol{Y}=\boldsymbol{B}\boldsymbol{Y} \tag{5-23}$$

其中

$$\boldsymbol{B}=\boldsymbol{X}(\boldsymbol{X}^T\boldsymbol{X})^{-1}\boldsymbol{X}^T \tag{5-24}$$

由式(5-24)可以看出，矩阵 $\boldsymbol{B}$ 只与 $\boldsymbol{X}$ 矩阵有关，而与原实验测验点 $\boldsymbol{Y}$ 矩阵无关，矩阵 $\boldsymbol{B}$ 是一个$(2m+1)\times(2m+1)$阶矩阵，其元素 $b_{ij}(i,j=-m,-m+1,\cdots,m-1,m)$称作平滑系数。因此，只要给定了窗口宽度$(2m+1)$和多项式幂次$(k-1)$就唯一确定了 $\boldsymbol{X}$ 矩阵和 $\boldsymbol{B}$ 矩阵。一般平滑问题，可事先求出 $\boldsymbol{B}$ 矩阵，再由实验数据点 $\boldsymbol{Y}$ 矩阵，通过式(5-23)求出平滑值 $\bar{\boldsymbol{Y}}$。式(5-22)也可以由建立最小二乘的正规方程出发求出系数 a_i(见 5.4 节)，进而求出平滑值 $\bar{\boldsymbol{Y}}$。

5.5.2　五点数据的平滑

五点 $k-1$ 次平滑可由多项式平滑公式导出。五点是指平滑窗口宽度 $n=5$，即 $n=2m+1=5$，则有 $m=2$ 及 $i=-2,-1,0,1,2$。$k-1$ 次是指多项式最高次幂，k 的取值可以自己确定，一般取 $k=3$ 或 $k=4$。

首先推出五点二次平滑公式，若为五点二次平滑，有 $m=2$、$k=3$，由式(5-21a)可得

$$\begin{pmatrix} y_{-2} \\ y_{-1} \\ y_0 \\ y_1 \\ y_2 \end{pmatrix} = \begin{pmatrix} 1 & -2 & 4 \\ 1 & -1 & 1 \\ 1 & 0 & 0 \\ 1 & 1 & 1 \\ 1 & 2 & 4 \end{pmatrix} \begin{pmatrix} a_0 \\ \\ a_1 \\ \\ a_2 \end{pmatrix} + \begin{pmatrix} e_{-2} \\ e_{-1} \\ e_0 \\ e_1 \\ e_2 \end{pmatrix}$$

矩阵形式为

$$\boldsymbol{Y}_{5\times1}=\boldsymbol{X}_{5\times3}\boldsymbol{A}_{3\times1}+\boldsymbol{E}_{5\times1}$$

将 $\boldsymbol{X}$ 矩阵代入式(5-24)求出 $\boldsymbol{B}$ 矩阵。计算 $\boldsymbol{B}$ 矩阵的过程较为繁琐，可通过编制计算程序完成。假如 $\boldsymbol{B}$ 计算出来了，将 $\boldsymbol{B}$ 矩阵除以 35，代入式(5-22)中得平滑公式：

$$\begin{pmatrix} \bar{y}_{-2} \\ \bar{y}_{-1} \\ \bar{y}_0 \\ \bar{y}_1 \\ \bar{y}_2 \end{pmatrix} = \frac{1}{35}\begin{pmatrix} 31 & 9 & -3 & -5 & 3 \\ 9 & 13 & 12 & 6 & -5 \\ -3 & 12 & 17 & 12 & -3 \\ -5 & 6 & 12 & 13 & 9 \\ 3 & -5 & -3 & 9 & 31 \end{pmatrix} \begin{pmatrix} y_{-2} \\ y_{-1} \\ y_0 \\ y_1 \\ y_2 \end{pmatrix} \tag{5-25}$$

将式(5-25)展开可得 5 个平滑公式：

$$\left.\begin{aligned}
\bar{y}_{-2} &= \frac{1}{35}(31y_{-2} + 9y_{-1} - 3y_0 - 5y_1 + 3y_2) \\
\bar{y}_{-1} &= \frac{1}{35}(9y_{-2} + 13y_{-1} + 12y_0 + 6y_1 - 5y_2) \\
\bar{y}_0 &= \frac{1}{35}(-3y_{-2} + 12y_{-1} + 17y_0 + 12y_1 - 3y_2) \\
\bar{y}_1 &= \frac{1}{35}(-5y_{-2} + 6y_{-1} + 12y_0 + 13y_1 + 9y_2) \\
\bar{y}_2 &= \frac{1}{35}(3y_{-2} - 5y_{-1} - 3y_0 + 9y_1 + 31y_2)
\end{aligned}\right\} \tag{5-26}$$

所以式(5-26)可以看作是五点二次平滑值计算公式，$\bar{y}_{-2}$、$\bar{y}_{-1}$、$\bar{y}_1$、$\bar{y}_2$ 为当前计算窗口两端点的平滑值，即当 $i=-2,-1,1,2$ 时的平滑值，$\bar{y}_0$ 为窗口中心点的平滑值。

同理可以推出五点三次平滑公式，此时 $n=5, k=4$：

$$\begin{pmatrix} y_{-2} \\ y_{-1} \\ y_0 \\ y_1 \\ y_2 \end{pmatrix} = \begin{pmatrix} 1 & -2 & 4 & -8 \\ 1 & -1 & 1 & -1 \\ 1 & 0 & 0 & 0 \\ 1 & 1 & 1 & 1 \\ 1 & 2 & 4 & 8 \end{pmatrix} \begin{pmatrix} a_0 \\ a_1 \\ a_2 \\ a_3 \end{pmatrix} + \begin{pmatrix} e_{-2} \\ e_{-1} \\ e_0 \\ e_1 \\ e_2 \end{pmatrix}$$

矩阵形式为

$$\boldsymbol{Y}_{5\times 1} = \boldsymbol{X}_{5\times 4}\boldsymbol{A}_{4\times 1} + \boldsymbol{E}_{5\times 1}$$

利用矩阵 $\boldsymbol{X}_{5\times 4}$，可由式(5-24)得 $\boldsymbol{B}$ 矩阵，除以 70(为各系数之和)，代入式(5-23)中，得五点三次平滑公式：

$$\begin{pmatrix} \bar{y}_{-2} \\ \bar{y}_{-1} \\ \bar{y}_0 \\ \bar{y}_1 \\ \bar{y}_2 \end{pmatrix} = \frac{1}{70} \begin{pmatrix} 69 & 4 & -6 & 4 & -1 \\ 4 & 54 & 24 & -16 & 4 \\ -6 & 24 & 34 & 24 & -6 \\ 4 & -16 & 24 & 54 & 4 \\ -1 & 4 & -6 & 4 & 69 \end{pmatrix} \begin{pmatrix} y_{-2} \\ y_{-1} \\ y_0 \\ y_1 \\ y_2 \end{pmatrix}$$

展开后得如下方程：

$$\begin{aligned}
\bar{y}_{-2} &= \frac{1}{70}(69y_{-2} + 4y_{-1} - 6y_0 + 4y_1 - y_2) \\
\bar{y}_{-1} &= \frac{1}{70}(4y_{-2} + 54y_{-1} + 24y_0 - 16y_1 + 4y_2) \\
\bar{y}_0 &= \frac{1}{70}(-6y_{-2} + 24y_{-1} + 34y_0 + 24y_1 - 6y_2) \\
\bar{y}_1 &= \frac{1}{70}(4y_{-2} - 16y_{-1} + 24y_0 + 54y_1 + 4y_2) \\
\bar{y}_2 &= \frac{1}{70}(-y_{-2} + 4y_{-1} - 6y_0 + 4y_1 + 69y_2)
\end{aligned}$$

由五点二次和五点三次平滑公式看出，求出的平滑系数矩阵仍要乘上其行系数之和的倒数后才能得平滑值 y_i，而且每一个新平滑值中都包含了原有测量点的信号值。这样处理的结果是使关于 y_{-2}、y_{-1}、y_0、y_1、y_2 中的系数之和等于 1。因此可以认为改进值 y_i 是按一定的加权平均以后求得的。平滑系数又可以看作是权平滑系数。

5.5.3　N 点数据的平滑

对于量测数据 N 大于窗口宽度的量测数据集，只需稍做改动，即可按式(5-23)求出平滑值。首先要求出窗口两端点的平滑计算公式，然后将 $2m+1=5$ 的窗口向前移动，再按中心点平滑公式求每一个窗口中心的平滑值。

如用五点二次平滑公式计算 N 个测量数据的平滑值，首先按式(5-26)中第一式和第二式，利用原始数据集的开始 5 个数据点(y_1, y_2, y_3, y_4, y_5)计算第一个和第二个数据点的平滑值；按着式(5-26)中第四式和第五式，利用原始数据集的最后 5 个数据点(y_{N-4}, y_{N-3}, y_{N-2}, y_{N-1}, y_N)计算第 $N-1$ 和第 N 个点的平滑值；按中心点的平滑公式(第三式)，将要平滑的点作为中心点，计算中间第三点到第 $N-3$ 点所有点的平滑值，每计算一个平滑值，窗口向前移动一步。窗口的移动示意图见图 5-6。

同理，依据式(5-26)可导出三点一次、七点二次及七点四次等平滑公式。各种平滑公式的平滑系数列于表 5-7 以供查阅。

表 5-7(a)　三点一次平滑系数(×1/16)

公式号	y_{-1}	y_0	y_1
1	5	2	−1
2	2	2	2
3	−1	2	5

表 5-7(b)　五点二次平滑系数(×1/35)

公式号	y_{-2}	y_{-1}	y_0	y_1	y_2
1	31	9	−3	−5	3
2	9	13	12	6	−5
3	−3	12	17	12	−3
4	−5	6	12	13	9
5	3	−5	−3	9	31

表 5-7(c)　五点三次平滑系数(×1/70)

公式号	y_{-2}	y_{-1}	y_0	y_1	y_2
1	69	4	−6	4	−1
2	4	54	24	−16	4
3	−6	24	34	24	−6
4	4	−16	24	54	4
5	−1	4	−6	4	69

表 5－7(d)　七点二次平滑系数(×1/42)

公式号	y_{-3}	y_{-2}	y_{-1}	y_0	y_1	y_2	y_3
1	32	15	3	−4	−6	−3	5
2	15	12	9	6	3	0	−3
3	3	9	12	12	9	3	−6
4	−4	6	12	14	12	6	−4
5	−6	3	9	12	12	9	3
6	−3	0	3	6	9	12	15
7	5	−3	−6	−4	3	15	32

表 5－7(e)　七点三次平滑系数(×1/42)

公式号	y_{-3}	y_{-2}	y_{-1}	y_0	y_1	y_2	y_3
1	39	8	−4	−4	1	4	−2
2	8	19	16	6	−4	−7	4
3	−4	16	19	12	2	−4	1
4	−4	6	12	14	12	6	−4
5	1	−4	2	12	19	16	−4
6	4	−7	−4	6	16	19	8
7	−2	4	1	−4	−4	8	39

【例 5－5】　测得某显色体系 400～500nm 的范围内每隔 10nm 的吸光度数据，列入表 5－8 中第二列，分别利用三点二次平滑及五点二次平滑计算其平滑值。

表 5－8　15 点光谱测定值及平滑值

序　号	测量值	三点二次平滑值	五点两次平滑值
1	0.128	0.129	0.138
2	0.195	0.193	0.174
3	0.256	0.275	0.258
4	0.374	0.405	0.397
5	0.586	0.542	0.558
6	0.666	0.657	0.676
7	0.718	0.703	0.718
8	0.726	0.705	0.722
9	0.670	0.657	0.670
10	0.575	0.570	0.578
11	0.465	0.458	0.459
12	0.333	0.348	0.345
13	0.245	0.237	0.232
14	0.132	0.151	0.143
15	0.077	0.067	0.073

解　用式(5-26)中第1、2、4、5式分别计算前两点1、2和最后两点14、15的平滑值：

$$\tilde{y}_1=\frac{1}{35}\times(31y_1+9y_2-3y_3-5y_4+3y_5)$$
$$=\frac{1}{35}\times(31\times0.128+9\times0.195-3\times0.256-5\times0.374+3\times0.586)$$
$$=0.138$$
$$\tilde{y}_2=\frac{1}{35}\times(9y_1+13y_2+12y_3+6y_4-5y_5)$$
$$=\frac{1}{35}\times(9\times0.128+13\times0.195+12\times0.256+6\times0.374-5\times0.586)$$
$$=0.174$$
$$\tilde{y}_{14}=\frac{1}{35}\times(-5y_{11}+6y_{12}+12y_{13}+13y_{14}+9y_{15})$$
$$=\frac{1}{35}\times(-5\times0.465+6\times0.333+12\times0.245+13\times0.132+9\times0.077)$$
$$=0.143$$
$$\tilde{y}_{15}=\frac{1}{35}\times(3y_{11}-5y_{12}-3y_{13}+9y_{14}+31y_{15})$$
$$=\frac{1}{35}\times(3\times0.465-5\times0.333-3\times0.245+9\times0.132+31\times0.077)$$
$$=0.073$$

用式(5-26)中第3式计算第3至第13点的平滑值。如第6点的平滑值，就是以第6点为中心点进行计算：

$$\tilde{y}_6=\frac{1}{35}\times(-3y_4+12y_5+17y_6+12y_7-3y_8)$$
$$=\frac{1}{35}\times(-3\times0.374+12\times0.586+17\times0.666+12\times0.718-3\times0.726)$$
$$=0.676$$

第7点平滑值就是以第7点为中心进行计算：

$$\tilde{y}_7=\frac{1}{35}\times(-3y_5+12y_6+17y_7+12y_8-3y_9)$$
$$=\frac{1}{35}\times(-3\times0.586+12\times0.666+17\times0.718+12\times0.726-3\times0.670)$$
$$=0.718$$

以此类推，可以求出其他中心点平滑值，见表5-7。也可用五点三次，七点三次或七点四次平滑，平滑效果会有所不同。

5.5.4　C语言实现五点三次平滑

1）程序框图

五点三次平滑程序框图见图5-7。

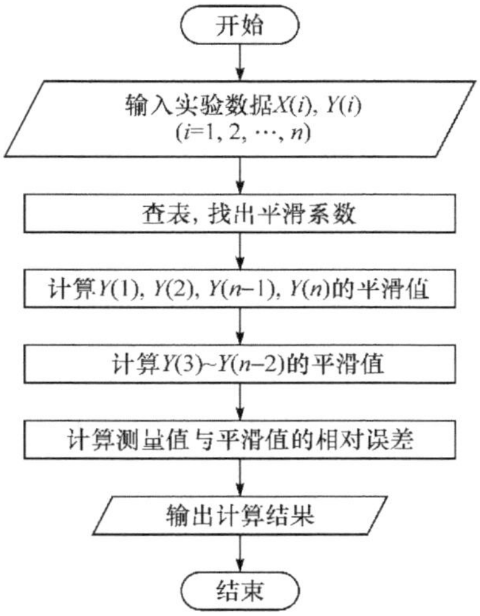

图 5-7　五点三次平滑框图

2）程序功能

此程序用于实验数据的五点三次平滑或修匀，若要进行五点二次或五次、七次平滑只需将程序中的平滑系数改为相应的值即可。若要进行多点平滑只需将平滑值计算式的项数增加，同时改变平滑系数。

3）程序参数

n：实验数据个数。

x[i]：测量值。

y[i]：平滑值。

e[i]：平滑值与测量值的相对误差。

4）程序清单

VC++ 环境下建立新文件，输入程序清单，编辑程序。

```
//        五点三次平滑
# include <stdio.h>
# include <malloc.h>

void main()
{
    int i,n;
    double *x,*y,*e;
    printf("请输入数据个数:");
    scanf("%d",&n);
   x=(double*)malloc((n+1)*sizeof(double));
   y=(double*)malloc((n+1)*sizeof(double));
```

```
    e=(double * )malloc((n+1) * sizeof(double));
    for (i=1;i<=n;i++)
    {
         printf("X(%2d)=",i);
        scanf("%lf",&x[i]);
    }
    y[1]=69 * x[1]+4 * x[2]-6 * x[3]+4 * x[4]-1 * x[5];
    y[2]=4 * x[1]+54 * x[2]+24 * x[3]-16 * x[4]+4 * x[5];
    for (i=3;i<=n-2;i++)
        y[i]=-6 * x[i-2]+24 * x[i-1]+34 * x[i]+24 * x[i+1]-6 * x[i+2];
    y[n-1]=4 * x[n-4]-16 * x[n-3]+24 * x[n-2]+54 * x[n-1]+4 * x[n];
    y[ n ]=-1 * x[n-4]+4 * x[n-3]-6 * x[n-2]+4 * x[n-1]+69 * x[n];
    printf("№ 测量值\t 平滑值\t 相对误差\n");
    for (i=1;i<=n;i++)
    {
        y[i]/=70;
        e[i]=(y[i]-x[i])/x[i] *100;
        printf(" %2d%.3f\t%.5f\t%2.2f%%\n",i,x[i],y[i],e[i]);
    }
}
```

5）运行结果

检查程序没有错误，用例 5－5 中的数据运行程序，屏幕显示运行结果。

№	测量值	平滑值	相对误差
1	0.128	0.12837	0.29%
2	0.195	0.19351	-0.76%
3	0.256	0.25823	0.87%
4	0.374	0.39654	6.03%
5	0.586	0.55771	-4.83%
6	0.666	0.67629	1.54%
7	0.718	0.71834	0.05%
8	0.726	0.72214	-0.53%
9	0.670	0.67009	0.01%
10	0.575	0.57766	0.46%
11	0.465	0.45874	-1.35%
12	0.333	0.34457	3.47%
13	0.245	0.23197	-5.32%
14	0.132	0.14069	6.58%
15	0.077	0.07483	-2.82%

5.5.5 VB 实现五点三次平滑

1）属性设置

进入 VB 界面后，按照表 5－9 设置属性。

表 5-9 五点三次平滑程序属性设置

对 象	属 性	属性值	说 明
Form1	Caption	五点三次平滑	窗体的标题
Command1	Caption	运行	按钮的标题
Picture1	BackColor	白色	图片框的背景色

2）程序列表

程序中 n、x、y 和 e 的含义与 C 语言程序的相同。在 VB 界面下建立程序新文件，输入程序并编辑。

```
Private Sub Command1_Click()

Picture1. Cls
Dim x#(), y#(), e() As Double
Do
    n =Val(InputBox("请输入数据个数 n (n≥5)", "输入数据", 0))
Loop Until n >= 5
ReDim x#(1 To n), y#(1 To n), e#(1 To n)
Picture1. Height=(n+1) * 195
Form1. Height=Picture1. Height+1250
For i=1 To n
    x(i)=Val(InputBox("请输入 x" & i, "输入数据", 0))
Next i
y(1)=69 * x(1)+4 * x(2)-6 * x(3)+4 * x(4)-1 * x(5)
y(2)=4 * x(1)+54 * x(2)+24 * x(3)-16 * x(4)+4 * x(5)
For i=3 To n-2
    y(i)=-6 * x(i-2)+24 * x(i-1)+34 * x(i)+24 * x(i+1)-6 * x(i +  2)
Next i
y(n-1)=4 * x(n-4)-16 * x(n-3)+24 * x(n-2)+54 * x(n-1)+4 * x(n)
y(n)=-1 * x(n-4)+4 * x(n-3)-6 * x(n-2)+4 * x(n-1)+69 * x(n)
Picture1. Print "测量值"; Tab(10); "平滑值"; Tab(20); "相对误差"
For i=1 To n
    y(i)=y(i)/70:e(i)=(y(i)-x(i))/x(i) * 100
    Picture1. Print x(i);
    Picture1. Print Tab(10); Format(y(i), "#. ####");
    Picture1. Print Tab(20); Format(e(i), "## . ##"); "% "
Next i
End Sub
```

3）运行结果

检查程序没有错误，点击图 5-8 中“运行”按钮，用例 5-5 中的数据运行程序。可以显示图 5-8 的运行结果。

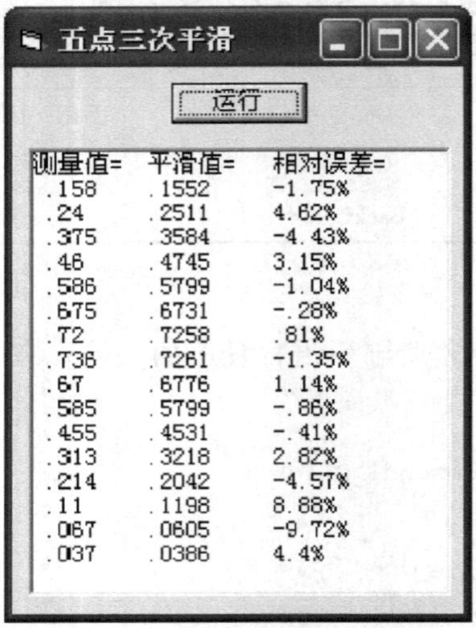

图 5-8　五点三次平滑程序运行结果

习　题

1. 编一个五点二次的平滑程序，计算例 6-2 中前 10 个数据的平滑值。
2. 平滑与拟合有何本质区别？拟合在实际应用中有何作用？
3. 已知一组实验数据如下：

t	2.2	2.7	3.5	4.1
f	65	60	53	50

它的数据满足数学模型 $f=qe^{tp}$，试用最小二乘法确定仅含有变量 t 的数学表达式。

4. 今测得 1atm① 下气态 CO_2 的恒压热容与温度之间关系如下表：

温度 T/℃	280	300	320	340	360	380	400	420	440	460	480
热容 C_p	4.41	4.51	4.61	4.71	4.81	4.90	4.98	5.08	5.15	5.22	5.30

试编程确定一个多项式来描述气态 CO_2 在上述温度范围内恒压热容的经验式，程序中包括：

(1) 求和运算；

(2) 打印出数学表达；

(3) 求正规方程组系数；

(4) 给出迭代次数并比较不同次数时计算精度。

① 1atm＝1.013 25×10^5 Pa，下同。

5. 将五点三次平滑程序改为七点二次平滑程序，并在程序中增加选择平滑方式的语句。

6. 用近红外光谱测得某药物在 1100～1260nm 的范围内每隔 10nm 的光谱数据，利用五点二次平滑计算其平滑值。

序　号	1	2	3	4	5	6	7	8
测量值	0.158	0.240	0.375	0.460	0.586	0.675	0.720	0.736
序　号	9	10	11	12	13	14	15	16
测量值	0.670	0.585	0.455	0.313	0.214	0.110	0.067	0.037

第6章　实验数据的回归分析

6.1　概　述

实验过程中诸多因素对观测信号有影响，这些信号和信号之间往往有两种关系，即确定关系和相关关系。确定关系是指其中一个变量的每一个值都和另一个或几个完全确定的值相对应或者说它们之间存在着函数关系。相关关系是指两个或两个以上的因素或变量之间的某种关系，当一个变量被唯一确定后，另一个变量并不能唯一地被确定，然而它们有一定的对应关系。例如，已知乳液的表面张力与加入表面活性剂的量和水的加入量有关，在一定范围内，加入表面活性剂的量越多，乳液的表面张力越低；水的加入量越多，乳液的表面张力越高。但我们很难用一个多项式或典型曲线函数去精确地描述它们的对应关系，这种对应关系称为相关关系。由于生产、科研对数据的要求不尽相同，而且实验过程中偶然误差也必然存在，确定关系和相关关系也无严格界限，可以相互转化。

回归分析的主要任务是从一批实验数据出发，探讨所研究变量之间是否存在相关关系，如果存在相关关系，求其具体的表达式。对已建立的相关关系式进行相关性统计检验并利用已确定的相关关系式对样品中所研究的组分含量进行预测或对测量条件进行优化选择。

回归分析是一种处理变量相关关系的数理统计方法，用它可以寻找隐藏在随机性后面的统计规律。它不但适合于工业规模的、影响因素很多的实验中最佳生产条件和自动控制数学模型的确立，在科学实验数据处理方面也有很大用处。

6.2　一元线性回归分析

一元线性回归是研究两个变量 x、y 之间线性相关关系。例如，发射光谱中，在一定浓度范围内，谱线强度与浓度之间呈对数关系，在原子吸收中，吸光度与被测组分的含量之间是一种线性相关关系。一元线性回归分析是回归分析中最简单的一种，但在实际工作中被广泛应用。

6.2.1　方法原理

设有 n 组实验数据 $(x_i, y_i)(i=1,2,\ldots,n)$，$x_i$ 为自变量，y_i 是服从正态分布的随机变量，为观测值。可表示为

$$y_i = a + bx_i + e_i \tag{6-1}$$

式中：e_i 为残差。令 $\hat{y}_i$ 为一元线性回归方程，可写成如下形式：

$$\hat{y}_i = a + bx_i \tag{6-2}$$

用这条直线来代表实验数据 x_i 与 y_i 的最佳关系。从理论上讲，如果 y 与 x 之间存在严格的函数关系，所有实验点的 y_i 值都应该落在按回归方程建立的回归曲线上。由于方程中仅考虑 x 对 y 的影响，没有考虑全部因素对 y 的影响，加上测试过程中实验误差的影响，观测值 y_i 与回归方程的预测值 $\hat{y}_i$ 并非完全一致，则对于每一观测点 (x_i, y_i)，它们之间的差值为

$$e_i = y_i - \hat{y}_i = y_i - a - bx_i \tag{6-3}$$

e_i 称为变差，一般用 e_i^2 来表征观测值 y_i 偏离回归方程计算值 $\hat{y}_i$ 的程度。由 n 个观测点所引起的总变差平方和为

$$Q = \sum_{i=1}^{n} e_i^{\ 2} = \sum_{i=1}^{n} (y_i - a - bx_i)^2 \tag{6-4}$$

由最小二乘法可知，要使 Q 达到极小，根据多元函数极值的必要条件，可得出如下正规方程组：

$$\frac{\partial Q}{\partial a} = -2\sum_{i=1}^{n} (y_i - a - bx_i) = 0 \tag{6-5}$$

$$\frac{\partial Q}{\partial b} = -2\sum_{i=1}^{n} (y_i - a - bx_i)x_i = 0 \tag{6-6}$$

解正规方程组(6 - 5)和方程组(6 - 6)，可得常数项和待定系数：

$$a = \bar{y} - b\bar{x}$$

$$b = \frac{\sum_{i=1}^{n} x_i y_i - \frac{1}{n}\left(\sum_{i=1}^{n} x_i\right)\left(\sum_{i=1}^{n} y_i\right)}{\sum_{i=1}^{n} x_i^2 - \frac{1}{n}\left(\sum_{i=1}^{n} x_i\right)^2} \tag{6-7}$$

其中

$$\bar{x} = \frac{1}{n}\sum_{i=1}^{n} x_i, \quad \bar{y} = \frac{1}{n}\sum_{i=1}^{n} y_i$$

称直线方程 $\hat{y}_i = a + bx_i$ 为一元线性回归方程，b 称为回归系数。

为了简化公式便于记忆和编制程序，用 l_{xx}、l_{yy} 和 l_{xy} 分别表示变量之间的变差平方和，即

$$l_{xx} = \sum_{i=1}^{n} (x_i - \bar{x})^2 = \sum_{i=1}^{n} x_i^{\ 2} - \frac{1}{n}\left(\sum_{i=1}^{n} x_i\right)^2 \tag{6-8}$$

$$l_{yy}=\sum_{i=1}^{n}(y_i-\bar{y})^2=\sum_{i=1}^{n}y_i^2-\frac{1}{n}\Big(\sum_{i=1}^{n}y_i\Big)^2 \tag{6-9}$$

$$l_{xy}=\sum_{i=1}^{n}(x_i-\bar{x})(y_i-\bar{y})=\sum_{i=1}^{n}x_iy_i-\frac{1}{n}\Big(\sum_{i=1}^{n}x_i\Big)\Big(\sum_{i=1}^{n}y_i\Big) \tag{6-10}$$

于是

$$b=\frac{l_{xy}}{l_{xx}} \tag{6-11}$$

这样在一元回归中 a、b 系数求解就变为求和运算。如果用计算机语言编程后，在计算机上处理数据更为方便。编程过程分为四个阶段：

(1) 分别求 x、y 的加和；

(2) 求 x、y 的平方和；

(3) 利用式(6－7)求 a、b 值；

(4) 打印输出数学模型的表达形式。

【例 6－1】 在某一河流的水样中含有 Cd(Ⅱ)和 Pb(Ⅱ)两种元素，在样品分析中发现 Cd(Ⅱ)和 Pb(Ⅱ)的含量之间有一定相关性，今在河流不同地段取 10 个样品进行分析，结果见表 6－1，试用回归分析建立二者之间的相关关系。

表 6－1　Cd(Ⅱ)与 Pb(Ⅱ)关系表

序号	1	2	3	4	5	6	7	8
$w_{Cd(Ⅱ)}$	0.66	0.54	0.70	0.62	0.40	0.20	0.60	0.40
$w_{Pb(Ⅱ)}$	0.23	0.15	0.22	0.18	0.16	0.10	0.19	0.12

解　为了研究这些数据中所蕴藏着的规律性，将 Cd(Ⅱ)的质量分数用 x 表示，Pb(Ⅱ)的质量分数用 y 表示，在图 6－1 中画出各点数据。由图可见，这些点均在一条直线附近，其所以有些偏离，主要是随机因素所引起的。于是，我们立刻就能想到它们之间的数学模型为 $\hat{y}=a+bx$。

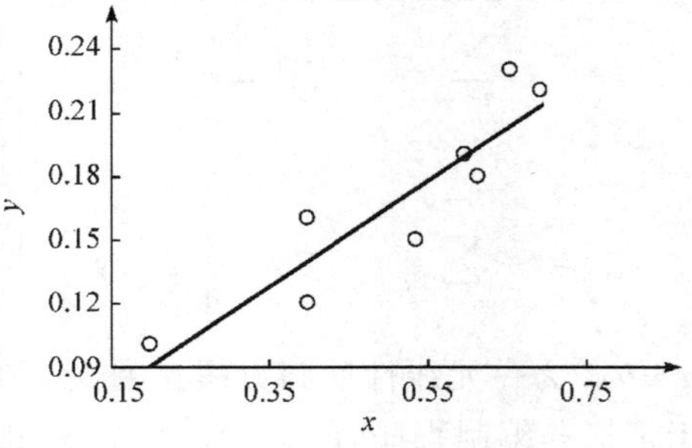

图 6－1　原始数据图

根据式(6－7)计算时所需的数据列于表 6－2。

表 6-2　回归直线方程计算结果

编号	x	y	x^2	y^2	xy
1	0.66	0.23	0.4356	0.0529	0.1518
2	0.54	0.15	0.2916	0.0225	0.0810
3	0.70	0.22	0.4900	0.0484	0.1540
4	0.62	0.18	0.3844	0.0324	0.1116
5	0.40	0.16	0.1600	0.0256	0.0640
6	0.20	0.10	0.0400	0.0100	0.0200
7	0.60	0.19	0.3600	0.0361	0.1140
8	0.40	0.12	0.1600	0.0144	0.0480
$\sum$	4.12	1.35	2.3216	0.2423	0.7444
$\sum/n$	0.515	0.169			0.0931
$\sum\sum/n$	2.122	0.228	$\frac{1}{n}\left(\sum x\right)\left(\sum y\right)=0.69525$		

$$l_{xx}=0.1998,\quad l_{yy}=0.0144875,\quad l_{xy}=0.04915$$

$$b=\frac{l_{xy}}{l_{xx}}=\frac{0.04915}{0.1998}=0.246$$

$$a=\bar{y}-b\bar{x}=0.169-0.2475\times0.515=0.04206$$

所以，例 6-1 的回归直线方程的具体形式为

$$\hat{y}=0.042+0.246x$$

一元线性回归方程$\hat{y}=a+bx$ 在一定程度上反映了变量 y 与 x 之间的相关关系，但这只有在两变量大致成线性时，才宜作回归直线。如果对平面图上一些杂乱的巨大散点作线性回归，那是无意义的。因此应对所建立的回归方程进行检验，检验回归方程拟合的效果。

6.2.2　回归方程的检验

通常回归方程的检验有两种方法，即两变量线性关系的相关系数检验和回归方程效果的 F 检验，用其中任何一种都可以。本书主要介绍两变量线性关系的相关系数检验方法。

在一元线性回归中，有时 x 与 y 之间可能不是线性函数关系，而是相关关系。这时某一 x 对应于一定 y 值的概念就失去意义，可以用所测定的 y 值中最优概值来代替。这些 y 值分布得越“紧密”，越接近于最优概值，x 与 y 之间的关系也就越确定。这种关系的最重要指标就是相关系数，用来说明两个变量间线性关系的密切程度。

由一元线性回归中式(6-9)已知

$$l_{yy} = \sum_{i=1}^{n} (y_i - \bar{y})^2$$

为观测值与平均值之间的总变差平方和。其中每个观测点的变差 $y-\bar{y}$，都可以分解为两部分：

$$y-\bar{y}=(y-\hat{y})+(\hat{y}-\bar{y}) \tag{6-12}$$

则 y 的总变差平方和为

$$\begin{aligned} l_{yy} &= \sum_{i=1}^{n} (y_i - \bar{y})^2 = \sum_{i=1}^{n} [(y_i - \hat{y}_i) + (\hat{y}_i - \bar{y})]^2 \\ &= \sum_{i=1}^{n} (y_i - \hat{y}_i)^2 + \sum_{i=1}^{n} (\hat{y}_i - \bar{y})^2 + 2\sum_{i=1}^{n} (y_i - \hat{y}_i)(\hat{y}_i - \bar{y}) \end{aligned} \tag{6-13}$$

令

$$Q = \sum_{i=1}^{n} (y_i - \hat{y}_i)^2 + 2\sum_{i=1}^{n} (y_i - \hat{y}_i)(\hat{y}_i - \bar{y}) \tag{6-14}$$

$$U = \sum_{i=1}^{n} (\hat{y}_i - \bar{y})^2 \tag{6-15}$$

这样，总变差平方和 l_{yy} 是由剩余平方和 Q 和回归平方和 U 两部分组成，即

$$l_{yy} = Q+U \tag{6-16}$$

式中：Q 为所有观测点距回归方程计算值之差的平方和与交错项的和；U 为回归直线与平均值之差的平方和。将 U 展开可得

$$\begin{aligned} U &= \sum_{i=1}^{n} (\hat{y}_i - \bar{y})^2 = \sum_{i=1}^{n} (a + bx_i - a - b\bar{x})^2 = b^2\sum_{i=1}^{n} (x_i - \bar{x})^2 \\ &= b^2 l_{xx} = \left(\frac{l_{xy}}{l_{xx}}\right)^2 l_{xx} = bl_{xy} \end{aligned} \tag{6-17}$$

式(6-17)称为回归平方和。它反映了 x 与 y 的线性关系。U 值大，说明二者之间的线性关系密切。

一个回归方程能否真正反映原始数据的相关关系，可以用回归平方和占总变差平方和的分数的平方根来表示：

$$r^2 = \frac{U}{l_{yy}} \tag{6-18}$$

可以证明

$$r^2 = \frac{U}{l_{yy}} = \frac{bl_{xy}}{l_{yy}} = \frac{l_{xy}^2}{l_{xx}l_{yy}} \tag{6-19}$$

从而

$$r = \frac{l_{xy}}{\sqrt{l_{xx}l_{yy}}} \tag{6-20}$$

$|r|$越接近 1,表明 x、y 之间的线性关系越密切。

由式(6－18)可以看出,当 $r=0$ 时,$U=0$,即回归平方和为 0,说明 x、y 之间不存在线性关系。这时我们称两变量 x 与 y 不相关。见图 6－2(d)。

当 $r=1$ 时,$l_{yy}=U$,由式(6－16)可以看出,$Q=0$,说明总离差平方和中只有回归平方和一项,没有其他任何因素对 y 有影响,所有的观测点均在回归线上,此时 x 与 y 之间存在着确定的线性关系,则称两变量 x 与 y 完全相关,见图 6－2(a)。

通常情况下,r 的取值范围在 $0<|r|<1$ 之间,当 $0<r<1$ 时,y 随 x 的增加,单调上升,称两变量 x 与 y 正相关,见图 6－2(b);当 $r<0$ 时,y 随 x 的增加单调下降,称两变量 x 与 y 负相关,相关关系图见图 6－2(e)、(f)。

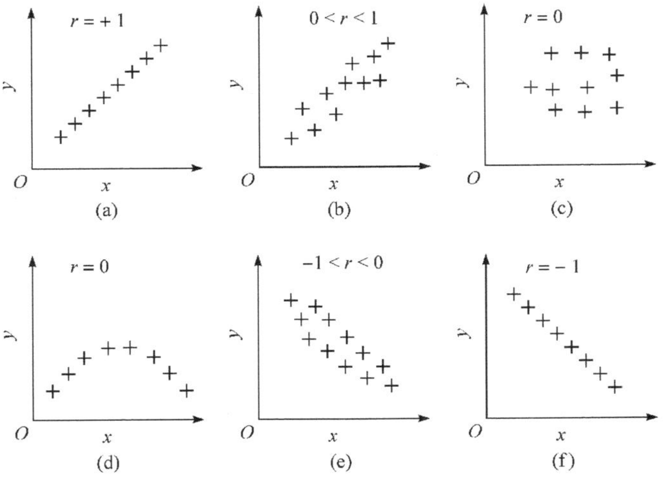

图 6－2　相关关系图

究竟 r 为何值时能说明它们之间存在着线性关系,这就要对相关系数进行显著性检验。附表 5 相关系数检验表中给出了这种检验标准。根据概率统计原理,由于抽样误差的影响,相关系数的显著性检验值与抽样个数 n 有关。附表 5 中列出了不同的 n 在 $\alpha=0.001\sim0.1$ 显著水平时相关性系数达到线性显著的最小值,超过此值就说明 x 与 y 在 $1-\alpha$ 置信度上线性显著。例如,设取样 $n=17$,查附表 5 相关系数表 $f=15$ 这一栏,可知在 $\alpha=0.05$、$\alpha=0.01$ 上线性显著的最小值分别是 0.482、0.606,如果计算值 $|r|\geqslant0.482$,则说明它在 0.95 置信度上线性显著,如 $|r|\geqslant0.606$,则说明它在 0.99 置信度上线性显著,如果 $|r|<r_\alpha$,则是线性不显著,即 x 与 y 线性不相关,这时回归直线无意义。

【例 6－2】　用高效液相色谱法测得中药秦皮中秦皮甲素和秦皮乙素的含量见表 6－3,试问两者之间是否存在一定的相关关系?

表 6-3　秦皮甲素和秦皮乙素的含量

编　号	1	2	3	4	5	6	7	8	9	10	11	12
秦皮甲素含量	0.463	0.473	0.925	0.938	0.694	0.658	1.176	1.291	1.244	1.258	1.350	1.290
秦皮乙素含量	0.757	0.156	0.338	0.287	0.703	0.160	0.312	0.202	0.253	0.204	0.248	0.196

解

$$n=12,\quad \bar{x}=0.980,\quad \bar{y}=0.318$$

$$\sum_{i=1}^{12} x_i^2 = 12.7545,\quad \sum_{i=1}^{12} y_i^2 = 1.6575,\quad \sum_{i=1}^{12} x_i y_i = 3.3860$$

$$\frac{1}{12}\Big(\sum_{i=1}^{12} x_i\Big)^2 = 11.525,\quad \frac{1}{12}\Big(\sum_{i=1}^{12} y_i\Big)^2 = 1.213,\quad \frac{1}{12}\Big(\sum_{i=1}^{12} x_i\Big)\Big(\sum_{i=1}^{12} y_i\Big) = 3.740$$

详细数据见表 6-4。

表 6-4　相关性数据检验表

编号	x（秦皮甲素）	y（秦皮乙素）	x^2	y^2	xy
1	0.463	0.757	0.214	0.573	0.350
2	0.473	0.156	0.224	0.024	0.074
3	0.925	0.338	0.856	0.114	0.313
4	0.938	0.287	0.880	0.082	0.269
5	0.694	0.703	0.482	0.494	0.488
6	0.658	0.160	0.433	0.026	0.105
7	1.176	0.312	1.383	0.098	0.367
8	1.291	0.202	1.667	0.041	0.261
9	1.244	0.253	1.548	0.064	0.315
10	1.258	0.204	1.583	0.042	0.257
11	1.350	0.248	1.823	0.062	0.335
12	1.290	0.196	1.664	0.038	0.253
$\sum$	11.760	3.816	12.755	1.658	3.386

观测值和平均值以及 x 与 y 之间的变差平方和分别为

$$l_{xx}=1.230,\quad l_{yy}=0.444,\quad l_{xy}=-0.354$$

相关系数为

$$r_{xy}=\frac{l_{xy}}{\sqrt{l_{xx}l_{yy}}}=\frac{-0.354}{\sqrt{1.230\times 0.444}}=-0.479$$

查附表 5 得临界值：

$$r_{0.01,10}=0.708,\quad r_{0.001,10}=0.823$$

从以上计算，得出 $r_{xy}=-0.479$，则 $|r_{xy}|<r_{表}$，因此说明秦皮甲素与秦皮乙素线性无关，回

归方程没有意义。

6.2.3　C 语言实现相关性检验

1）程序框图

相关性检验程序框图见图 6－3。

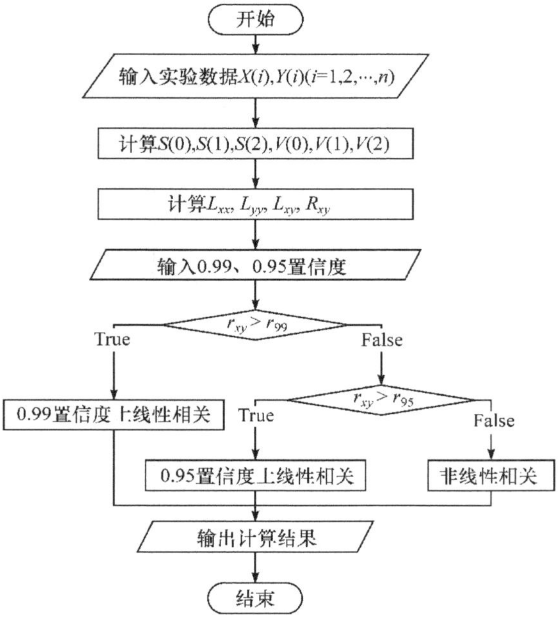

图 6－3　相关性检验框图

2）程序功能

此程序用于回归方程中两变量相关性检验，也可用于任意两变量之间的相关性检验。

3）程序参数

n：测定次数。

x[i]：实验数据（i＝1，2，…，n）。

y[i]：实验值（i＝1，2，…，n）。

rxy：计算的相关系数。

r99：99％置信度 t 值。

r95：95％置信度 t 值。

4）程序清单

VC++环境下建立新文件，输入程序清单，编辑程序。

```
//      相关性检验
# include <math.h>
# include <stdio.h>
# include <malloc.h>

void main()
{
    int i,n;
    double * x, * y,sumx=0,sumy=0,sumxx=0,sumyy=0,sumxy=0;
    double xx,yy,xy,lxx,lyy,lxy,rxy,r95,r90;
    printf("输入数据个数:"); scanf("%d",&n);
    x=(double * )malloc((n+1) * sizeof(double));
    y=(double * )malloc((n+1) * sizeof(double));
    for (i=1;i<=n;i++)
    {
        printf("X(%2d)=",i);  scanf("%lf",&x[i]);
        printf("Y(%2d)=",i);  scanf("%lf",&y[i]);
    }
    printf("\tX\tY\tX * X\tY * Y\tX * Y\n");
    for (i=1;i<=n;i++)
    {
        printf("%d\t%.3f\t%.3f\t",i,x[i],y[i]);
        xx=x[i] * x[i];     yy=y[i] * y[i];     xy=x[i] * y[i];
        sumx+=x[i];         sumxx+=xx;
        sumy+=y[i];         sumyy+=yy;
        sumxy+=xy;
        printf("%.3f\t%.3f\t%.3f\n",xx,yy,xy);
    }
    lxx=sumxx-sumx * sumx/n; lyy=sumyy-sumy * sumy/n;
    lxy=sumxy-sumx * sumy/n; rxy=fabs(lxy/sqrt(lxx * lyy));
    printf("Σ\t%.3f\t%.3f\t",sumx,sumy);
    printf("%.3f\t%.3f\t%.3f\n",sumxx,sumyy,sumxy);
    printf("lxx=%.3f\tlyy=%.3f\tlxy=%.3f\n",lxx,lyy,lxy);
    printf("Rxy=%.4f\n",rxy);
    printf("输入 0.95 置信度限:"); scanf("%lf",&r95);
    if (rxy>r95)      printf("在 0.95 置信度上线性相关\n");
    else
    {
```

```
        printf("在 0.95 置信度上非线性相关\n");
        printf("输入 0.90 置信度限:"); scanf("%lf",&r90);
        if (rxy>r90) printf("在 0.90 置信度上线性相关\n");
        else printf("在 0.90 置信度上也非线性相关\n");
    }
}
```

5）运行结果

检查程序没有错误，运行程序，以例 6－2 数据为例计算中药秦皮中秦皮甲素和秦皮乙素的相关性，屏幕显示运行结果。

	X	Y	X＊X	Y＊Y	X＊Y
1	0.463	0.757	0.214	0.573	0.350
2	0.473	0.156	0.224	0.024	0.074
3	0.925	0.338	0.856	0.114	0.313
4	0.938	0.287	0.880	0.082	0.269
5	0.694	0.703	0.482	0.494	0.488
6	0.658	0.160	0.433	0.026	0.105
7	1.176	0.312	1.383	0.097	0.367
8	1.291	0.202	1.667	0.041	0.261
9	1.244	0.253	1.548	0.064	0.315
10	1.258	0.204	1.583	0.042	0.257
11	1.350	0.248	1.823	0.062	0.335
12	1.290	0.196	1.664	0.038	0.253
$\sum$	11.760	3.816	12.755	1.658	3.386

```
lxx=1.230          lyy=0.444          lxy=-0.354
Rxy=0.4786
输入 0.95 置信度限:0.553
在 0.95 置信度上非线性相关
输入 0.90 置信度限:0.476
在 0.90 置信度上线性相关
Press any key to continue
```

6.2.4　VB 实现相关性检验

1）属性设置

进入 VB 界面后，按照表 6－5 设置属性。

表 6-5 相关性检验程序属性设置

对　象	属　性	属性值	说　明
Form1	Caption	相关性检验	窗体的标题
Command1	Caption	运行	按钮的标题
Picture1	BackColor	白色	图片框的背景色

2）程序列表

程序中 n、x、y、rxy、r99 和 r95 的含义与 C 语言程序的相同。在 VB 界面下建立程序新文件，输入程序并编辑。

```
Private Sub Command1_Click()

Picture1.Cls
Dim x#(), y#()
n=Val(InputBox("输入数据个数 n", "请输入", 0))
ReDim x#(1 To n), y#(1 To n)
Picture1.Height=(n+5) * 195
Form1.Height=Picture1.Height+1250
For i=1 To n
    x(i)=Val(InputBox("输入 x" & i & "值", "请输入", 0))
    y(i)=Val(InputBox("输入 y" & i & "值", "请输入", 0))
Next i
Picture1.Print Tab(6); "X"; Tab(14); "Y";
Picture1.Print Tab(22); "X*X"; Tab(32); "Y*Y"; Tab(42); "X*Y"
For i=1 To n
    sumx=sumx+x(i): sumx2=sumx2+x(i) * x(i)
    sumy=sumy+y(i): sumy2=sumy2+y(i) * y(i)
    sumxy=sumxy+x(i) * y(i)
    Picture1.Print i; Tab(6); Format(x(i), "#.####");
    Picture1.Print Tab(14); Format(y(i), "#.####");
    Picture1.Print Tab(22); Format(x(i) ^ 2, "#.####");
    Picture1.Print Tab(32); Format(y(i) ^ 2, "#.####");
    Picture1.Print Tab(42); Format(x(i) * y(i), "#.####")
Next i
lxx=sumx2-sumx * sumx / n: lxy=sumxy-sumx * sumy / n
lyy=sumy2-sumy * sumy / n: rxy=Abs(lxy / Sqr(lxx * lyy))
Picture1.Print "Σ"; Tab(6); Format(sumx, "#.####");
Picture1.Print Tab(14); Format(sumy, "#.####");
```

```
Picture1. Print Tab(22); Format(sumx2, "#. ####");
Picture1. Print Tab(32); Format(sumy2, "#. ####");
Picture1. Print Tab(42); Format(sumxy, "#. ####")
Picture1. Print Tab(0); "lxx="; Format(lxx, "#. ####");
Picture1. Print Tab(20); "lyy="; Format(lyy, "#. ####")
Picture1. Print Tab(0); "lxy="; Format(lxy, "#. ####");
Picture1. Print Tab(20); "Rxy="; Format(rxy, "#. ####")
r99=Val(InputBox("输入 0. 99 置信度限", "请输入", 0))
If (rxy>r99) Then
    Picture1. Print "在 0. 99 置信度上线性相关"
Else
    r95=Val(InputBox("输入 0. 95 置信度限", "请输入", 0))
    If (rxy>r95) Then
        Picture1. Print "在 0. 95 置信度上线性相关"
    Else
        Picture1. Print "非线性相关"
    End If
End If
End Sub
```

3）运行结果

检查程序没有错误，点击图 6－4 中“运行”按钮，用例 6－2 中的数据运行程序。可以显示图 6－4 的运行结果。

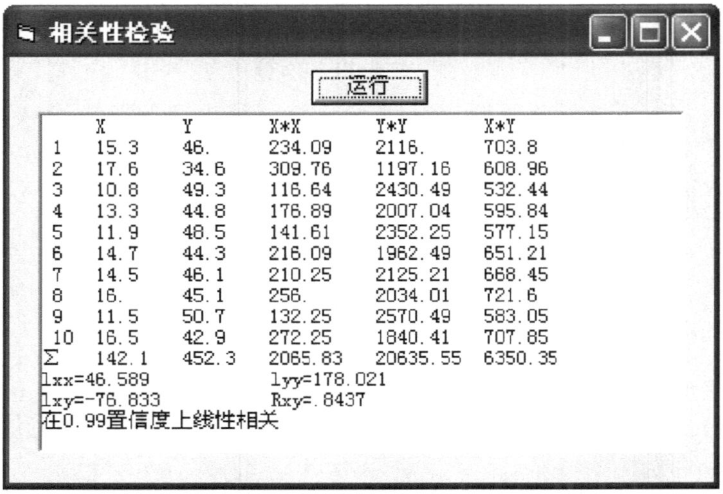

图 6－4　相关性检验程序运行结果

6.3　二元线性回归分析

在一元回归的基础上可以写出二元回归方程

$$y=b_0+b_1x_1+b_2x_2 \tag{6-21}$$

式中：b_0 为常数项；b_1、b_2 分别为 y 对 x_1、x_2 的偏回归系数，反映了 x_1、x_2 对 y 的影响程度。

通过 n 次测定，可得线性方程组：

$$\left.\begin{aligned} y_1&=b_0+b_1x_{11}+b_2x_{12}\\ y_2&=b_0+b_1x_{21}+b_2x_{22}\\ &\cdots\cdots\\ y_n&=b_0+b_1x_{n1}+b_2x_{n2}\end{aligned}\right\} \tag{6-22}$$

用最小二乘法确定 b_0 及 b_1、b_2，二元线性回归方程的残差平方和可以表示为

$$Q_e=\sum_{i=1}^{n}[y_i-(b_0+b_1x_{i1}+b_2x_{i2})]^2 \tag{6-23}$$

为使 Q_e 最小，即满足残差最小的条件，令

$$\frac{\partial Q_e}{\partial b_0}=-2\sum_{i=1}^{n}[y_i-(b_0+b_1x_{i1}+b_2x_{i2})]=0$$

得

$$\sum_{i=1}^{n}(b_0+b_1x_{i1}+b_2x_{i2})=\sum_{i=1}^{n}y_i$$

可导出

$$b_0=\bar{y}-b_1\bar{x}_1-b_2\bar{x}_2 \tag{6-24}$$

令

$$\frac{\partial Q_e}{\partial b_1}=-2\sum_{i=1}^{n}[y_i-(b_0+b_1x_{i1}+b_2x_{i2})]x_{i1}=0$$

得

$$b_0\sum_{i=1}^{n}x_{i1}+b_1\sum_{i=1}^{n}x_{i1}^2+b_2\sum_{i=1}^{n}x_{i1}x_{i2}=\sum_{i=1}^{n}x_{i1}y_i \tag{6-25}$$

令

$$\frac{\partial Q_e}{\partial b_2}=-2\sum_{i=1}^{n}[y_i-(b_0+b_1x_{i1}+b_2x_{i2})]x_{i2}=0$$

得

$$b_0\sum_{i=1}^{n}x_{i2}+b_1\sum_{i=1}^{n}x_{i1}x_{i2}+b_2\sum_{i=1}^{n}x_{i2}^2=\sum_{i=1}^{n}x_{i2}y_i \tag{6-26}$$

将式(6-24)代入式(6-25)、式(6-26),整理得

$$b_1=\frac{l_{1y}l_{22}-l_{2y}l_{12}}{l_{11}l_{22}-l_{12}l_{21}},\quad b_2=\frac{l_{2y}l_{11}-l_{1y}l_{21}}{l_{11}l_{22}-l_{12}l_{21}} \tag{6-27}$$

$$l_{11}=\sum_{i=1}^{n}x_{i1}^2-\frac{1}{n}\left(\sum_{i=1}^{n}x_{i1}\right)^2,\quad l_{22}=\sum_{i=1}^{n}x_{i2}^2-\frac{1}{n}\left(\sum_{i=1}^{n}x_{i2}\right)^2$$

$$l_{12}=l_{21}=\sum_{i=1}^{n}x_{i1}x_{i2}-\frac{1}{n}\left(\sum_{i=1}^{n}x_{i1}\right)\left(\sum_{i=1}^{n}x_{i2}\right)$$

$$l_{1y}=\sum_{i=1}^{n}x_{i1}y_i-\frac{1}{n}\left(\sum_{i=1}^{n}x_{i1}\right)\left(\sum_{i=1}^{n}y_i\right),\quad l_{2y}=\sum_{i=1}^{n}x_{i2}y_i-\frac{1}{n}\left(\sum_{i=1}^{n}x_{i2}\right)\left(\sum_{i=1}^{n}y_i\right)$$

$$l_{yy}=\sum_{i=1}^{n}(y_i-\bar{y})^2=\sum_{i=1}^{n}y_i^2-\frac{1}{n}\left(\sum_{i=1}^{n}y_i\right)^2$$

6.3.1　二元线性回归分析的应用

【例 6-3】 已知涂料的黏度 y(Pa·s)与颜料用量 x_1(g)和加水量 x_2(mL)有关,利用表 6-6得实验数据,建立两个变量与黏度的关系。

表 6-6　颜料和加水量与涂料黏度的关系

x_1	x_2	y	x_1	x_2	y
30.2	98	60	45.3	100	45
20.0	100	10	35.0	105	37
25.5	95	20	26.7	70	57
42.1	110	40	38.8	120	50
23.9	80	50	33.0	100	30

解　设 x_1 为颜料用量质量,x_2 为加水量,y 为涂料的黏度,并设其数学模型为

$$\hat{y}=b_0+b_1x_1+b_2x_2 \tag{6-28}$$

式中:b_0 为常数项;b_1、b_2 分别称为 y 对 x_1、x_2 的回归系数。在二元回归中,y 对 x 的回归系数表示当 x_2 固定时,x_1 变化一个单位而引起 y 平均变化的数值,其余类同。要想用这个回归模型拟合表列实验数据,则必须对其系数 b_0、b_1、b_2 进行最小二乘估计,也就是使其偏差平方和 $Q=\sum_{i=1}^{n}(y_i-\hat{y})^2$ 为最小。为此,令

$$\frac{\partial Q}{\partial b_0}=0,\quad \frac{\partial Q}{\partial b_1}=0,\quad \frac{\partial Q}{\partial b_2}=0$$

将其结果写成如下形式：

$$\sum_{i=1}^{10} y_i = 10b_0 + b_1 \sum_{i=1}^{10} x_{1i} + b_2 \sum_{i=1}^{10} x_{2i} \tag{6-29}$$

$$\sum_{i=1}^{10} y_i x_{1i} = b_0 \sum_{i=1}^{10} x_{1i} + b_1 \sum_{i=1}^{10} x_{1i}^2 + b_2 \sum_{i=1}^{10} x_{1i} \sum_{i=1}^{10} x_{2i} \tag{6-30}$$

$$\sum_{i=1}^{10} y_i x_{2i} = b_0 \sum_{i=1}^{10} x_{2i} + b_1 \sum_{i=1}^{10} x_{1i} \sum_{i=1}^{10} x_{2i} + b_2 \sum_{i=1}^{10} x_{2i}^2 \tag{6-31}$$

解方程(6-31)时，以 $n=10$ 除以式(6-29)得

$$b_0 = \bar{y} - b_1 \bar{x}_1 - b_2 \bar{x}_2 \tag{6-32}$$

根据式(6-27)可以写出 b_1、b_2 的表达式：

$$b_1 = \frac{l_{1y} l_{22} - l_{2y} l_{12}}{l_{11} l_{22} - l_{12} l_{21}}, \quad b_2 = \frac{l_{2y} l_{11} - l_{1y} l_{21}}{l_{11} l_{22} - l_{12} l_{21}}$$

由表 6-7 知

$$\sum_{i=1}^{10} x_{1i}^2 = 10\ 890.33, \quad \sum_{i=1}^{10} x_{2i}^2 = 97\ 454, \quad \sum_{i=1}^{10} x_{1i} x_{2i} = 31\ 955.1$$

$$\sum_{i=1}^{10} x_{1i} y_i = 13\ 186.4, \quad \sum_{i=1}^{10} x_{2i} y_i = 38\ 555, \quad \sum_{i=1}^{10} y_i^2 = 18\ 243$$

$$\bar{x}_1 = 32.05, \quad \bar{x}_2 = 97.8, \quad \bar{y} = 3.99$$

所以

$$l_{11} = \sum_{i=1}^{10} x_{i1}^2 - \frac{1}{n}\Big(\sum_{i=1}^{10} x_{i1}\Big)^2 = 10\ 890.33 - 10\ 272.03 = 618.3$$

$$l_{22} = \sum_{i=1}^{10} x_{i2}^2 - \frac{1}{n}\Big(\sum_{i=1}^{10} x_{i2}\Big)^2 = 97\ 454 - 95\ 648.4 = 1805.6$$

$$l_{12} = l_{21} = \sum_{i=1}^{10} x_{i1} x_{i2} - \frac{1}{n}\Big(\sum_{i=1}^{10} x_{i1}\Big)\Big(\sum_{i=1}^{10} x_{i2}\Big) = 31\ 955.1 - 31\ 344.9 = 610.2$$

$$l_{1y} = \sum_{i=1}^{10} x_{i1} y_i - \frac{1}{n} \sum_{i=1}^{10} x_{i1} \sum_{i=1}^{10} y_i = 13\ 187 - 12\ 787.95 = 398.45$$

$$l_{2y} = \sum_{i=1}^{10} x_{i2} y_i - \frac{1}{n} \sum_{i=1}^{10} x_{i2} \sum_{i=1}^{10} y_i = 38\ 555 - 39\ 022 = -467.2$$

$$b_1 = \frac{l_{1y} l_{22} - l_{2y} l_{12}}{l_{11} l_{22} - l_{12} l_{21}} = \frac{398.45 \times 1805.6 + 467.2 \times 610.2}{618.3 \times 1805.6 - 610.2 \times 610.2} = \frac{1\ 004\ 526.76}{744\ 058.44} = 1.35$$

$$b_2 = \frac{l_{2y} l_{11} - l_{1y} l_{21}}{l_{11} l_{22} - l_{12} l_{21}} = \frac{618.3 \times (-467.2) - 398.45 \times 610.2}{618.3 \times 1805.6 - 610.2 \times 610.2} = \frac{-53\ 160.57}{744\ 302.4} = -0.715$$

$$b_0 = \bar{y} - b_1 \bar{x}_1 - b_2 \bar{x}_2 = 39.9 - 1.35 \times 32.05 + 0.715 \times 97.8 = 66.56$$

表 6-7　数据处理表

编号	x_1	x_2	y	x_1^2	x_2^2	$x_1 \cdot x_2$	y^2	$x_1 y$	$x_2 y$
1	30.2	98	60	912.04	9604	2959.6	3600	1812	5880
2	20.0	100	10	400.00	10 000	2000.0	100	200	1000
3	25.5	95	20	650.25	9025	2422.5	400	510	1900
4	42.1	110	40	1772.41	12 100	4631.0	1600	1684	4400
5	23.9	80	50	571.21	6400	1912.0	2500	1195	4000
6	45.3	100	45	2052.09	10 000	4530.0	2025	2039	4500
7	35.0	105	37	1225.00	11 025	3675.0	1369	1295	3885
8	26.7	70	57	712.89	4900	1869.0	3249	1522	3990
9	38.8	120	50	1505.44	14 400	4656.0	2500	1940	6000
10	33.0	100	30	1089.00	10 000	3300.0	900	990	3000
$\sum$	320.5	978	399	10 890.3	97 454	31 955.1	18 243	13 187	38 555
$\sum/n$	32.05	97.8	39.9						

于是，相应于给定数据的回归方程，按式(6-28)的形式，颜料用量和加水量与涂料黏度的关系为

$$\hat{y}=66.56+1.35x_1-0.715x_2$$

即是我们所要求的二元线性回归方程。它反映了 x_1 和 x_2 对 y 取值的影响。

6.3.2　C 语言实现二元线性回归分析

多元线性回归的程序，如同一元线性回归那样，求代表多变量线性关系的回归直线，并检验回归方程。求解回归系数 b_i 的方法很多，在第 5 章介绍的方法同样适用。下面以二元线性回归分析为例介绍多元回归分析的程序。

1）程序框图

二元线性回归分析程序框图见图 6-5。

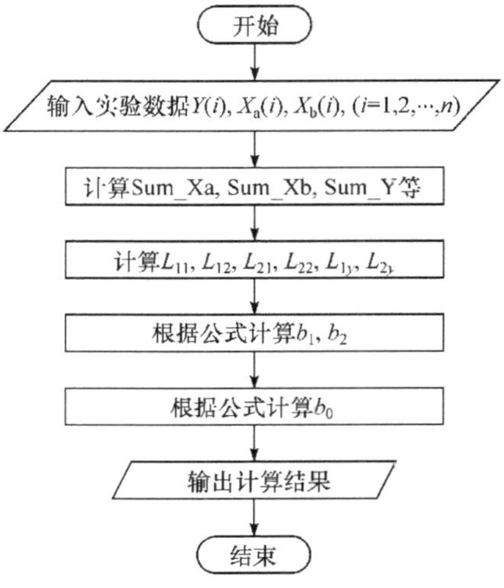

图 6-5　二元线性回归分析程序框图

2）程序功能

该程序包括了求和运算、回归系数求解、回归方程的建立等。

3）程序参数

n：数据个数。

xa[i]：因素一的数据。

xb[i]：因素二的数据。

y:实验值。

b0、b1、b2:拟合系数。

4）程序清单

VC++ 环境下建立新文件,输入程序清单,编辑程序。

```
//        二元线性回归分析
# include <math.h>
# include <stdio.h>
# include <malloc.h>

void main()
{
    int i,n;
    double * xa, * xb, * y,b0,b1,b2,l11,l12,l21,l22,l1y,l2y;
    double sumxa=0,sumxb=0,sumy=0,sumxa2=0,sumxb2=0;
    double sumxay=0,sumxby=0,sumxab=0;
    printf("输入数据个数:"); scanf("%d",&n);
    y=(double * )malloc((n+1) * sizeof(double));
    xa=(double * )malloc((n+1) * sizeof(double));
    xb=(double * )malloc((n+1) * sizeof(double));
    for (i=1;i<=n;i++)
    {
        printf("Xa(%d)=",i);   scanf("%lf",&xa[i]);
        printf("Xb(%d)=",i);   scanf("%lf",&xb[i]);
        printf(" Y(%d)=",i);   scanf("%lf",&y[i]);
        sumxa+=xa[i];                 sumxb+=xb[i];
        sumxay+=xa[i] * y[i]; sumxby+=xb[i] * y[i];
        sumxa2+=xa[i] * xa[i]; sumxb2+=xb[i] * xb[i];
        sumxab+=xa[i] * xb[i];        sumy+=y[i];
    }
    l11=sumxa2-sumxa * sumxa/n;      l21=sumxab-sumxb * sumxa/n;
    l12=sumxab-sumxa * sumxb/n;      l22=sumxb2-sumxb * sumxb/n;
    l1y=sumxay-sumxa * sumy/n; l2y=sumxby-sumxb * sumy/n;
    b1=(l1y * l22-l2y * l12)/(l11 * l22-l12 * l21);
    b2=(l2y * l11-l1y * l21)/(l11 * l22-l12 * l21);
    b0=(sumy-b1 * sumxa-b2 * sumxb)/n;
    printf("b0=%.3f\tb1=%.3f\tb2=%.3f\n",b0,b1,b2);
    printf("y=(%.3f)+(%.3f) * Xa+(%.3f) * Xb\n",b0,b1,b2);
}
```

5）运行结果

检查程序没有错误，用例 6－3 中的数据运行程序，屏幕显示运行结果。

```
b0=6.656        b1=0.135        b2=-0.071
y=(6.656)+(0.135)*Xa+(-0.071)*Xb
Press any key to continue
```

6.3.3　VB 实现二元线性回归分析

1）属性设置

进入 VB 界面后，按照表 6－8 设置 VB 程序属性。

表 6－8　二元线性回归分析 VB 程序属性设置

对　象	属　性	属性值	说　明
Form1	Caption	二元线性回归	窗体的标题
Command1	Caption	运行	按钮的标题
Picture1	BackColor	白色	图片框的背景色

2）程序列表

程序中 n、xa、xb、y、b0、b1 和 b2 的含义与 C 语言程序的相同。在 VB 界面下建立程序新文件，输入程序并编辑。

```
Private Sub Command1_Click()
Picture1.Cls
Dim xa#(), xb#(), y#()
n=Val(InputBox("输入数据个数 n", "请输入", 0))
ReDim xa#(1 To n), xb#(1 To n), y#(1 To n)
Picture1.Height=3*195
Form1.Height=Picture1.Height+1250
For i=1 To n
    xa(i)=Val(InputBox("输入 Xa" & i & "值", "请输入", 0))
    xb(i)=Val(InputBox("输入 Xb" & i & "值", "请输入", 0))
    y(i)=Val(InputBox("输入 Y" & i & "值", "请输入", 0))
Next i
For i=1 To n
    sumxa=sumxa+xa(i):             sumxb=sumxb+xb(i)
    sumxay=sumxay+xa(i)*y(i):      sumxby=sumxby+xb(i)*y(i)
    sumxa2=sumxa2+xa(i)*xa(i):     sumxb2=sumxb2+xb(i)*xb(i)
    sumxab=sumxab+xa(i)*xb(i):     sumy=sumy+y(i)
```

```
Next i
l11=sumxa2-sumxa * sumxa / n:     l21=sumxab-sumxb * sumxa / n
l12=sumxab-sumxa * sumxb / n:     l22=sumxb2-sumxb * sumxb / n
l1y=sumxay-sumxa * sumy / n:      l2y=sumxby-sumxb * sumy / n
b1=(l1y * l22-l2y * l12) / (l11 * l22-l12 * l21):
b2=(l2y * l11-l1y * l21) / (l11 * l22-l12 * l21):
b0=(sumy-b1 * sumxa-b2 * sumxb) / n
Picture1.Print Tab(0); "b0="; Format(b0, "#.###");
Picture1.Print Tab(18); "b1="; Format(b1, "#.###");
Picture1.Print Tab(36); "b2="; Format(b2, "#.###")
Picture1.Print "y="; Format(b0, "#.###");
Picture1.Print "+("; Format(b1, "#.###"); ")* Xa";
Picture1.Print "+("; Format(b2, "#.###"); ")* Xb"
End Sub
```

3）运行结果

检查程序没有错误，点击图 6－6 中“运行”按钮，用例 6－3 中的数据运行程序。可以显示图 6－6 的运行结果。

图 6－6　二元线性回归分析程序运行结果

6.4　多元线性回归分析

在实际化学问题中，影响因变量的因素往往不止一个，对这类问题的分析，则是多元回归问题。例如，分析化学中多组分混合物浓度的计算、实验条件的选择、各种干扰因素的影响等，都涉及多元回归分析。在化工工艺中物料种类、反应温度、酸度、反应温度等对产品质量和数量的影响也涉及多元回归分析。由于许多非线性变量关系可以化为线性关系来处理，因此本节只讨论一般的多元线性回归。

6.4.1　方法原理

多元线性回归分析在原理上和二元线性回归完全相同，但计算要复杂得多。

设影响因变量 y 的自变量 x 共有 m 个，选择不同的自变量组合，进行测试，即可得到下列 n 组观测数据：

$$\begin{matrix} x_{11} & x_{12} & \cdots & x_{1m} & y_1 \\ x_{21} & x_{22} & \cdots & x_{2m} & y_2 \\ \vdots & \vdots & \ddots & \vdots & \vdots \\ x_{n1} & x_{n2} & \cdots & x_{nm} & y_n \end{matrix}$$

多元线性回归分析，就是根据这 n 组观测数据，在 y 与 $x_1, x_2, \cdots, x_m$ 之间建立线性回归方程：

$$\left.\begin{aligned} y_1 &= b_0 + b_1 x_{11} + b_2 x_{12} + \cdots + b_m x_{1m} \\ y_2 &= b_0 + b_1 x_{21} + b_2 x_{22} + \cdots + b_m x_{2m} \\ &\cdots\cdots \\ y_n &= b_0 + b_1 x_{n1} + b_2 x_{n2} + \cdots + b_m x_{nm} \end{aligned}\right\} \tag{6-33}$$

通式为

$$\hat{y} = b_0 + b_1 x_1 + b_2 x_2 + \cdots + b_m x_m = b_0 + \sum_{i=1}^{m} b_i x_i \tag{6-34}$$

式中：$b_0, b_1, \cdots, b_m$ 为选定系数。在多元线性回归中，$b_1, \cdots, b_m$ 又称为 y 对 x_1，$x_2, \cdots, x_m$ 的偏回归系数，b_0 称为常数项。

实验数据 y_k 与回归计算值 $\hat{y}_k$ 之间的残差平方和可表示成

$$\begin{aligned} Q &= \sum_{k=1}^{n} (y_k - \hat{y}_k)^2 \\ &= \sum_{k=1}^{n} (y_k - b_0 - b_1 x_{1k} - b_2 x_{2k} - \cdots - b_m x_{mk})^2 \end{aligned} \tag{6-35}$$

根据多元函数极值的必要条件，要使 Q 值达最大，须有

$$\frac{\partial Q}{\partial b_0} = 0, \quad \frac{\partial Q}{\partial b_1} = 0, \ \cdots, \quad \frac{\partial Q}{\partial b_m} = 0$$

根据式(6－35)有

$$\left.\begin{aligned} \frac{\partial Q}{\partial b_0} &= -2 \sum_{j=1}^{n} [y_j - (b_0 + b_1 x_{1j} + b_2 x_{2j} + \cdots + b_m x_{mj})] = 0 \\ &\cdots\cdots \\ \frac{\partial Q}{\partial b_i} &= -2 \sum_{j=1}^{n} [y_j - (b_0 + b_1 x_{1j} + b_2 x_{2j} + \cdots + b_m x_{mj})] \cdot x_{ij} = 0 \end{aligned}\right\} \tag{6-36}$$

若将式(6－36)展开,可得含 $m+1$ 个未知参数的线性方程组:

$$\left.\begin{aligned}
&nb_0+\Big(\sum_{j=1}^{n}x_{1j}\Big)b_1+\Big(\sum_{j=1}^{n}x_{2j}\Big)b_2+\cdots+\Big(\sum_{j=1}^{n}x_{mj}\Big)b_m=\sum_{j=1}^{n}y_j\\
&\Big(\sum_{j=1}^{n}x_{1j}\Big)b_0+\Big(\sum_{j=1}^{n}x_{1j}^2\Big)b_1+\Big(\sum_{j=1}^{n}x_{1j}x_{2j}\Big)b_2+\cdots+\Big(\sum_{j=1}^{n}x_{1j}x_{mj}\Big)b_m=\sum_{j=1}^{n}y_jx_{1j}\\
&\cdots\cdots\\
&\Big(\sum_{j=1}^{n}x_{mj}\Big)b_0+\Big(\sum_{j=1}^{n}x_{1j}x_{mj}\Big)b_1+\Big(\sum_{j=1}^{n}x_{1j}x_{mj}\Big)b_2+\cdots+\Big(\sum_{j=1}^{n}x_{mj}^2\Big)b_m=\sum_{j=1}^{n}y_jx_{mj}
\end{aligned}\right\}\tag{6-37}$$

将线性方程组(6－37)的第一个式两边同时除以 n 并移项,得

$$b_0=\bar{y}-b_1\bar{x}_1-b_2\bar{x}_2-\cdots-b_m\bar{x}_m\tag{6-38}$$

$$\bar{x}=\frac{1}{n}\sum_{j=1}^{n}x_{ij},\quad \bar{y}=\frac{1}{n}\sum_{j=1}^{n}x_j$$

将 b_0 代入原方程组,整理可得如下方程组:

$$\left.\begin{aligned}
l_{11}b_1+l_{12}b_2+\cdots+l_{1m}b_m&=l_{1y}\\
l_{21}b_1+l_{22}b_2+\cdots+l_{2m}b_m&=l_{2y}\\
&\cdots\cdots\\
l_{m1}b_1+l_{m2}b_2+\cdots+l_{mm}b_m&=l_{my}
\end{aligned}\right\}\tag{6-39}$$

这是多元线性回归正规方程的一般形式,其中

$$l_{ik}=\sum_{j=1}^{n}x_{ij}x_{kj}-\frac{1}{n}\Big(\sum_{j=1}^{n}x_{ij}\Big)\Big(\sum_{j=1}^{n}x_{kj}\Big)\quad(i,k=1,2,\cdots,m)$$

$$l_{iy}=\sum_{j=1}^{n}x_{ij}y_j-\frac{1}{n}\Big(\sum_{j=1}^{n}x_{ij}\Big)\Big(\sum_{j=1}^{n}y_j\Big)\quad(j=1,2,\cdots,n)$$

式中:x_{ij} 表示变量 x_i 在第 j 次试验中的取值。l_{ik}、l_{iy} 都为可求。这样将 $m+1$ 个未知参数的线性方程组变成了含 m 个未知数的线性方程组。可以看出,方程组(6－39)是以 $b_1,b_2,\cdots,b_m$ 为未知数的 m 个联立线性方程组,解此方程组,即可求得这些偏回归系数 $b_i(i=1,2,\cdots,m)$,再代入式(6－38),求出 b_0 后,即可得到多元线性回归方程。采用某一种数学算法便可求出未知系数 b_i。

也可以将线性方程组写成矩阵形式:

$$\boldsymbol{Y}=\boldsymbol{AB}$$

其中,由式(6－37)可得系数矩阵:

$$
\boldsymbol{A}=\begin{pmatrix}
n & \sum_{i=1}^{n} x_{1i} & \sum_{i=1}^{n} x_{2i} & \cdots & \sum_{i=1}^{n} x_{mi} \\
\sum_{i=1}^{n} x_{1i} & \sum_{i=1}^{n} x_{1i}^{2} & \sum_{i=1}^{n} x_{1i}x_{2i} & \cdots & \sum_{i=1}^{n} x_{1i}x_{mi} \\
\sum_{i=1}^{n} x_{2i} & \sum_{i=1}^{n} x_{2i}x_{1i} & \sum_{i=1}^{n} x_{2i}^{2} & \cdots & \sum_{i=1}^{n} x_{2i}x_{mi} \\
\vdots & \vdots & \vdots & \vdots & \vdots \\
\sum_{i=1}^{n} x_{mi} & \sum_{i=1}^{n} x_{mi}x_{1i} & \sum_{i=1}^{n} x_{mi}x_{2i} & \cdots & \sum_{i=1}^{n} x_{mi}^{2}
\end{pmatrix},
$$

$$
\boldsymbol{B}=\begin{pmatrix} b_0 \\ b_1 \\ b_2 \\ \vdots \\ b_m \end{pmatrix},\quad
\boldsymbol{Y}=\begin{pmatrix}
\sum_{i=1}^{n} y_i \\
\sum_{i=1}^{n} x_{1i}y_i \\
\sum_{i=1}^{n} x_{2i}y_i \\
\vdots \\
\sum_{i=1}^{n} x_{mi}y_i
\end{pmatrix}
$$

可以将 $\boldsymbol{A}$ 矩阵分解为 $\boldsymbol{X}$ 矩阵的乘积：

$$
\boldsymbol{A}_{q\times q}=\begin{pmatrix}
\sum_{i=1}^{n} 1\cdot 1 & \sum_{i=1}^{n} x_{i1}\cdot 1 & \sum_{i=1}^{n} x_{i2}\cdot 1 & \cdots & \sum_{i=1}^{n} x_{im}\cdot 1 \\
\sum_{i=1}^{n} 1\cdot x_{i1} & \sum_{i=1}^{n} x_{i1}\cdot x_{i1} & \sum_{i=1}^{n} x_{i2}\cdot x_{i1} & \cdots & \sum_{i=1}^{n} x_{im}\cdot x_{i1} \\
\sum_{i=1}^{n} 1\cdot x_{i2} & \sum_{i=1}^{n} x_{i1}\cdot x_{i2} & \sum_{i=1}^{n} x_{i2}\cdot x_{i2} & \cdots & \sum_{i=1}^{n} x_{im}\cdot x_{i2} \\
\vdots & \vdots & \vdots & \vdots & \vdots \\
\sum_{i=1}^{n} 1\cdot x_{im} & \sum_{i=1}^{n} x_{i1}\cdot x_{im} & \sum_{i=1}^{n} x_{i2}\cdot x_{im} & \cdots & \sum_{i=1}^{n} x_{im}\cdot x_{im}
\end{pmatrix}=\boldsymbol{X}_{q\times m}^{T}\boldsymbol{X}_{m\times q}
$$

$\boldsymbol{Y}$ 矩阵可以分解为 x 与 y 乘积：

$$\begin{pmatrix} 1\cdot y_1+1\cdot y_2+1\cdot y_3+ & \cdots & +1\cdot y_n \\ x_{11}y_1+x_{21}y_2+x_{31}y_3+ & \cdots & +x_{n1}y_n \\ x_{12}y_1+x_{22}y_2+x_{32}y_3+ & \cdots & +x_{n2}y_n \\ \vdots & \ddots & \vdots \\ x_{1m}y_1+x_{2m}y_2+x_{3m}y_3+ & \cdots & +x_{nm}y_n \end{pmatrix}=\boldsymbol{X}_{q\times n}^T\boldsymbol{Y}_{n\times 1}$$

这样 $\boldsymbol{Y}=\boldsymbol{AB}$ 可以写成

$$\boldsymbol{X}_{q\times m}^T\boldsymbol{X}_{m\times q}\boldsymbol{B}_{q\times 1}=\boldsymbol{X}_{q\times n}^T\boldsymbol{Y}_{n\times 1} \tag{6-40}$$

将式(6－40)两边左乘矩阵($\boldsymbol{X}^T\boldsymbol{X}$)的逆矩阵就可求出 $\boldsymbol{B}$ 矩阵

$$\overline{\boldsymbol{B}}=(\boldsymbol{X}^T\boldsymbol{X})^{-1}\boldsymbol{X}^T\boldsymbol{Y} \tag{6-41}$$

利用计算机编程可求出回归方程中系数。

6.4.2 多元线性回归方程的相关性检验

如同一元线性回归方程一样，对建立的多元线性回归方程也要进行拟合效果的检验，检验方法同样有相关系数检验和对统计量进行的 F 检验两种。在对回归方程拟合效果进行检验时，两种方法只使用其中一种即可。下面主要介绍相关系数检验。

在多元线性回归中，变量间的相互关系用偏相关系数和复相关系数表示。

偏相关系数是指在不受其他变量影响的情况下计算的相关系数。例如，x_1 与 x_2 在不受 x_3 影响下的相关系数 $r_{12,3}$ 称为 x_1 与 x_2 对 x_3 的偏相关系数，可以用 x_1、x_2、x_3 的简单相关系数 r_{12}、r_{13}、r_{23} 按式(6－42)计算得出

$$r_{12,3}=\frac{r_{12}-r_{13}\times r_{23}}{\sqrt{(1-r_{13}^2)(1-r_{23}^2)}} \tag{6-42}$$

类似地，x_1 与 x_2 对 x_3、x_4 的偏相关系数为

$$r_{12,34}=\frac{r_{12,3}-r_{14,3}\cdot r_{24,3}}{\sqrt{(1-r_{14}^2)(1-r_{24,3}^2)}} \tag{6-43}$$

复相关系数用符号 R 表示，计算式为

$$R=\sqrt{\frac{U}{l_{yy}}}=\sqrt{1-\frac{Q}{l_{yy}}} \tag{6-44}$$

式中：回归平方和 U，表示由于所有 m 个自变量 x 与 y 的线性关系而引起的总偏离。仿一元线性回归，则计算式可表示为

$$U=\sum_{i=1}^{n}(\hat{y}_i-\overline{y})^2=b_1l_{1y}+b_2l_{2y}+\cdots+b_ml_{my}=\sum_{i=1}^{m}b_il_{iy} \tag{6-45}$$

而残差平方和 Q，则表示除了所有 m 个自变量 x 与 y 的线性关系以外的其他随机因素对 y 的影响，按一元线性回归的计算方法同样可写成

$$Q = \sum_{i=1}^{n} (y_i - \hat{y}_i) = l_{yy} - U \tag{6-46}$$

可见,当 U 越大,或者 Q 越小时,y 与这些自变量的关系越密切;换言之,复相关系数 R 越接近于 1,回归的效果越好。

6.4.3　多元线性回归的应用

多元线性回归的应用主要是建立一个数学模型,将多个无一定数学关系的变量用一固定的模式多元回归方程表述出来,并观察各因素的作用大小。由二元线性回归可知,对任何一组数据都可以写出一个含有 m 个未知系数的正规方程组。最后是求解线性方程组中的未知系数 b_m。解线性方程组的方法很多,可以用 Cramer 规则或 Gauss-Seidel 迭代、Gauss 消元等方法直接求解,也可以用矩阵乘的方法。

【例 6-4】 研究某一地区湖水内生物耗氧量(y)与湖水中有机磷浓度(x_1)、无机磷浓度(x_2)和含氮量(x_3)之间的关系,得表 6-9 数据。

表 6-9　回归计算表

编　号	x_1	x_2	x_3	y
1	0.4	25	58	6.2
2	0.4	23	63	6.4
3	3.1	19	20	6.0
4	0.6	34	57	6.7
5	4.7	24	39	6.5
6	1.7	65	63	5.2
7	9.4	44	26	7.0
8	10.1	31	75	7.8
9	11.6	29	73	8.9

试确定湖水中有机磷浓度、无机磷浓度和含氮量与生物耗氧量之间的关系。

解　变量数 $m=3$,测定次数 $n=18$。

按方程组(6-39)计算各常数项:

$$l_{11} = \sum_{j=1}^{9} x_{1j}^2 - \frac{1}{9}\left(\sum_{j=1}^{9} x_{1j}\right)^2 = 164.2$$

$$l_{12} = l_{21} = \sum_{j=1}^{9} x_{1j}x_{2j} - \frac{1}{9}\left(\sum_{j=1}^{9} x_{1j}\right)\left(\sum_{j=1}^{9} x_{2j}\right) = 12.9$$

$$l_{13} = l_{31} = \sum_{j=1}^{9} x_{1j}x_{3j} - \frac{1}{9}\left(\sum_{j=1}^{9} x_{1j}\right)\left(\sum_{j=1}^{9} x_{3j}\right) = 71.7$$

$$l_{22} = \sum_{j=1}^{9} x_{2j}^2 - \frac{1}{9}\left(\sum_{j=1}^{9} x_{2j}\right)^2 = 1606$$

$$l_{23} = l_{32} = \sum_{j=1}^{9} x_{2j}x_{3j} - \frac{1}{9}\Big(\sum_{j=1}^{9} x_{2j}\Big)\Big(\sum_{j=1}^{9} x_{3j}\Big) = 350.0$$

$$l_{33} = \sum_{j=1}^{9} x_{3j}^2 - \frac{1}{9}\Big(\sum_{j=1}^{9} x_{3j}\Big)^2 = 3138$$

$$l_{1y} = \sum_{j=1}^{9} x_{1j}y_j - \frac{1}{9}\Big(\sum_{j=1}^{9} x_{1j}\Big)\Big(\sum_{j=1}^{9} y_j\Big) = 31.6$$

$$l_{2y} = \sum_{j=1}^{9} x_{2j}y_j - \frac{1}{9}\Big(\sum_{j=1}^{9} x_{2j}\Big)\Big(\sum_{j=1}^{9} y_j\Big) = -40.0$$

$$l_{3y} = \sum_{j=1}^{9} x_{3j}y_j - \frac{1}{9}\Big(\sum_{j=1}^{9} x_{3j}\Big)\Big(\sum_{j=1}^{9} y_j\Big) = 65.6$$

$$164.2b_1 + 12.9b_2 + 71.7b_3 = 31.6$$
$$12.9b_1 + 1606b_2 + 350.0b_3 = -40.0$$
$$71.7b_1 + 350.0b_2 + 3138b_3 = 65.6$$

可以用矩阵法或迭代法解系数 b。

6.5 非线性回归

在实际应用尤其在化工问题中，x 与 y 之间的关系往往是非线性的，这样可用第 2 章介绍的典型曲线法来建立非线性数学模型。这是不是意味着线性回归法就不能解决非线性问题？其实不然，因为在许多情况下，非线性回归可以通过简单的变量变换将其转化为线性模型。求出模型中系数，最终建立完整的数学模型。

大多数非线性曲线都可以经过曲线化直使其变为线性关系，但是并非所有曲线均可化直。如抛物线模型

$$y = a + bx + cx^2$$

就不能通过变换化为直线。

一般地说，若非线性方程

$$y = b_0 + b_1 f_1(z_1, z_2, \cdots, z_k) + b_2 f_2(z_1, z_2, \cdots, z_k) + \cdots + b_m f_m(z_1, z_2, \cdots, z_k)$$

且 $f_i(z_1, z_2, \cdots, z_k)$ 均为自变量的已知函数，则可令

$$x_1 = f_1(z_1, z_2, \cdots, z_k)$$
$$x_2 = f_2(z_1, z_2, \cdots, z_k)$$
$$\cdots\cdots$$
$$x_m = f_m(z_1, z_2, \cdots, z_k)$$

非线性方程化为

$$y = b_0 + b_1 x_1 + b_2 x_2 + \cdots + b_m x_m$$

这样非线性均可化为多元线性回归问题来处理。

参考文献

邓勃. 1995. 分析测试数据的统计处理方法. 北京:清华大学出版社
江体乾. 1984. 化工数据处理. 北京:化学工业出版社

习　题

1. 画出一元线性回归编程的框图。
2. 试述线性回归分析与最小二乘法的异同。
3. 用分光光度法测得某化工产品中钪的浓度 c 与吸光度 A 的对应关系如下表:

浓度 c/(μg/L)	0	20	40	80	160	240
吸光度 A	0.085	0.112	0.170	0.234	0.396	0.509
	0.098	0.093	0.170	0.241	0.401	0.502

建立 c 与 A 之间的回归方程,并检验方程。

4. 已知某溶液 y 由两种物质 x_1 和 x_2 组成,通过实验得到 29 组观测数据如下:

x_1	x_2	y	x_1	x_2	y	x_1	x_2	y
15.58	1.95	1.34	12.74	1.35	0.87	10.81	1.32	1.35
10.68	1.37	1.27	11.93	1.33	1.53	17.28	1.31	1.57
15.62	2.39	1.56	14.84	1.09	1.25	14.92	1.42	1.64
15.78	1.14	1.48	13.73	1.27	2.47	18.14	2.13	1.64
13.22	1.85	1.40	15.12	1.78	1.83	18.15	1.20	2.34
16.44	1.32	1.82	17.88	2.52	2.41	10.31	0.98	0.65
11.40	2.05	0.85	13.38	1.43	1.69	11.40	1.27	1.19
16.17	1.11	1.40	14.21	2.27	1.59	12.57	0.87	2.06
14.03	1.47	1.15	16.80	1.41	1.19	17.61	1.21	1.57
15.67	1.38	1.89	16.38	1.78	2.44			

设 y 与 x 之间呈线性关系,写出正规方程组并编程求其回归方程及其系数(实验中可以尝试将二元回归程序改为三元)。

5. 回归分析的作用是什么?为什么要对方程进行检验?

第 7 章　实验数据的方差分析

7.1　概　　述

方差分析是研究一种或多种因素的变化对实验结果的观察值是否具有显著影响的数理统计方法。一个试样经多次测量所得到的一组数据 $x_1, x_2, \cdots, x_n$ 会受多个因素的影响，通常都是参差不齐的，它们之间的差异称为变差。从误差的性质考虑，引起变差的原因可能是随机误差，也可能是系统误差。随机误差代表了实验误差，反映了测定结果的精密度，是衡量测定条件稳定性的主要标志，可用来评价实验误差；系统误差代表了由于试验条件改变而引起的误差，反映了测定条件对测定结果的影响，可用来评价因素效应。

变差的大小通常用变差平方和 Q 和方差 s^2 来表征，$Q = \sum_{i=1}^{n} (x_i - \overline{X})^2$，表示测定值 x_i 与平均值 $\overline{X}$ 的偏差程度的一个总的量度。它的数值越大，表示测定值之间的差异越大。用变差平方和表征变差能充分利用测试数据所提供的信息，但它与测定次数有关，随着测定次数增加，Q 值也将增大，无可比性。

为了克服这一缺点，通常都用方差来表征或衡量变差的大小：

$$s^2 = \frac{Q}{f}$$

式中：f 为自由度。方差表征了变差大小的统计平均值，它既能充分利用测试数据提供的信息，又避免了对测定次数的依赖。方差具有加和性，同时也具有了可分解性，这正是建立方差分析的基础。我们能从随机因素与试验条件改变所形成的总方差中，将两者分解出来，并在一定置信概率下检验，就可以确定两类方差对总方差的贡献。方差分析在对比性实验、实验条件优选及多因素实验条件的相互影响等方面都有着广泛的应用。

7.2　方差分析原理

7.2.1　变差平方和的分解

设有 m 个独立的随机变量 $x_1, x_2, \cdots, x_m$，分别遵从正态分布 $N(\mu_1, \sigma_1^2)$，$N(\mu_2, \sigma_2^2), \cdots, N(\mu_m, \sigma_m^2)$，若由各总体中随机抽取容量为 n_i 的样本，得到样本值

$x_{i_1}, x_{i_2}, \cdots, x_{in_i} (i=1,2,\cdots,m)$，则 m 个样本的总变差平方和为

$$Q_T = \sum_{i=1}^{m} \sum_{j=1}^{n_i} (x_{ij} - \overline{X})^2 \tag{7-1}$$

式中：m 为因素数或独立变量数；n_i 为样本容量数或测定次数；$\overline{X}$ 为总体平均值。其中

$$\overline{X} = \frac{1}{N}\sum_{i=1}^{m} \sum_{j=1}^{n_i} x_{ij}, \quad N = \sum_{i=1}^{m} n_i$$

将 Q_T 进行如下分解：

$$\begin{aligned} Q_T &= \sum_{i=1}^{m} \sum_{j=1}^{n_i} (x_{ij} - \overline{X})^2 \\ &= \sum_{i=1}^{m} \sum_{j=1}^{n_i} [(x_{ij} - \overline{x}_i) + (\overline{x}_i - \overline{X})]^2 \\ &= \sum_{i=1}^{m} \sum_{j=1}^{n_i} (x_{ij} - \overline{x}_i)^2 + 2\sum_{i=1}^{m} \sum_{j=1}^{n_i} (x_{ij} - \overline{x}_i)(\overline{x}_i - \overline{X}) + \sum_{i=1}^{m} \sum_{j=1}^{n_i} (\overline{x}_i - \overline{X})^2 \end{aligned} \tag{7-2}$$

因为

$$\begin{aligned} \sum_{i=1}^{m} \sum_{j=1}^{n_i} (x_{ij} - \overline{x}_i)(\overline{x}_i - \overline{X}) &= \sum_{i=1}^{m} \left[(\overline{x}_i - \overline{X})\sum_{j=1}^{n_i} (x_{ij} - \overline{x}_i)\right] \\ &= \sum_{i=1}^{m} (\overline{x}_i - \overline{X})\left(\sum_{j=1}^{n_i} x_{ij} - n_i\overline{x}_i\right) = 0 \end{aligned} \tag{7-3}$$

故

$$\begin{aligned} Q_T &= \sum_{i=1}^{m} \sum_{j=1}^{n_i} (x_{ij} - \overline{x}_i)^2 + \sum_{i=1}^{m} \sum_{j=1}^{n_i} (\overline{x}_i - \overline{X})^2 \\ &= \sum_{i=1}^{m} \sum_{j=1}^{n_i} (x_{ij} - \overline{x}_i)^2 + \sum_{i=1}^{m} n_i(\overline{x}_i - \overline{X})^2 \end{aligned} \tag{7-4}$$

令

$$Q_E = \sum_{i=1}^{m} \sum_{j=1}^{n_i} (x_{ij} - \overline{x}_i)^2 \tag{7-5}$$

$$Q_G = \sum_{i=1}^{m} n_i(\overline{x}_i - \overline{X})^2 \tag{7-6}$$

其中

$$\overline{x}_i = \frac{1}{n_i}\sum_{j=1}^{n_i} x_{ij}$$

则总体变差平方和可以分解为

$$Q_T = Q_E + Q_G \tag{7-7}$$

式(7－7)为变差平方和的分解公式。Q_E 反映了同一样本内各测定值之间的变异程度，称为组内变差平方和，代表了试验误差的大小。Q_G 反映了各样本值之间的变异程度，代表了分组因素效应的大小，称为组间变差平方和。这样，Q_T 等于因素效应变差平方和与误差效应变差平方和之和。

7.2.2　方差分析

根据变差平方和的加和性原理，在变差平方和分解的基础上，借助于 F 检验，对影响总变差平方和的各因素的效应及其之间的交互作用进行分析与判断，这种分析法称为方差分析。

设有 m 个样本，它们来自具有共同方差 σ^2 的 m 个正态总体。如果原假设 $H_0: \mu_1 = \mu_2 = \cdots = \mu_m = \mu$ 成立，则 m 个总体有共同的方差 σ^2 和共同的平均值 μ，这样，从 m 个正态总体中，各抽取一个样本，就相当于从其中任一个总体中抽取 m 个样本，其总体方差估计值、组间方差估计值和组内方差估计值就都具有了相同的方差期望 σ^2，换言之，$Q_G/(m-1)$ 与 $Q_E/m(n-1)$ 都是 σ^2 的无偏估计值，即

$$\frac{Q}{mn-1} = \frac{Q_G}{m-1} = \frac{Q_E}{m(n-1)} = \sigma^2$$

因此

$$F = \frac{Q_G/m-1}{Q_E/m(n-1)} \approx 1$$

式中：$Q_G/(m-1) = s_G^2$，$Q_E/m(n-1) = s_E^2$，$Q_T/(mn-1) = s_T^2$，$m-1 = f_G$，$m(n-1) = f_E$，$mn-1 = f_T$，总自由度 f_T 等于组间自由度 f_G 和组内自由度 f_E 之和，即 $f_T = f_G + f_E$。

若由样本值计算的 F 值比 1 大得多，表明组间方差远大于组内方差，样本值与上述原假设 H_0 有显著性矛盾，原假设 H_0 不正确。

对于给定的显著性水平 α，$F \geqslant F_\alpha$ 的概率为

$$P(F \geqslant F_\alpha) = \alpha$$

若由样本值计算的 F 值，大于 F 的分布表中相应自由度 f_G 与 f_E 下的临界值 $F_\alpha(f_G, f_E)$，则 s_G^2 与 s_E^2 为同一方差估计值的概率小于 α。α 是一个小概率事件，通常为 0.05 或 0.01。根据小概率原理，这种事件在一次测定中是不可能发生的，如果真的发生了，只能说明原假设不正确，这 m 个正态总体的均值不相等 $\mu_1 \neq \mu_2 \neq \cdots \neq \mu_m \neq \mu$。从分析测定的角度看，在实验误差范围内，作为分组因素的实验条件的改变，对试验指标有明显的影响。

方差分析的步骤为：

(1) 提出原假设

$$H_0: \mu_1 = \mu_2 = \cdots = \mu_m$$

与备择假设

$$H_1: \text{各总体平均值不全部相等}$$

(2) 由样本值计算各项变差平方和及其相应的自由度，算出各项方差估计值。

(3) 选定显著性水平 α，由 F 分布表查出相应自由度时的临界值 $F_c(f_G, f_E)$。

(4) 由样本测量数据计算统计量 F 值。

(5) 将 F 与 $F_\alpha(f_G, f_E)$ 进行比较，若 $F < F_\alpha(f_G, f_E)$，接受原假设 H_0，说明实验条件的改变对实验指标没有显著性影响。若 $F \geq F_\alpha(f_G, f_E)$，拒绝原假设 H_0，接受备择假设 H_1，说明实验条件的改变对实验指标的影响是显著的。如果 F 远远大于 $F_\alpha(f_G, f_E)$，说明这种影响是高度显著的。

在进行方差分析时要注意对数据修约会引入计算误差，在进行连续运算时，会造成误差积累，以致影响判断，因此可采用简化后运算的方法。

简化的原则：所有测定值加上或减去同一个数 a，其变差平方和不变，每个测定值同时乘以或除以同一个数 b，其变差平方和则相应增大或减少 b^2 倍。

$$\sum_{i=1}^{n} (y_i - \bar{y})^2 = b^2 \sum_{i=1}^{n} (x_i - \bar{x})^2$$

其等效式为

$$\sum_{i=1}^{n} (x_i - \bar{x})^2 = \frac{1}{b^2} \sum_{i=1}^{n} (y_i - \bar{y})^2 \tag{7-8}$$

式中：x 为测定值；y 为简化值。

7.3　单因素方差分析

在一个因素多个水平的实验数据分析中常用单因素方差分析，以此来考察不同水平对分析测定结果或生产工艺产率的影响，在试验条件、工艺条件优化中有着广泛的应用。下面介绍单因素方差分析过程。

7.3.1　将单因素多水平试验安排写成矩阵列式

测定次数 →

水平 ↓

$$\begin{pmatrix} x_{11} & x_{12} & x_{13} & \cdots & x_{1n_i} \\ x_{21} & x_{22} & x_{23} & \cdots & x_{2n_i} \\ \cdots & \cdots & \cdots & \ddots & \cdots \\ x_{m1} & x_{m2} & x_{m3} & \cdots & x_{mn_i} \end{pmatrix}$$

式中：m 为因素 A 的水平数；n_i 为每个水平测定的次数。x_{ij} 为 A 因素第 i 个水平、第 j 次测定值。各水平的设计可以等重复测定次数，也可以不等重复测定次数。最好设计成等重复次数，这样处理数据简单、精度好。

7.3.2　计算变差平方和

为了便于编程计算，可将 Q_T、Q_G、Q_E 进行简化：

$$\overline{X} = \frac{1}{N}\sum_{i=1}^{m}\sum_{j=1}^{n_i} x_{ij}$$

$$\begin{aligned} Q_T &= \sum_{i=1}^{m}\sum_{j=1}^{n_i}(x_{ij} - \overline{X})^2 \\ &= \sum_{i=1}^{m}\sum_{j=1}^{n_i}(x_{ij}^2 - 2x_{ij}\overline{X} + \overline{X}^2) \\ &= \sum_{i=1}^{m}\sum_{j=1}^{n_i} x_{ij}^2 - 2\overline{X}\sum_{i=1}^{m}\sum_{j=1}^{n_i} x_{ij} + N\overline{X}^2 \end{aligned} \tag{7-9}$$

$$\begin{aligned} Q_T &= \sum_{i=1}^{m}\sum_{j=1}^{n_i} x_{ij}^2 - \frac{2\sum_{i=1}^{m}\sum_{j=1}^{n_i} x_{ij}}{N}\sum_{i=1}^{m}\sum_{j=1}^{n_i} x_{ij} + N\left(\frac{\sum_{i=1}^{m}\sum_{j=1}^{n_i} x_{ij}}{N}\right)^2 \\ &= \sum_{i=1}^{m}\sum_{j=1}^{n_i} x_{ij}^2 - \frac{2}{N}\left(\sum_{i=1}^{m}\sum_{j=1}^{n_i} x_{ij}\right)^2 + \frac{1}{N}\left(\sum_{i=1}^{m}\sum_{j=1}^{n_i} x_{ij}\right)^2 \\ &= \sum_{i=1}^{m}\sum_{j=1}^{n_i} x_{ij}^2 - \frac{1}{N}\left(\sum_{i=1}^{m}\sum_{j=1}^{n_i} x_{ij}\right)^2 \\ &= \sum_{i=1}^{m}\sum_{j=1}^{n_i} x_{ij}^2 - \frac{T^2}{N} \end{aligned} \tag{7-10}$$

同理可以推出

$$\begin{aligned} Q_G &= \sum_{i=1}^{m}\sum_{j=1}^{n_i}(\overline{x}_i - \overline{X})^2 \\ &= \frac{\sum_{i=1}^{m}\left(\sum_{j=1}^{n_i} x_{ij}\right)^2}{n_i} - \frac{\left(\sum_{i=1}^{m}\sum_{j=1}^{n_i} x_{ij}\right)^2}{N} \\ &= \frac{\sum_{i=1}^{m} T_i^2}{n_i} - \frac{T^2}{N} \end{aligned} \tag{7-11}$$

$$Q_E = \sum_{i=1}^{m}\sum_{j=1}^{n_i}(x_{ij}-\overline{x}_i)^2$$

$$= \sum_{i=1}^{m}\sum_{j=1}^{n_i}x_{ij}^2 - \frac{\sum_{i=1}^{m}\left(\sum_{j=1}^{n_i}x_{ij}\right)^2}{n_i}$$

$$= \sum_{i=1}^{m}\sum_{j=1}^{n_i}x_{ij}^2 - \frac{\sum_{i=1}^{m}T_i^2}{n_i} \tag{7-12}$$

式中：N 为总测定次数$\left(=\sum_{i=1}^{m}n_i\right)$；$T$ 为各水平全部测定值之和；T_i 为 A 因素 i 水平时各测定值的总和。

7.3.3　列方差分析表

方差分析表见表 7－1。

表 7－1　方差分析表

方差来源	变差平方和	自由度	方差估计值	F 值	$F_\alpha=(f_G, f_E)$	显著性
分组因素	Q_G	$m-1$	$\frac{Q_G}{m-1}$	$\frac{Q_G/(m-1)}{Q_E/m(n-1)}$		
实验误差	Q_E	$m(n-1)$	$\frac{Q_E}{m(n-1)}$			
总和	Q_T	$mn-1$				

将计算的统计量 F 值与 F 检验表的临界值做比较：

(1) $F>F_{0.01}$，因素影响特别显著，记为 * *；

(2) $F_{0.01}\geqslant F>F_{0.05}$，因素影响显著，记为 * 。

在分析化学中为了检验某一实验室提供的分析数据的准确性，往往将同一样品送到不同实验室去进行外检，由于使用的是同一种分析方法，因此，用方差分析检验两个实验室间分析结果的显著性差异，可以判断分析结果是否存在系统误差。

【例 7－1】　将一份矿物材料中含稀土的试样分发给 7 个实验室，用同一种方法测定稀土总量的含量(%)，各实验室独立地进行 6 次分析，测定稀土含量列于表 7－2。试问实验室内误差和室间误差各为多少？各室间分析结果是否存在显著性差异？如果存在，试分析是由实验误差引起的，还是由各实验室条件不同引起的？

表 7-2 实验数据表

实验室 / 数据 n	A	B	C	D	E	F	G
1	1.065	1.073	1.080	1.097	1.053	1.084	1.052
2	1.081	1.081	1.090	1.109	1.055	1.044	1.061
3	1.081	1.077	1.070	1.073	1.050	1.084	1.073
4	1.064	1.050	1.080	1.089	1.059	1.076	1.036
5	1.107	1.077	1.090	1.097	1.053	1.093	1.048
6	1.077	1.077	1.100	1.097	1.061	1.073	1.040

解 分组因素是实验室，组数=7，每组重复测定次数 $N=6\times7=42$。将表 7-2 原始数据进行一下变换，每个测定值同减去 $a=1.070$，同乘 $b=100$，使变换后的数据得到简化（表 7-3）。

表 7-3 变换后的数据

实验室 / 数据 n	A	B	C	D	E	F	G
1	−0.5	0.3	1.0	2.7	−1.7	1.4	−1.8
2	1.1	1.1	2.0	3.9	−1.5	−2.6	−0.9
3	1.1	0.7	0.0	0.3	−2.0	1.4	0.3
4	−0.6	−0.2	1.0	1.9	−1.1	0.6	−3.4
5	3.7	0.7	2.0	2.7	−1.7	2.3	−2.2
6	0.7	0.7	3.0	2.7	−0.9	0.3	−3.0

利用变换后的数据计算平均值、室间变差平方和与室内变差平方和，并采用等效式（7-8）求出 Q_T、Q_G、Q_E 值：

$$Q'_T = \sum_{i=1}^{7}\sum_{j=1}^{6} y_{ij}^2 - \frac{T^2}{42} = 143.77 - \frac{13.72^2}{42} = 139.3$$

$$Q_T = Q'_T/b^2 = 139.3/100^2 = 139.3\times10^{-4}$$

$$Q'_G = \frac{1}{6}\sum_{i=1}^{7} T_i^2 - \frac{T^2}{42} = \frac{526.91}{6} - \frac{13.72^2}{42} = 83.35$$

$$Q_G = Q'_G/b^2 = 83.35/100^2 = 8.335\times10^{-3}$$

$$Q'_E = \sum_{i=1}^{7}\sum_{j=1}^{6} y_{ij}^2 - \frac{1}{6}\sum_{i=1}^{7} T_i^2 = 143.77 - \frac{526.91}{6} = 55.95$$

$$Q_E = Q'_E/b^2 = 55.95/100^2 = 5.595\times10^{-3}$$

Q_G 为室间变差平方和，反映了各室平均值之间的离散情况，$s_G^2=Q_G/f_G=0.0014$；Q_E 为实验误差，代表了实验过程中各种偶然性因素的干扰及测量误差，$s_E^2=Q_E/f_E=1.6\times10^{-4}$。测定结果的方差分析见表 7-4。

表 7-4　测定结果的方差分析

方差来源	变差平方和	自由度	方差估计	F 值	$F_{0.01}(6,35)$	显著性
实验室间	0.0083	6	0.0014	8.7	3.38	**
实验误差	0.0056	35	1.6×10^{-4}			
总　和	0.0139	41				

由表 7-4 可知 $F>F_{0.01}$，故实验室的因素或分组的因素对于分析结果有特别显著的影响。引起差异的原因是各实验室的实验条件(人、仪器设备、材料、环境等)有所不同，虽然用同一方法分析同一试样，所得结果仍有差异。

7.4　多因素方差分析

7.4.1　两因素方差分析

在实际问题中影响实验结果的因素往往不止一个，这些因素中到底哪些因素是主要的、因素之间有无交互作用，都是实际工作中很关心的问题。在多因素方差分析中各因素的影响可能是相互独立的，这种影响是因素的独立效应，其变差平方和记为 Q_A，Q_B，…；也可能是某一因素的影响同其他因素存在量的多少有关，这样的情况表示因素之间存在着交互效应，其方差和记作 Q_{AB} 等。因此多因素方差分析分为有交互作用方差分析和无交互作用方差分析。在一分析体系中，只有重复多次实验才能发现体系是否存在交互作用。

我们通过两因素方差分析来说明多因素方差分析解决问题的方法，按此原则推广，可以解决更为复杂的问题。

假设 A、B 两因素分别有 a、b 水平，而且各种组合测定 n 次，可得两因素交叉分组全面实验安排表，见表 7-5。

表 7-5　两因素交叉分组全面试验安排表

因素 B A	B_1				B_2				…	B_b			
A_1	x_{111}	x_{112}	…	x_{11n}	x_{121}	x_{122}	…	x_{12n}	…	x_{1b1}	x_{1b2}	…	x_{1bn}
A_2	x_{211}	x_{212}	…	x_{21n}	x_{221}	x_{222}	…	x_{22n}	…	x_{2b1}	x_{2b2}	…	x_{2bn}
⋮	⋮	⋮	⋱	⋮	⋮	⋮	⋱	⋮	⋮	⋮	⋮	⋱	⋮
A_n	x_{a11}	x_{a12}	…	x_{a1n}	x_{a21}	x_{a22}	…	x_{a2n}	…	x_{ab1}	x_{ab2}	…	x_{abn}

假设

$$H_0:\ \mu_{11}=\mu_{12}=\cdots=\mu_{ab}$$

H_1:各母体的平均值不相等

由表 7-5 可以计算出变差平方和 Q_T、因素 A 主效应变差平方和 Q_A、因素 B 主效应变差平方和 Q_B、因素 A 与因素 B 交互效应变差平方和 Q_{AB} 与实验误差效应的变差平方和 Q_E。总变差平方和 Q_T 反映了所有全部测量值对变差的贡献,由单次测定 X_{ijk} 对总平均值 $\overline{X}$ 的离差平方和决定:

$$Q_T = \sum_{i=1}^{a}\sum_{j=1}^{b}\sum_{k=1}^{n_{ij}}(x_{ijk}-\overline{X})^2 = \sum_{i=1}^{a}\sum_{j=1}^{b}\sum_{k=1}^{n_{ij}}x_{ijk}^2 - \frac{T^2}{N} \qquad (7-13)$$

其中

$$T = \sum_{i=1}^{a}\sum_{j=1}^{b}\sum_{k=1}^{n_{ij}}x_{ijk}$$

式中:n_{ij} 为因素 A 与因素 B 在不同组合条件下重复测定的次数。

$$Q_A = \sum_{i=1}^{a}n_i(x_i-\overline{X})^2 = \frac{\sum_{i=1}^{a}T_i^2}{n_i} - \frac{T^2}{N} \qquad (7-14)$$

$$Q_B = \sum_{j=1}^{b}n_j(x_j-\overline{X})^2 = \frac{\sum_{j=1}^{b}T_j^2}{n_j} - \frac{T^2}{N} \qquad (7-15)$$

其中

$$T_i = \sum_{j=1}^{b}\sum_{k=1}^{n_i}x_{ijk}, \quad T_j = \sum_{i=1}^{a}\sum_{k=1}^{n_j}x_{ijk}$$

式中:n_i、n_j 分别为因素 A 在 i 水平、因素 B 在 j 水平时的重复测定次数。

当有两个因素同时存在时,两因素之间可能产生交互效应。这种交互效应是指 A 与 B 因素联合起来而引起的附加效应或协同效应,而不是 A 因素与 B 因素在不同水平组合时所产生的总效应。因为在不同水平组合时所产生的总效应中,既有因素 A、因素 B 的主效应,又包括了因素 A 与因素 B 之间的交互效应。因素 A 与因素 B 之间的交互效应可以由因素 A 与因素 B 在不同水平组合 A_iB_j 时产生的总效应中扣除因素 A、因素 B 的主效应来求得。

$$Q_{AB} = \sum_{i=1}^{a}\sum_{j=1}^{b}n_{ij}(\overline{x}_{ij}-\overline{X})^2 - \sum_{i=1}^{a}n_i(\overline{x}_i-\overline{X})^2 - \sum_{j=1}^{b}n_j(\overline{x}_j-\overline{X})^2$$

$$= \frac{\sum_{i=1}^{a}\sum_{j=1}^{b}T_{ij}^2}{n_{ij}} - \frac{\sum_{i=1}^{a}T_i^2}{n_i} - \frac{\sum_{j=1}^{b}T_j^2}{n_j} + \frac{T^2}{N} \qquad (7-16)$$

实验误差效应的变差平方和 Q_E 是指在 A_iB_j 条件下，单次测定值 X_{ijk} 与同一条件下多次测定平均值 $\bar{x}_{ij}$ 的离差平方和：

$$Q_E = \sum_{i=1}^{a}\sum_{j=1}^{b}\sum_{k=1}^{n_{ij}}(x_{ijk}-\bar{x}_{ij})^2 = \sum_{i=1}^{a}\sum_{j=1}^{b}\sum_{k=1}^{n_{ij}}x_{ijk}^2 - \frac{1}{n_{ij}}\sum_{i=1}^{a}\sum_{j=1}^{b}T_{ij}^2 \qquad (7-17)$$

各项变差平方和的自由度分别为

$$f_T = abn-1,\quad f_A = a-1,\quad f_B = b-1$$

$$f_{AB} = (a-1)(b-1),\quad f_E = ab(n-1)$$

当各水平重复测定次数相等时，两因素交叉分组全面试验数据的方差分析如表 7-6 所示，因素之间有无交互效应也可以由作图法直观地看出。

表 7-6　两因素全面试验数据方差分析表

方差来源	变差平方和	自由度	方差估计值	F 值	F_α	显著性
因素 A 主效应	Q_A	f_A	$s_A^2 = Q_A/f_A$	s_A^2/s_E^2		
因素 B 主效应	Q_B	f_B	$s_B^2 = Q_B/f_B$	s_B^2/s_E^2		
交互效应 A×B	Q_{AB}	f_{AB}	$s_{AB}^2 = Q_{AB}/f_{AB}$	s_{AB}^2/s_E^2		
实验误差	Q_E	f_E	$s_E^2 = Q_E/f_E$			
总和	Q_T	f_T				

【例 7-2】 在化工合成中，物料流量和反应时间直接影响产物的产率。测试结果见表7-7。

表 7-7　反应条件

因素	物料流量/(mL/min)	反应时间	
		30 min	50 min
甲	20	80%	60%
乙	30	70%	92%

试考察物料流量和反应时间有无交互作用。

解　以时间为横坐标，产物产率为纵坐标对不同反应体系物料流量作交互作用图（图 7-1），由图可以看出，二者有交互作用。

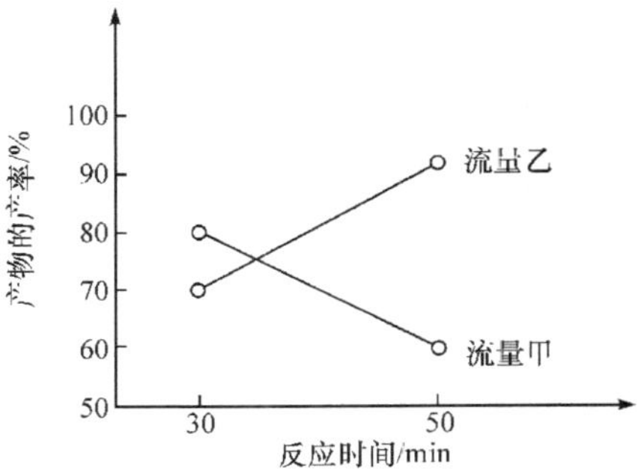

图 7-1　交互作用图

此时单独考虑 A 与 B 因素的水平都没有意义，应考虑 A 与 B 因素的水平如何搭配最好。用这种直观法判断交互作用方法简便，不需要多次测定。但是判断的精细程度不如方差分析高。下面举一个两因素有交互作用的方差分析实例。

【例 7-3】 用原子吸收分光光度法测定食品中的微量元素锌，考察了乙炔流量与空气流量对锌吸收光度的影响。所得测量结果经处理后列于表 7-8，试根据表中的数据分析乙炔流量与空气流量对锌吸光度的影响。

表 7-8 乙炔-空气流量对不同吸光度的影响

吸光度 乙炔流量/(L/min) \ 空气流量/(L/min)	6		8		10		12		$\sum$
1.2	56.3	55.2	56.7	57.2	55.5	56.5	55.0	56.0	448.4
1.6	60.4	59.0	56.8	55.8	54.4	55.0	53.1	53.6	448.1
2.0	53.8	53.2	56.1	56.5	57.5	57.1	51.2	51.0	436.4
$\sum$	337.9		339.1		336.0		319.9		

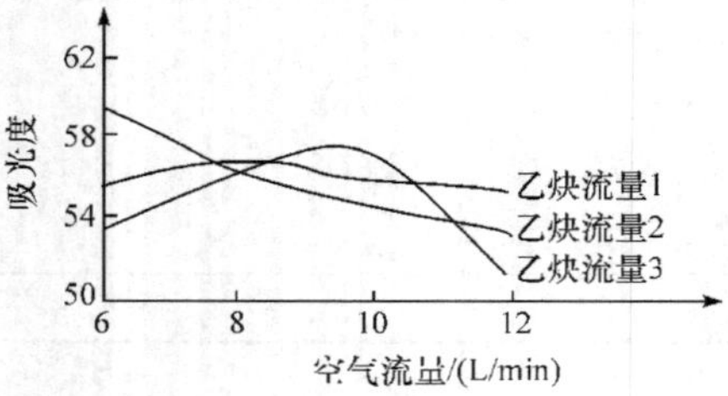

图 7-2 交互作用图

解 (1) 作直观图

将数据还原后作图，见图 7-2。

以空气流量为横坐标，吸光度为纵坐标对不同乙炔流量作图能看出 A，B 两因素有交互作用，应按有交互效应的方差分析计算。

(2) 有交互作用方差分析

按式(7-13)～式(7-17)计算 Q_T、Q_A、Q_B、Q_{AB}、Q_E。计算结果列于表 7-9，进行方差分析。

表 7-9 方差分析表

方差来源	变差平方和	自由度	方差估计	F 值	$F_{0.01}(f_1, f_2)$	显著性
乙炔流量	11.71	2	5.855	18.132	$F(2,12)=6.93$	**
空气流量	40.27	3	13.424	41.570	$F(3,12)=5.95$	**
交互效应	54.38	6	9.063	28.067	$F(6,12)=4.82$	**
实验误差	3.875	12	0.323			
总和	110.235	23				

由方差分析表知，乙炔流量与空气流量间的交互效应是高度显著的，应严格控制测定条件。

7.4.2 三因素方差分析

了解了两因素交互效应方差分析之后，我们很容易将其推广到三因素交互效应方差分析，假设有 A、B、C 三个因素分别有 a、b、c 三种水平，每种组合测定 n 次，其试验安排及变差平方和计算如表 7-10 所示。

表 7－10　三因素交叉组等重复测定次数全面试验

因素		C_1				C_2				$\cdots$	C_c			
	B_1	x_{1111}	x_{1112}	$\cdots$	x_{111n}	x_{1121}	x_{1122}	$\cdots$	x_{112n}		x_{11c1}	x_{11c2}	$\cdots$	x_{11cn}
A_1	B_2	x_{1211}	x_{1212}	$\cdots$	x_{121n}	x_{1221}	x_{1222}	$\cdots$	x_{122n}	$\cdots$	x_{12c1}	x_{12c2}	$\cdots$	x_{12cn}
	$\vdots$	$\vdots$	$\vdots$	$\ddots$	$\vdots$	$\vdots$	$\vdots$	$\ddots$	$\vdots$		$\vdots$	$\vdots$	$\ddots$	$\vdots$
	B_b	x_{1b11}	x_{1b12}	$\cdots$	x_{1b1n}	x_{1b21}	x_{1b22}	$\cdots$	x_{1b2n}		x_{1bc1}	x_{1bc2}	$\cdots$	x_{1bcn}
	B_1	x_{2111}	x_{2112}	$\cdots$	x_{211n}	x_{2121}	x_{2122}	$\cdots$	x_{212n}		x_{21c1}	x_{21c2}	$\cdots$	x_{21cn}
A_2	B_2	x_{2211}	x_{2212}	$\cdots$	x_{221n}	x_{2221}	x_{2222}	$\cdots$	x_{222n}	$\cdots$	x_{22c1}	x_{22c2}	$\cdots$	x_{22cn}
	$\vdots$	$\vdots$	$\vdots$	$\ddots$	$\vdots$	$\vdots$	$\vdots$	$\ddots$	$\vdots$		$\vdots$	$\vdots$	$\ddots$	$\vdots$
	B_b	x_{2b11}	x_{2b12}	$\cdots$	x_{2b1n}	x_{2b21}	x_{2b22}	$\cdots$	x_{2b2n}		x_{2bc1}	x_{2bc2}	$\cdots$	x_{2bcn}
$\vdots$	$\vdots$	$\vdots$				$\vdots$				$\ddots$	$\vdots$			
	B_1	x_{a111}	x_{a112}	$\cdots$	x_{a11n}	x_{a121}	x_{a122}	$\cdots$	x_{a12n}		x_{a1c1}	x_{a1c2}	$\cdots$	x_{a1cn}
A_a	B_2	x_{a211}	x_{a212}	$\cdots$	x_{a21n}	x_{a221}	x_{a222}	$\cdots$	x_{a22n}	$\cdots$	x_{a2c1}	x_{a2c2}	$\cdots$	x_{a2cn}
	$\vdots$	$\vdots$	$\vdots$	$\ddots$	$\vdots$	$\vdots$	$\vdots$	$\ddots$	$\vdots$		$\vdots$	$\vdots$	$\ddots$	$\vdots$
	B_b	x_{ab11}	x_{ab12}	$\cdots$	x_{ab1n}	x_{ab21}	x_{ab22}	$\cdots$	x_{ab2n}		x_{abc1}	x_{abc2}	$\cdots$	x_{abcn}

各项变差平方和的计算方法如下：

$$Q_{\mathrm{T}} = \sum_{i=1}^{a}\sum_{j=1}^{b}\sum_{k=1}^{c}\sum_{r=1}^{n}(x_{ijkr}-\overline{X})^2 = \sum_{i=1}^{a}\sum_{j=1}^{b}\sum_{k=1}^{c}\sum_{r=1}^{n}x_{ijkr}^2-\frac{T^2}{N}$$

$$Q_{\mathrm{A}} = bcn\sum_{i=1}^{a}(\overline{x}_i-\overline{X})^2 = \frac{1}{bcn}\sum_{i=1}^{a}T_i^2-\frac{T^2}{N}$$

$$Q_{\mathrm{B}} = acn\sum_{j=1}^{b}(\overline{x}_j-\overline{X})^2 = \frac{1}{acn}\sum_{j=1}^{b}T_j^2-\frac{T^2}{N}$$

$$Q_{\mathrm{C}} = abn\sum_{k=1}^{c}(\overline{x}_k-\overline{X})^2 = \frac{1}{abn}\sum_{k=1}^{c}T_k^2-\frac{T^2}{N}$$

$$Q_{\mathrm{AB}} = cn\sum_{i=1}^{a}\sum_{j=1}^{b}(\overline{x}_{ij}-\overline{x}_i-\overline{x}_j+\overline{X})^2 = \frac{1}{cn}\sum_{i=1}^{a}\sum_{j=1}^{b}T_{ij}^2-\frac{1}{bcn}\sum_{i=1}^{a}T_i^2-\frac{1}{acn}\sum_{j=1}^{b}T_j^2+\frac{T^2}{N}$$

$$Q_{\mathrm{AC}} = bn\sum_{i=1}^{a}\sum_{k=1}^{c}(\overline{x}_{ik}-\overline{x}_i-\overline{x}_k+\overline{X})^2 = \frac{1}{bn}\sum_{i=1}^{a}\sum_{k=1}^{c}T_{ik}^2-\frac{1}{bcn}\sum_{i=1}^{a}T_i^2-\frac{1}{abn}\sum_{k=1}^{c}T_k^2+\frac{T^2}{N}$$

$$Q_{\mathrm{BC}} = an\sum_{j=1}^{b}\sum_{k=1}^{c}(\overline{x}_{jk}-\overline{x}_j-\overline{x}_k+\overline{X})^2 = \frac{1}{an}\sum_{j=1}^{b}\sum_{k=1}^{c}T_{jk}^2-\frac{1}{acn}\sum_{j=1}^{b}T_j^2-\frac{1}{abn}\sum_{k=1}^{c}T_k^2+\frac{T^2}{N}$$

$$Q_{ABC}=\sum_{i=1}^{a}\sum_{j=1}^{b}\sum_{k=1}^{c}(x_{ijk}-\overline{x}_{ij}-\overline{x}_{ik}-\overline{x}_{jk}+\overline{x}_i+\overline{x}_j+\overline{x}_k-\overline{X})^2$$

$$=\frac{1}{n}\sum_{i=1}^{a}\sum_{j=1}^{b}\sum_{k=1}^{c}T_{ijk}^2-\frac{1}{cn}\sum_{i=1}^{a}\sum_{j=1}^{b}T_{ij}^2-\frac{1}{bn}\sum_{i=1}^{a}\sum_{k=1}^{c}T_{ik}^2-\frac{1}{an}\sum_{j=1}^{b}\sum_{k=1}^{c}T_{jk}^2$$

$$+\frac{1}{bcn}\sum_{i=1}^{a}T_i^2+\frac{1}{acn}\sum_{j=1}^{b}T_j^2+\frac{1}{abn}\sum_{k=1}^{c}T_k^2-\frac{T^2}{N}$$

$$Q_E=\sum_{i=1}^{a}\sum_{j=1}^{b}\sum_{k=1}^{c}\sum_{r=1}^{n}(x_{ijkr}-\overline{x}_{ijk})^2=\sum_{i=1}^{a}\sum_{j=1}^{b}\sum_{k=1}^{c}\sum_{r=1}^{n}x_{ijkr}^2-\frac{1}{n}\sum_{i=1}^{a}\sum_{j=1}^{b}\sum_{k=1}^{c}T_{ijk}^2$$

上述各项变差平方和的自由度分别为

$$f_T=abcn-1,\quad f_A=a-1,\quad f_B=b-1,\quad f_C=c-1$$

$$f_{AB}=(a-1)(b-1),\quad f_{AC}=(a-1)(c-1),\quad f_{BC}=(b-1)(c-1)$$

$$f_{ABC}=(a-1)(b-1)(c-1)$$

式中:n 为测定次数。

三因素等重复试验方差分析显著性检验的顺序是:先检验两因素间交互效应,如果不显著,并入误差效应中。最后检验各因素的主效应。

7.4.3 C语言实现两因素方差分析

1) 程序框图

两因素方差分析程序框图见图 7-3。

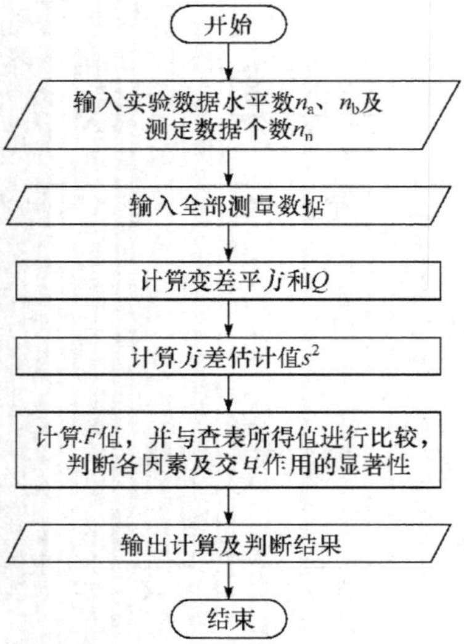

图 7-3 两因素方差分析程序图

2) 程序功能

该程序能够对 n 对实验数据进行求和、离差平方和运算;进行 F 检验、多因素方差分析等数据处理。

3) 程序参数

na:因素 A 水平数。

nb:因素 B 水平数。

nn:测定数据个数。

data:原始测定数据。

4) 程序清单

VC++环境下建立新文件,输入程序清单,编辑程序。

```
//        两因素方差分析
# include <stdio.h>
# include <malloc.h>
```

```
void main()
{
    int i,j,k,na,nb,nn,nd,n0,Dt,Da,Db,Dc,De;
    double * data, * suma, * sumb,Fa,Fb,Fc,Fa0,Fb0,Fc0;
    double sumt1=0,sumt2=0,sum0,suma0=0,sumb0=0,sumc0=0;
    double Qt,Qa,Qb,Qc,Qe,St,Sa,Sb,Sc,Se,T;
    printf("输入因素 A 水平数 Na:");     scanf("%d",&na);
    printf("输入因素 B 水平数 Nb:");     scanf("%d",&nb);
    printf("输入测定数据个数 Nn:");      scanf("%d",&nn);
    n0=na * nb * nn;  Da=na-1;  Db=nb-1;  Dt=n0-1;
    Dc=(na-1) * (nb-1);  De=na * nb * (nn-1);
    data=(double * )malloc((n0) * sizeof(double));
    suma=(double * )malloc((nb) * sizeof(double));
    sumb=(double * )malloc((na) * sizeof(double));
    for (i=0;i<na;i++)    sumb[i]=0;
    for (j=0;j<nb;j++)    suma[j]=0;
    for (i=0;i<na;i++)
    {
        for (j=0;j<nb;j++)
        {
            sum0=0;
            for (k=0;k<nn;k++)
            {
                nd=i * nb * nn+j * nn+k;
                printf("输入数据[%d][%d][%d]:",i,j,k);
                scanf("%lf",&data[nd]);
                sum0+=data[nd];
                sumt1+=data[nd];    sumt2+=data[nd] * data[nd];
                suma[j]+=data[nd];  sumb[i]+=data[nd];
            }
            sumc0+=sum0 * sum0;
        }
    }
    for (i=0;i<na;i++) suma0+=sumb[i] * sumb[i];
    for (j=0;j<nb;j++) sumb0+=suma[j] * suma[j];
    T=sumt1 * sumt1/n0; Qt=sumt2-T;
    Qe=sumt2-sumc0/nn; Se=Qe/De;
    Qa=suma0/(nb * nn)-T; Sa=Qa/Da; Fa=Sa/Se;
```

```
    Qb=sumb0/(na * nn)-T; Sb=Qb/Db; Fb=Sb/Se;
    Qc=sumc0/nn-Qa-Qb-T; Sc=Qc/Dc; Fc=Sc/Se;
    printf("Qt=%f\tFt=%d\n",Qt,Dt);
    printf("Qa=%f\tFa=%d\tSa=%f\tFa=%f\n",Qa,Da,Sa,Fa);
    printf("Qb=%f\tFb=%d\tSb=%f\tFb=%f\n",Qb,Db,Sb,Fb);
    printf("Qc=%f\tFc=%d\tSc=%f\tFc=%f\n",Qc,Dc,Sc,Fc);
    printf("Qe=%f\tFe=%d\tSe=%f\n",Qe,De,Se);
    printf("输入 Fa:");scanf("%lf",&Fa0);
    (Fa>Fa0)? printf("因素 A 显著"):printf("因素 A 不显著");
    printf("输入 Fb:");scanf("%lf",&Fb0);
    (Fb>Fb0)? printf("因素 B 显著"):printf("因素 B 不显著");
    printf("输入 Fc:");scanf("%lf",&Fc0);
    (Fc>Fc0)? printf("交互性显著"):printf("交互性不显著");
}
```

5）运行结果

检查程序没有错误，用例 7－3 中的数据运行两因素方差分析程序程序，屏幕显示运行结果。

```
Qt=110.236250     Ft=23
Qa=11.707500      Fa=2      Sa=5.853750      Fa=18.127742
Qb=40.271250      Fb=3      Sb=13.423750     Fb=41.570323
Qc=54.382500      Fc=6      Sc=9.063750      Fc=28.068387
Qe=3.875000       Fe=12     Se=0.322917
输入 Fa: 6.93 因素 A 显著
输入 Fb: 5.95 因素 B 显著
输入 Fc: 4.82 交互性显著
```

7.4.4 VB 实现两因素方差分析

1）属性设置

进入 VB 界面后，按照表 7－11 设置 VB 程序属性。

表 7－11 两因素方差分析 VB 程序属性设置

对　象	属　性	属性值	说　明
Form1	Caption	两因素方差分析	窗体的标题
Command1	Caption	运行	按钮的标题
Pic1	BackColor	白色	图片框的背景色

2）程序列表

程序中 na、nb、nn 和 data 的含义与 C 语言程序的相同。在 VB 界面下建立程序新文件，输入程序并编辑。

```
Private Sub Command1_Click()

Pic1.Cls
Dim xa#(), xb#(), y#()
Dim Qe#, Qa#, Qb#, Qc#, Qt#
Dim Se#, Sa#, Sb#, Sc#, St#
na=Val(InputBox("输入因素 A 水平数", "请输入", 0))
nb=Val(InputBox("输入因素 B 水平数", "请输入", 0))
nn=Val(InputBox("输入测定数据个数", "请输入", 0))
n0=na * nb * nn: Da=na-1: Db=nb-1: Dt=n0-1:
Dc=(na-1) * (nb-1): De=na * nb * (nn-1):
ReDim Data#(n0), suma#(nb), sumb#(na)
Pic1.Height=8 * 195
Form1.Height=Pic1.Height+1250
For i=0 To na-1
    For j=0 To nb-1
        sum0=0
        For k=0 To nn-1
            nd=i * nb * nn+j * nn+k
            Data(nd)=Val(InputBox("输入数据" & i & j & k, "请输入", 0))
            sum0=sum0+Data(nd)
            sumt1=sumt1+Data(nd): sumt2=sumt2+Data(nd) ^ 2
            suma(j)=suma(j)+Data(nd): sumb(i)=sumb(i)+Data(nd)
        Next k
        sumc0=sumc0+sum0 ^ 2
    Next j
Next i
For i=0 To na-1: suma0=suma0+sumb(i) ^ 2: Next i
For j=0 To nb-1: sumb0=sumb0+suma(j) ^ 2: Next j
T=sumt1 ^ 2 / n0: Qt=sumt2-T
Qe=sumt2-sumc0 / nn: Se=Qe / De
Qa=suma0 / (nb * nn)-T: Sa=Qa / Da: Fa=Sa / Se
Qb=sumb0 / (na * nn)-T: Sb=Qb / Db: Fb=Sb / Se
Qc=sumc0 / nn-Qa-Qb-T: Sc=Qc / Dc: Fc=Sc / Se
Pic1.Print "Qt="; Format(Qt, "#.###"), "ft="; Dt
```

```
Pic1.Print "Qa="; Format(Qa, "#.###"), "fa="; Da,
Pic1.Print "Sa="; Format(Sa, "#.###"), "Fa="; Format(Fa, "#.###")
Pic1.Print "Qb="; Format(Qb, "#.###"), "fb="; Db,
Pic1.Print "Sb="; Format(Sb, "#.###"), "Fb="; Format(Fb, "#.###")
Pic1.Print "Qc="; Format(Qc, "#.###"), "fc="; Dc,
Pic1.Print "Sc="; Format(Sc, "#.###"), "Fc="; Format(Fc, "#.###")
Pic1.Print "Qe="; Format(Qe, "#.###"), "fe="; De, "Se="; Format(Se, "#.###")
Fa=Val(InputBox("输入 Fa", "请输入", 0))
Fb=Val(InputBox("输入 Fb", "请输入", 0))
Fc=Val(InputBox("输入 Fab", "请输入", 0))
If (Fa>Fa0) Then Pic1.Print "因素 A 显著" Else: Pic1.Print "因素 A 不显著"
If (Fb>Fb0) Then Pic1.Print "因素 B 显著" Else: Pic1.Print "因素 B 不显著"
If (Fc>Fc0) Then Pic1.Print "交互性显著" Else: Pic1.Print "交互性不显著"
End Sub
```

3）运行结果

检查程序没有错误，点击图 7-4 中“运行”按钮，用例 7-3 中的数据运行程序。可以显示图 7-4 的运行结果。

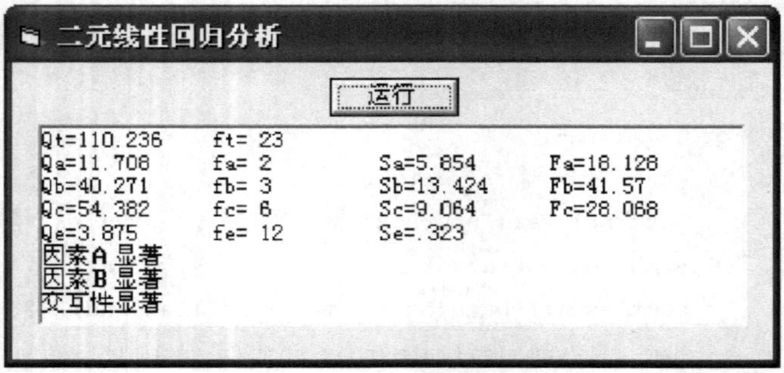

图 7-4　两因素方差分析结果

参 考 文 献

邓勃. 1995. 分析测试数据的统计处理方法. 北京：化学工业出版社

张巨洪，刘祖照，朱军. 1981. QBASIC 语言程序库. 北京：清华大学出版社

郑用熙. 1991. 分析化学中的数理统计方法. 北京：科学出版社

周兆麟. 1985. 数理统计. 北京：中国统计出版社

习　　题

1. 总结方差分析的特点。

2. 为了考虑溶液 pH 和某络合物剂的浓度对显色反应的影响，实验安排如下表：

络合剂浓度 \ A pH	1	2	3	4
B_1(0.4mol/L)	0.35	0.26	0.20	0.14
B_2(0.8mol/L)	0.23	0 20	0.15	0.08
B_3(1.0mol/L)	0.20	0.19	0.12	0.03

对于这样一组实验，进行方差分析并作因素与指标关系图。

3. 试述用直观作图法和方差分析法评价试验中各因素交互作用的影响时，这两种方法的优劣。

4. 编程处理题 2 中的数据，并用计算机进行方差分析。要求最后打印出显色条件实验方差分析表，给出最终分析结果。

5. 为确定一种特殊类型的蓄电池的最大输出电压是否与所用极板材料和环境的温度有关，对三种极板材料和三个使用温度进行双因素交叉分组试验，每种试验重复 4 次：

(1) 试推断三类电极材料和三个使用环境温度对该蓄电池输出电压的影响是否存在显著性差异。

(2) 把两因素每一水平组合产生的平均输出电压对温度作图，检验该体系是否存在交互作用。

材料 \ 温度/℃	50			65			80		
1	130	74	534	34	40	229	20	70	230
	150	180		80	75		82	58	
2	150	188	623	136	122	479	25	70	198
	159	126		106	115		58	45	
3	138	110	576	174	120	583	96	104	342
	168	160		150	139		82	60	
$\sum\sum x_{ik}$	1738			1291			770		

6. 均匀性是对标准物质的基本要求之一。为了检验标准物质的均匀性，从制备的一批标准物质中随机抽取 24 个样品，用 ICP-AES 法测定标准物质中不易均匀的元素钼，每个样品平行测定 3 次，测得的结果列于下表，试对该批标准物质的均匀性做出评价。

样品号	1	2	3	4	5	6	7	8	9	10	11	12
Mo 含量	−0.7	−2.2	0.1	1.7	0.1	−2.2	0.1	0.9	0.9	−1.5	0.7	−2.2
	−0.8	−0.8	−0.8	0.3	0.3	−0.8	−0.8	−2.0	0.3	0.3	1.6	0.3
	−0.1	0.9	0.9	−0.1	0.9	0.9	−1.2	−0.1	−0.1	−0.1	−1.2	−1.2
$\sum$	−1.6	−2.1	0.2	1.9	1.3	−2.1	−1.9	−1.2	1.1	−1.3	1.1	−3.1

注：表中的数据是原始数据减 32 变换后的数据。

第8章　实验设计与优化

8.1　概　　述

在新工艺、新方法的研究中，实验者希望从尽量少的实验数据中最大限度地提取有用信息，就必须进行实验设计与优化。如，一个化工合成反应，涉及原料选择、工艺参数选择、产品质量优选；分析化学中的新方法制定，要选择反应条件、反应介质等。对实验进行精心的设计，这样才可以达到节约能源、人力、物力、时间，降低成本等目的。

所谓实验设计，是指以概率论与数理统计学为理论基础，为获得可靠的实验结果和有用信息，科学地安排实验的一种方法。换言之，实验设计是研究如何合理安排实验，以及实验后的数据如何分析、评价和检验的方法。

在实验中用来衡量实验效果的物理量，称为实验指标。它可以是单一指标(包括综合评价指标)，也可以是多个指标。因此可分为单指标实验设计和多指标实验设计。若按指标性质分类又可分为定性指标和定量指标。定性指标是指不能直接用数值精确表达的指标，如水质的恶臭程度、油漆的亮度等，而定量指标是指能用确定数值精确表达的指标，如吸光度值、谱线强度、峰高、产率等。实验设计的目的是使实验指标取得最优，要求指标具有可比性，因此在实验设计中通常总是将实验定性指标定量化处理后用数值表示。

影响实验指标的要素或原因称为因素，也称为因子。因素所处的状态称为水平。在实验中某种因素有几个状态就称有几个水平，如反应酸度的影响，酸度或pH就是因素，pH＝1、pH＝3等为pH因素的水平。所选因素的水平发生变化时，一般会引起指标的变化，否则就认为该因素对指标没有影响，应从实验中删去。有时所考察的因素在实验中有相互影响，即一因素水平的高低对另一因素水平指标的贡献有影响，则称这两个因素之间存在交互效应。根据影响指标的因素多少，实验设计可分为单因素实验设计和多因素实验设计。

按照实验安排方式来分类，实验设计方法有同时实验和序贯实验。所谓同时实验，是指在多次实验中，先做或后做哪一次实验不会影响实验效果和进程。所有实验做完以后综合分析得到的实验结果，以获得最优化实验条件。而序贯实验设计则是每进行一次实验或少数 n 次实验后，先分析已取得的实验结果，再根据这些结果规划下一个实验，其实验次序是不能改变的。目前应用广泛的正交实验设计、析因设计和均匀设计方法都属于同时实验法，而单纯形优化和单因素轮换法则是序贯实验的典型代表。

尽管在同时实验中实验的先后顺序对实验设计的研究没有影响，但也不能总是按一个顺序安排实验，如考察一个反应条件，不能总是先酸度、后温度、再浓度，这样容易产生系统误差。而将欲考察的因素混杂在一起，随机化安排实验，可将系统误差化为随机误差。随机安排实验有两种方法：一种是抽签的方法决定实验的先后顺序；另一种方法是利用随机表安排实验的先后顺序。对于 $L_9(3^4)$ 的正交实验共有 9 次实验，可以从随机数字表上任何一行的任何一列连续往下读取 9 个数，如果遇到相同的数字则跳过后继续往下读。得到的实验序列如表 8－1 所示。

表 8－1 随机安排实验顺序表

随机化数字	8	0	5	7	2	3	9	4	1
实 验 号	8	1	6	7	3	4	9	5	2
实验顺序	1	2	3	4	5	6	7	8	9

重复实验是实验设计中必不可少的。重复实验的目的是估计实验误差，提高实验的精度。因为只有在同样条件下，通过重复实验才能估计出实验误差，进而估计出因素间的交互作用。

在化学实验设计中常用的实验设计方法是析因实验设计、正交实验设计、均匀实验设计、单纯型实验设计等。本章中主要介绍均匀实验设计和正交实验设计。

8.2 正交实验设计

8.2.1 正交实验设计特点

正交实验设计是用正交表安排多因素实验的方法。它可以用最少的实验次数最大限度地获取有关各因素对指标取值影响及各因素之间由于相互作用而引起指标变化的信息，在实践中已获得了广泛的应用。

用正交表安排实验，有着许多优点。现以研究 A、B、C 三因素水平的实验为例，与全面实验法和单因素轮换法比较。对于 A、B、C 三因素三水平的实验体系，全面实验法将各因素、水平全部搭配一遍：

$$
\begin{array}{ccc}
A_1B_1C_1 & A_1B_1C_2 & A_1B_1C_3 \\
A_1B_2C_1 & A_1B_2C_2 & A_1B_2C_3 \\
A_1B_3C_1 & A_1B_3C_2 & A_1B_3C_3 \\
\cdots\cdots & \cdots\cdots & \cdots\cdots \\
A_3B_3C_1 & A_3B_3C_2 & A_3B_3C_3
\end{array}
$$

从中必能得到一个最佳组合条件，但是需要 27 次实验来完成。

单因素轮换法安排实验，是将其他因素固定在某一水平，每次只改变欲研究因素的水平，如果研究 A 因素，先将 B、C 两个因素固定，假如先固定在 B_1、C_1 水平，则实验安排为 $A_1B_1C_1$、$A_2B_1C_1$、$A_3B_1C_1$。若将实验结果比较以后认为 $A_3B_1C_1$ 时最好，则因素 A 的水平定为 A_3。将其固定，在 A_3C_1 条件下考察因素 B 的各水平，实验安排为 $A_3B_1C_1$、$A_3B_2C_1$、$A_3B_3C_1$。比较实验结果发现 $A_3B_2C_1$ 较好，则因素 B 的水平固定在 B_2。在较好的因素水平 A_3B_2 条件下，考察因素 C 的效应，实验安排为 $A_3B_2C_1$、$A_3B_2C_2$、$A_3B_2C_3$，如果发现 $A_3B_2C_3$ 较好，则最佳分析条件为 $A_3B_2C_3$。安排 9 次实验便可完成条件选择。

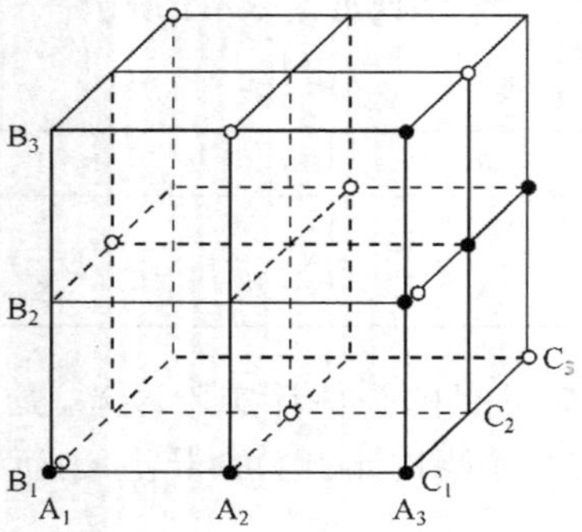

图 8-1　三种实验安排方式实验点分布

●—单因素轮换法实验点

○—正交实验法实验点

各交叉点为全面实验点

由图 8-1 可以看出，用单因素轮换法安排实验不能全面反映因素的影响，而且不能考察因素间的交互作用。所以，用单因素轮换法得到的最佳分析条件或工艺条件不一定是全面实验中最佳分析条件。

若用正交表安排实验，在不考虑因素间交互效应的情况下，可选用 $L_9(3^4)$ 正交表，实验的具体安排如表 8-2 所示。这也是 9 次实验，但是实验点不同。由图 8-1 的实验点看出，每个面上都分散有三个点，且分散均衡，所得实验结果能反映全面情况。由正交实验所得到的实验条件应接近于全面实验的最佳条件。正交实验设计之所以叫正交，是因为它具有数学上的正交性，也即均衡分散和整齐可比性。均衡分散是指元素之间搭配均匀，实验点分布均衡；整齐可比是指只要简单地比较各因素水平的平均值便可确定因素效应。

表 8-2　$L_9(3^4)$正交实验安排表

实验号	因素 A	因素 B	因素 C	因素 D
1	A_1	B_1	C_1	D_1
2	A_1	B_2	C_2	D_2
3	A_1	B_3	C_3	D_3
4	A_2	B_1	C_2	D_3
5	A_2	B_2	C_3	D_1
6	A_2	B_3	C_1	D_2
7	A_3	B_1	C_3	D_2
8	A_3	B_2	C_1	D_3
9	A_3	B_3	C_2	D_1

8.2.2　正交表

正交表是一种规格化表，它是利用"均衡分散"和"整齐可比"的两条正交性原理制成，具有两个基本性质：

(1) 任意一列中各水平出现的次数相同；

(2) 任意两列所构成的水平对中，每个水平出现的次数相同。

各因素水平相同时，$t_1=t_2=\cdots=t_q$，则可将正交表简记为 $L_n(t^q)$。这里 L 为正交符号；n 为正交表行数(实验次数)；t 为因素水平数；q 为正交表的列数，代表了可安排因素的数目。

对于水平相同的正交表，若满足

$$n = 1 + \sum_{i=1}^{q}(t_i - 1) \tag{8-1}$$

则称该正交表为饱和正交表。常用的 $L_4(2^3)$、$L_8(2^7)$、$L_{27}(3^{13})$、$L_{16}(4^5)$ 等都是饱和正交表。当各因素水平不相等时，$t_1\neq t_2\neq\cdots\neq t_q$，则可以将正交表简记为 $L_n(t_1^{q1},t_2^{q2})$，称该正交表为水平数不等的正交表或混合型正交表。如 $L_8(4\times 2^4)$、$L_{16}(4^2\times 2^9)$、$L_{16}(4^3\times 2^6)$ 等都是混合型正交表，其符号的意义与饱和正交表相同。

有的正交表的下方标出"任意两列间交互作用出现于另一列"，意思是用此正交表可以表示出因素的交互效应。如正交表 $L_4(2^3)$(附表 7)的第一、二列的交互作用在第三列，第二、三列的交互作用在第一列。因素间交互作用是利用正常交互设计表中的列来实现的。对于正交表 $L_8(2^7)$，如表 8-3(a)所示。

表 8-3(a)　$L_8(2^7)$正交表

实验号＼列号	1	2	3	4	5	6	7
1	1	1	1	1	1	1	1
2	1	1	1	2	2	2	2
3	1	2	2	1	1	2	2
4	1	2	2	2	2	1	1
5	2	1	2	1	2	1	2
6	2	1	2	2	1	2	1
7	2	2	1	1	2	2	1
8	2	2	1	2	1	1	2

它的两列间交互作用表见表 8-3(b)所示。

表 8-3(b)　$L_8(2^7)$两列间交互作用表

列号	1	2	3	4	5	6	7
	(1)	3	2	5	4	7	6
		(2)	1	6	7	4	5
			(3)	7	6	5	4
				(4)	1	2	3
					(5)	3	2
						(6)	1
							(7)

表 8-3(b)给出任意两列的交互效应列。要查第 i 列与第 j 列的交互效应列，先在表中查到第 i 列号，向下移动找到带括号的数码(i)，由这个列号横向移动找到了 j 列，再由 j 列往下移动，找到带括号的数码(k)，即为交互效应列 k，如第 1 列与第 2 列交互作用为第 3 列，同理，第 2 列与第 4 列交互作用列在第 6 列。第 4 列与第 7 列的交互作用在第 3 列。

使用表 8-3(b)时要注意，已经是交互作用的列再不能考虑与其他列的交互作用。例如，考虑第 5 列与第 7 列的交互作用就没有意义。

根据两列间交互作用表，可以设计出具有交互作用列的正交表表头[表 8-3(c)]。

表 8-3(c)　$L_8(2^7)$表头设计

因素＼列	1	2	3	4	5	6	7
三因素	A	B	A×B	C	A×C	B×C	
四因素	A	B	A×B C×D	C	A×C B×D	B×C A×D	D

由 $L_8(2^7)$表头设计可以清楚地看出交互作用列的位置，便于正交实验结果的分析。由此看出交互作用不是具体因素，不需要在实验中具体安排。只是在处理数据时，按这一列的分布统计数据，确定交互作用大小。

选用正交表的原则：选用的正交表要能容纳所研究的因素数和水平数，如四因素三水平，如果有交互作用可以选用 $L_{27}(3^{13})$，主要不要将因素的主效应安排在交互效应列，以免影响判断。可用正交表中未安排因素的列来估计实验误差，但是注意不用交互效应列。为了减少实验工作量，可将实验性质相近的因素组合，作为一种因素安排在正交表中。

8.2.3　正交实验结果分析

1. 直观分析

直观分析法又称极差法。极差的大小反映了各因素的影响大小。极差法是先计算每一水平下实验指标值的总和与平均值，然后直接从每个因素的最大平均值与最小平均值之差（极差）的大小来判断因素的重要性。极差 R_j 越大，表明 j 因素的影响越大，是主要因素；极差小，说明该因素的影响小，为次要因素。对于某一因素中不同水平的作用，则从其实验指标的平均值大小去判断（参见例 8－1）。也可以将指标平均值对因素水平作图，从二者关系曲线上分析实验指标随因素水平变化的趋势。

2. 方差分析法

方差分析法的基础是总变差平方和可以分解为各因素效应的变差平方和与误差效应平方和。正交表将这种变差平方和分解，并固定在正交表上的每一列。安排了因素的列，其变差平方和代表了因素效应的大小；没安排因素的列，其变差平方和可以用来估计实验误差。与极差法相比，方差分析能更精确地判断因素效应，估计实验误差。但是计算过程繁琐，因此实际应用中用极差法较多。

【例 8－1】　为了改进塑料韧性，考察了增韧剂种类、混炼时间和增韧剂用量对塑料韧性（弯曲强度）的影响，各因素取的水平如表 8－4 所示，用正交表 $L_8(4\times2^4)$ 安排实验，实验方案与测定结果见表 8－5，试分析各因素对塑料韧性的影响。

表 8－4　因素水平表

水平	增韧剂种类	混炼时间/h	增韧剂用量/%
1	A	2	1.5
2	B	3	2.0
3	C		
4	D		

表 8－5　$L_8(4\times2^4)$实验设计方案及数据分析计算

实验号	增韧剂种类	混炼时间/h	3	增韧剂用量	5	弯曲强度/10^5 MPa
1	1	1	1	1	1	5.10
2	1	2	2	2	2	6.10

续表

实验号	增韧剂种类	混炼时间/h	3	增韧剂用量	5	弯曲强度/10^5 MPa
3	2	1	1	2	2	5.50
4	2	2	2	1	1	4.50
5	3	1	2	1	2	6.20
6	3	2	1	2	1	6.00
7	4	1	2	2	1	5.70
8	4	2	1	1	2	4.90
T_1	11.20	22.50	21.50	20.70	21.30	
T_2	10.00	21.50	22.50	23.30	22.70	
T_3	12.20					
T_4	10.60					
K_1	5.60	5.625	5.375	5.175	5.325	
K_2	5.00	5.375	5.625	5.825	5.675	
K_3	6.10					
K_4	5.30					
R	1.10	0.25	0.25	0.65	0.35	
R'	0.700	0.355	0.355	0.923	0.497	

解　当因素水平数相同时，因素效应的大小完全由极差 R 决定，可直接由极差的大小来判断各因素效应的大小。当因素水平数不相同时，水平数多的因素其极差要大，因此，对极差要进行修正，用修正极差 R' 的大小来判断各因素效应的大小。修正极差 R' 与极差 R 的关系为

$$R' = dR\sqrt{n}$$

式中：n 为每一水平实验的重复次数；d 为修正系数，其值与水平数有关，可由表 8-6 中查到。修正后的极差值 R' 见表 8-5。

表 8-6　修正系数 d

水平数	2	3	4	5	6	7	8	9	10
d	0.71	0.53	0.45	0.40	0.37	0.35	0.34	0.32	0.31

由表 8-5 的实验结果看，增韧剂的用量对塑料的韧性影响最大，增韧剂种类次之，混炼时间的影响最小。弯曲强度越大，塑料的韧性就越好，由平均值 k_i 看出增韧剂用量的水平中水平 2 的弯曲强度最大，增韧剂种类中第三种增韧剂的弯曲强度最大，混炼时间中 2h 混炼时间最好。因此最佳试验条件为选第三种增韧剂，加入 2%的增韧剂，混炼 2h。

【例 8-2】 某化工产品需要提高产率，在分析原因后，认为反应温度(A)、加碱量(B)、反应时间(C)及催化剂种类(D)是造成产率不稳的主要因素，对这四个因素进行了两个水平的实验。见表 8-7(a)。根据经验，A、B、C 三个因素之间可能存在交互作用，利用正交设计找出最佳生产条件。各种实验的产量指标见表 8-7(b)。

表 8-7(a)　因素的不同水平

因　素	A	B	C	D
1	60℃	1.3g	2h	1
2	80℃	1.8g	3h	2

解　考虑有交互作用，选正交表 $L_8(2^7)$，表头设计及实验安排如表 8-7(b)所示。

表 8-7(b)　表头设计及实验安排

实验号＼列号	1	2	3	4	5	6	7	产量指标
	A	B	A×B	C	A×C	B×C	D	
1	60	1.3	1	2	1	1	1	3.10
2	60	1.3	1	3	2	2	2	3.80
3	60	1.8	2	2	1	2	2	3.50
4	60	1.8	2	3	2	1	1	2.40
5	80	1.3	2	2	2	1	2	2.82
6	80	1.3	2	3	1	2	1	2.30
7	80	1.8	1	2	2	2	1	2.60
8	80	1.8	1	3	1	1	2	3.00
T_1	12.80	12.02	12.50	12.02	11.90	11.32	10.40	
T_2	10.72	11.50	11.02	11.50	11.62	12.20	13.12	
K_{1i}	3.20	3.01	3.13	3.01	2.98	2.83	2.60	
K_{2i}	2.38	2.88	2.76	2.88	2.91	3.05	3.28	
$\|R_i\|$	0.82	0.13	0.37	0.13	0.07	0.22	0.68	

结果分析：由极差看出，因素的主次顺序依次减弱为：A→D→A×B→B×C→C=B→A×C。反应温度(A)是最主要因素。由 $K_{A_1}=3.20$，$K_{A_2}=2.38$ 看出，反应温度为 60℃时，有利于产量指标的提高。因此确定 A_1 为最佳选择条件。第二个主要影响因素是 D，由 $K_{D_1}=2.60$，$K_{D_2}=3.28$ 看出，第二种催化剂最好，有利于产量指标的提高。因此确定 D_2 为最佳选择条件。第三个影响因素是 A×B，选取 A 与 B 的水平时，只需考虑 A_1 与 B 的水平搭配下的平均产量指标值。由表 8-7(b)可以得出

$$A_1B_1:(3.10+3.80)/2=3.45$$

$$A_1B_2:(3.50+2.40)/2=2.95$$

由此可以看出，A_1B_1 条件下产量指标值较高，故加碱量 B 为水平 1。

第四个影响因素是 B×C，选取 B 与 C 的水平时，只需考虑 B_1 与 C 的水平搭配下的平均产量指标值。由表 8-7(b)可以得出

$$B_1C_1:(3.10+2.82)/2=2.96$$

$$B_1C_2:(3.80+2.30)/2=3.05$$

可见在 B_1C_2 条件下产量指标值较高，故取反应时间 C 为 3h。

所以最佳实验条件为 $A_1B_1C_2D_1$，这种组合的实验从表 8-7(b)中找不到，从现有数据看 $A_1B_1C_2D_2$ 最好，二者应再做实验比较后确定。

8.2.4　C 语言实现正交设计

用计算机实现正交设计的实验条件优化，首先根据所选因素、水平列出正交实验安排表，然后按着正设计统计过程进行方差检验或极差检验。具体过程如下：

(1) 将正交设计的实验安排表以矩阵形式输入(用水平数表示)；

(2) 按列计算每种因素水平的产量指标和；

(3) 求各因素不同水平的平均值；

(4) 求各因素不同水平平均值的极差值；

(5) 将各因素的极差按从大到小顺序排列；

(6) 找出最主要的因素。

正交设计程序框图(极差法)见图 8-2。

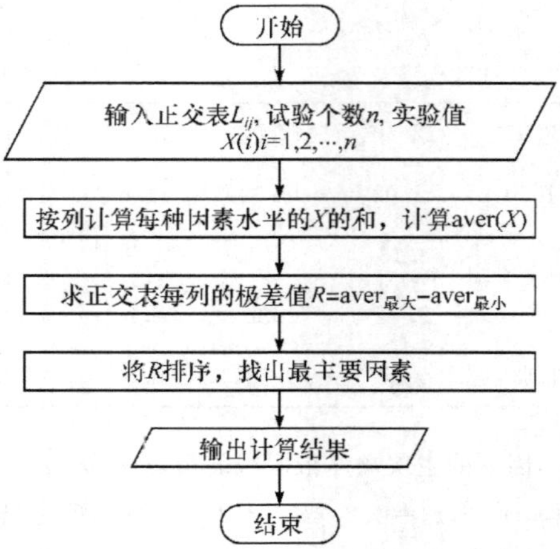

图 8-2　正交设计程序框图

8.3　均匀实验设计

8.2 节讨论的正交实验设计，是利用正交表安排实验的均衡分散性与整齐可比性，用较少的实验来获得基本上能反映全面情况的实验结果。为了保证均衡分散性和整齐可比性，实验点数不能太少。由于这一原因，当考察的因素数较多时，特别是因素水平数较多时，正交实验设计的实验次数仍然很多。如果不考虑实验数据的整齐可比性，而让实验点在实验范围内充分地均衡分散，则可以从全面实验中挑选比正交实验设计更少的实验点作为代表进行实验，这种着眼于实验点充分地均衡分散的实验方法称为均匀实验设计方法。均匀设计的突出优点是实验工作量少，特别适合于水平数较多时的实验安排。与正交设计一样，均匀实验设计也需要用正规化的表格来安排实验，此表格称为均匀设计表。

8.3.1　均匀设计表

均匀设计表是由我国数学家方开泰和王元等利用数论方法构造的。如果水平数相等，均匀设计表可以记为 $U_n(t^q)$，n 指实验次数，t 为水平数，q 为最多可安排的因素数。均匀实验设计表与正交设计表不同，不仅表中的各列的地位不平等，因素安排在表中的位置也是不能随便变动的，而是根据欲考虑的实际因素数，依照附在每一张均匀设计表后面的使用表来确定各因素所对应的列号。如用 $U_{11}(11^{10})$ 安排 2 个因素 11 水平实验，因素安排在第 1 列和第 7 列；若安排 3 个因素 11 水平实验则安排在第 1、5、7 列(附表 8)。实验安排的特点使实验数据失去了整齐可比性，但实验点均衡地分散在整个实验区域内，见图 8－3。分析各种均匀设计表后可以看出，均匀设计表 $U_n(t^q)$ 的因素水平安排很有规律，容易构造。如在表 8－8 给出的均匀设计表 $U_7(7^6)$，第 1 次 6 个因素分别以 1、2、3、4、5、6 水平开始组合实验；下一次实验各因素水平分别在前一水平基础上加 1、2、3、4、5、6，并以 7 进制进位取余数，余数为 0 时，水平数取 7，而且表中相同的列号和行号中的行列规律是相同的，如第 6 列为 6、5、4、3、2、1，第 6 行也是 6、5、4、3、2、1，可见其均匀性。

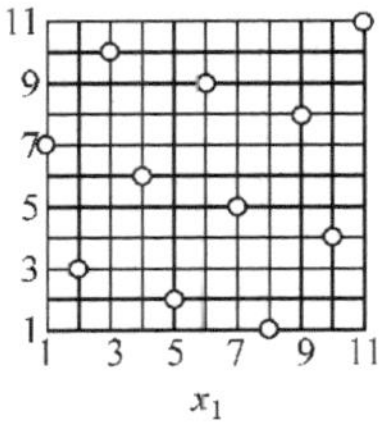

图 8－3　两因素 11 水平实验的实验点分布

表 8-8　$U_7(7^6)$均匀设计表

实验号	第1列	第2列	第3列	第4列	第5列	第6列
1	1	2	3	4	5	6
2	2	4	6	1	3	5
3	3	6	2	5	1	4
4	4	1	5	2	6	3
5	5	3	1	6	4	2
6	6	5	4	3	2	1
7	7	7	7	7	7	7

用均匀设计表安排实验，由于实验次数少，实验精度较差，可利用实验次数较多的均匀实验设计表来重复安排因素各水平的实验。如考察5个因素的影响，每个因素取6个水平，可选用$U_{13}(13^{12})$表安排实验。根据其均匀设计表的使用表，表8-9将因素A、B、C、D、E分别安排到1、6、8、9、10列中，将表13号实验划去，并将各因素6个水平的每一个水平在均匀设计表中重复安排一次。

表 8-9　均匀设计重复水平实验的具体安排

实验号 \ 列号因素	1列	A	6列	B	8列	C	9列	D	10列	E
1	1	A_1	6	B_3	8	C_4	9	D_5	10	E_5
2	2	A_1	12	B_6	3	C_2	5	D_3	7	E_4
3	3	A_2	5	B_3	11	C_6	1	D_1	4	E_2
4	4	A_2	11	B_6	6	C_3	10	D_5	1	E_1
5	5	A_3	4	B_2	1	C_1	6	D_3	11	E_6
6	6	A_3	10	B_5	9	C_5	2	D_1	8	E_4
7	7	A_4	3	B_2	4	C_2	11	D_6	5	E_3
8	8	A_4	9	B_5	12	C_6	7	D_4	2	E_1
9	9	A_5	2	B_1	7	C_4	3	D_2	12	E_6
10	10	A_5	8	B_4	2	C_1	12	D_6	9	E_5
11	11	A_6	1	B_1	10	C_5	8	D_4	6	E_3
12	12	A_6	7	B_4	5	C_3	4	D_2	3	E_2
13	13		13		13		13		13	

8.3.2　均匀设计步骤

均匀设计的一般步骤为：

(1) 根据因素数和水平数确定均匀设计表及使用表；

(2) 设计实验方案，实施实验；

(3) 采用多元线性回归或直观法进行结果分析；

(4) 确定最佳实验条件。

均匀实验设计的结果分析可以采用直观分析法和多元线性回归分析法。直观分析法直接从测量结果中找出最佳条件。由于均匀设计表安排的因素较多，水平间隔小，研究范围宽，实验点在整个实验区域内分布均匀，实验结果具有较好的代表性。一般来说，指标取最佳值的实验点所对应的实验条件，即使不是全面实验中最佳条件，往往也接近于全面实验中最佳条件。但是均匀设计表安排实验，失去了整齐可比性，实验结果不能用方差分析，一般用多元回归分析来处理数据。

对于测量点和响应值之间关系以及因素间的交互作用，一般最多用两次多项式建立回归方程：

$$y = b_0 + \sum_{i=1}^{m} b_i x_i + \sum_{i=1}^{m}\sum_{j=1}^{m} b_{ij} x_i x_j \tag{8-2}$$

式中：m 为因素个数；$x_i x_j\,(i \neq j)$ 反映了两因素间的交互作用，当 $i=j$ 时，则反映了该因素二次项的影响。若不考虑因素间的交互作用，可以建立如下回归方程：

$$y = b_0 + \sum_{i=1}^{m} b_i x_i + \sum_{i=1}^{m} b_{m+i} x_i^2 \tag{8-3}$$

例如，对于三元回归方程可写成

$$y = b_0 + b_1 x_1 + b_2 x_2 + b_3 x_3 + b_4 x_1^2 + b_5 x_2^2 + b_6 x_3^2$$

如有 n 个测量点，上式可以写成

$$b_0 = \frac{1}{n}\left(\sum y - b_1 \sum x_1 - b_2 \sum x_2 - b_3 \sum x_3 - b_4 \sum x_1^2 - b_5 \sum x_2^2 - b_6 \sum x_3^2\right) \tag{8-4}$$

b_i 可由多元线性回归正规方程组

$$\left.\begin{aligned} l_{11} b_1 + l_{12} b_2 + \cdots + l_{1m} b_m &= l_{1y} \\ l_{21} b_1 + l_{22} b_2 + \cdots + l_{2m} b_m &= l_{2y} \\ &\cdots\cdots \\ l_{m1} b_1 + l_{m2} b_2 + \cdots + l_{mm} b_m &= l_{my} \end{aligned}\right\} \tag{8-5}$$

解出。利用正规方程组中的系数项 l_{yy}、l_{ij} 求出变差平方和 Q_T、Q_G、Q_E，再用方差分析判断其回归方程是否有效。其中 b_i 表示在其他因素不变的情况下，x_i 变化一个单位引起 y 值变化的大小，其绝对值越大，表示该因素对 y 值的影响越大。由于因素所用单位不同，不能直接比较，必须将 b_i 值进行标准化处理，才能比较各因素影响的相对大小。标准回归系数 b_i' 计算如下：

$$b_i'=b_i(l_{ii}/l_{yy})^{1/2} \tag{8-6}$$

【例 8－3】 用均匀设计表 $U_{13}(13^{12})$安排实验，研究灰化温度 T_C、灰化时间 t_C、原子化温度 T_a、原子化时间 t_a 对石墨炉原子吸收分光光度法测定钯吸光度 y 的影响。根据均匀设计表 $U_{13}(13^{12})$，实验安排在第 1、6、8、10 列。实验的具体安排和结果列于表 8－10。试由表中的数据对所研究的各因素的影响做出评价。

表 8－10 实验安排和结果

实验号	1 列	T_C/℃	6 列	t_C/s	8 列	T_a/℃	10 列	t_a/s	y
1	(1)	200	(6)	26	(8)	2800	(10)	8	0.151
2	(2)	350	(12)	50	(3)	2600	(7)	7	0.113
3	(3)	500	(5)	26	(11)	3000	(4)	5	0.199
4	(4)	650	(11)	50	(6)	2700	(1)	4	0.116
5	(5)	800	(4)	18	(1)	2500	(11)	9	0.091
6	(6)	950	(10)	42	(9)	2900	(8)	7	0.142
7	(7)	1100	(3)	18	(4)	2600	(5)	6	0.099
8	(8)	1250	(9)	42	(12)	3000	(2)	4	0.135
9	(9)	1400	(2)	10	(7)	2800	(12)	9	0.128
10	(10)	1550	(8)	34	(2)	2500	(9)	8	0.029
11	(11)	1700	(1)	10	(10)	2900	(6)	6	0.116
12	(12)	1900	(7)	34	(5)	2700	(3)	5	0.016

解

(1) 直观分析

由测定结果可以看到，第 3 号实验获得的钯吸光度值 y 最大，测定钯的灵敏度最高。从已考察过的实验条件看，相对较好的条件为：灰化温度 500℃，灰化时间 26s，原子化温度 3000℃，原子化时间 5s。

(2) 回归分析

根据原子化机理，灰化温度和原子化温度对吸光度的影响是非线性，灰化时间、原子化时间的影响比较复杂，可用二次多项式拟合吸光度 y 与灰化温度、原子化温度、灰化时间、原子化时间的关系。在不考虑因素之间交互作用的情况下，可用回归方程

$$y=b_0+b_1x_1+b_2x_2+b_3x_3+b_4x_4+b_5x_1^2+b_6x_2^2+b_7x_3^2+b_8x_4^2 \tag{8-7}$$

来描述它们的关系，式中 x_1、x_2、x_3、x_4 分别代表灰化温度、灰化时间、原子化温度、原子化时间。

$$l_{11}=\sum_{j=1}^{n}x_{ij}^{2}-\frac{1}{n}\left(\sum_{i=1}^{n}x_{ij}\right)^{2}$$

$$=1.601\times10^{7}-\frac{1}{12}(1.235\times10^{4})^{2}$$

$$=3.302\times10^{6}$$

$$l_{12}=l_{21}=\sum_{j=1}^{n}x_{1j}x_{2j}-\frac{1}{n}\left(\sum_{j=1}^{n}x_{1j}\right)\left(\sum_{j=1}^{n}x_{2j}\right)$$

$$=3.341\times10^{5}-\frac{1}{12}(1.235\times10^{4})(3.600\times10^{2})$$

$$=-2.740\times10^{4}$$

$$l_{13}=l_{31}=\sum_{j=1}^{n}x_{1j}x_{3j}-\frac{1}{n}\left(\sum_{j=1}^{n}x_{1j}\right)\left(\sum_{j=1}^{n}x_{3j}\right)$$

$$=3.394\times10^{7}-\frac{1}{12}(1.235\times10^{4})(3.300\times10^{4})$$

$$=-1.750\times10^{4}$$

$$l_{14}=l_{41}=\sum_{j=1}^{n}x_{1j}x_{4j}-\frac{1}{n}\left(\sum_{j=1}^{n}x_{1j}\right)\left(\sum_{j=1}^{n}x_{4j}\right)$$

$$=7.930\times10^{4}-\frac{1}{12}(1.235\times10^{4})(7.800\times10)$$

$$=-9.750\times10^{2}$$

$$l_{15}=l_{51}=\sum_{j=1}^{n}x_{1j}x_{5j}-\frac{1}{n}\left(\sum_{j=1}^{n}x_{1j}\right)\left(\sum_{j=1}^{n}x_{5j}\right)$$

$$=2.334\times10^{10}-\frac{1}{12}(1.235\times10^{4})(1.601\times10^{7})$$

$$=6.865\times10^{9}$$

$$l_{16}=l_{61}=\sum_{j=1}^{n}x_{1j}x_{6j}-\frac{1}{n}\left(\sum_{j=1}^{n}x_{1j}\right)\left(\sum_{j=1}^{n}x_{6j}\right)$$

$$=1.177\times10^{7}-\frac{1}{12}(1.235\times10^{4})(1.304\times10^{4})$$

$$=-1.653\times10^{6}$$

$$l_{17}=l_{71}=\sum_{j=1}^{n}x_{1j}x_{7j}-\frac{1}{n}\left(\sum_{j=1}^{n}x_{1j}\right)\left(\sum_{j=1}^{n}x_{7j}\right)$$

$$=9.366\times10^{10}-\frac{1}{12}(1.235\times10^{4})(9.110\times10^{4})$$

$$=-9.758\times10^{7}$$

$$l_{18}=l_{81}=\sum_{j=1}^{n}x_{1j}x_{8j}-\frac{1}{n}\left(\sum_{j=1}^{n}x_{1j}\right)\left(\sum_{j=1}^{n}x_{8j}\right)$$

$$=5.451\times10^{5}-\frac{1}{12}(1.235\times10^{4})(5.420\times10^{2})$$

$$=-1.271\times 10^{7}$$

$$l_{iy}=\sum_{j=1}^{n}x_{ij}y_{j}-\frac{1}{n}\Big(\sum_{j=1}^{n}x_{ij}\Big)\Big(\sum_{j=1}^{n}y_{j}\Big)$$

$$=1.182\times 10^{3}-\frac{1}{12}(1.235\times 10^{4})\times 1.335$$

$$=-1.922\times 10^{2}$$

同样方法可以计算其他的系数 l_{ik} 与 l_{iy}，共可以计算 72 个数据。计算结果代入式(8-5)正规方程组，按第 6 章回归分析中的方法求出回归系数(表 8-11)，建立回归方程。所建立的回归方程为

$$y=3.836\times 10^{-1}+1.000\times 10^{-5}x_1-3.324\times 10^{-3}x_2-3.529\times 10^{-4}x_3+1.421\times 10^{-2}x_4 -3.854\times 10^{-8}x_1^2+4.034\times 10^{-5}x_2^2+9.852\times 10^{-8}x_3^2-1.076\times 10^{-3}x_4^2$$

表 8-11　回归系数 b_i 与标准回归系数 b_i'

1	b_0	3.836×10^{-1}	b_0'	0
x_1	b_1	1.000×10^{-5}	b_1'	0.1096
x_2	b_2	-3.324×10^{-3}	b_2'	−0.9484
x_3	b_3	-3.529×10^{-4}	b_3'	−1.259
x_4	b_4	1.421×10^{-2}	b_4'	0.5068
x_1^2	b_5	-3.584×10^{-8}	b_5'	−0.8378
x_2^2	b_6	4.034×10^{-5}	b_6'	0.7036
x_3^2	b_7	9.852×10^{-8}	b_7'	1.9331
x_4^2	b_8	-1.076×10^{-3}	b_8'	−0.5022

按式(8-6)计算标准回归系数 b_i'，计算结果列于表 8-11 中。由表中的数据可以看到，原子化温度的影响最显著，其次是灰化时间，原子化时间在所研究的时间范围内对钯吸光度的相对较小。

参考文献

邓勃. 1995. 分析测试数据的统计处理方法. 北京：清华大学出版社

刘树深，易忠胜. 1999. 基础化学计量学. 北京：科学出版社

郑用. 1991. 分析化学中的数理统计方法. 北京：科学出版社

习　　题

1. 氯乙醇胶在各种硫化下的性能(油体膨胀绝对值越小越好)需要考察补强剂(A)、防老剂(B)、硫化(C)三因子(各取三个水平)。根据专业理论和经验，交互作用可全部忽略。据此选用 $L_9(3^4)$表做 9 次实验，实验结果如下表：

实验号＼列号	1(A)	2(B)	3(C)	4	实验结果
1	1	1	1	1	−7.25
2	1	2	2	2	−5.48
3	1	3	3	3	−5.35
4	2	1	2	3	−5.40
5	2	2	3	1	−4.42
6	2	3	1	2	−5.90
7	3	1	3	2	−4.68
8	3	2	1	3	−5.90
9	3	3	2	1	−5.63

试编程进行最优生产条件的直观分析。

2. 某厂为了摸索用 400 度真空泵代替 600 度真空泵生产合格的三聚氰胺树脂，用正交试表安排了实验，适用的因素水平如下表：

水平＼因素	A 苯酐	B pH	C 丁醇加法
1	0.15	6.0	一次
2	0.12	6.5	二次

(1) 如果选用 $L_4(2^3)$正交表，试排出实验方案。

(2) 如果把三个因素依次放在 $L_4(2^3)$的第 1、2、3 列上所得结果综合评分依次为 90 分、85 分、55 分、75 分，试分析实验结果，找出好的工艺条件。

3. 某项实验中选用如下因素水平：

水平＼因素	A 温度/℃	B 时间/h	C 原料产地	D 轧程/mm
1	0.15	6.0	一次	0.30
2	0.12	6.5	二次	0.35

除要考察四个因素作用外，还要考察 A×B、A×C、B×C 的交互作用。

(1) 如果选用正交表 $L_8(2^7)$，试排出实验方案。

(2) 如果把 A、B、C、D 放在 $L_8(2^7)$表的第 1、2、4、7 列上，所得实验结果依次为 0.82、0.85、0.70、0.75、0.74、0.79、0.80、0.87。试分析实验结果(实验指标越小越好)。

4. 根据图 8-2 编一个正交设计程序验算例 8-2。

第 9 章　MATLAB 及应用

MATLAB 是一种功能十分强大、运算效率很高的数字工具软件，全称是 Matrix Laborator。起初它是一种专门用于矩阵运算的软件，经过多年发展，MATLAB 已经发展为一种以矩阵和数组为核心的功能强大的软件，几乎可以解决科学计算中的任何问题。MATLAB 除了对矩阵提供了强大的处理功能之外，还具有一种与其他高级语言相似的编程特性。同时还可以与 FORTRAN 和 C 语言混合编程，而使功能得到进一步扩展。MATLAB 在图形可视化上面提供了图形用户界面(GUI)，将数据结构、编程特性以及图形用户界面完美地结合到一起。

9.1　MATLAB 简介

在 MATLAB 环境下，用户可以集成地进行程序设计、数值计算、图形绘制、输入输出、文件管理等多项操作。与其他的计算机高级语言相比，MATLAB 有着许多非常明显的优点：

(1) 丰富的内部函数；

(2) 强大的图形和符号功能；

(3) 与其他软件和语言有良好的对接性。

掌握 MATLAB，将会给我们的学习、科研和工作带来极大的帮助。

9.1.1　MATLAB 的基本使用方法

1. MATLAB 的基本数据类型——常量和变量

1) 常量

在 MATLAB 中有一些特定的变量，它们已经被预定义了某个特定的值，因此这些变量被称为常量。常用的常量主要有 pi(π)、inf(无穷大)、eps(浮点数相对误差)、i 或 j(复数单位)等。

2) 变量

MATLAB 中的变量与 C 语言中的变量基本相同，只是不需要对所使用的变量进行事先说明，也不需要指定变量的类型。如果用户在对某个变量赋值时，该变量已经存在，系统会自动使用新值代替旧值。

2. 数学式的输入

MATLAB 的命令窗口给用户提供了一个很好的交互平台，当命令窗口处于激活状态时，会出现提示符“≫”，在提示符的右边有一个闪烁的光标，这表示 MATLAB 正处于准备状态，等待用户输入各种命令。

MATLAB 最主要的功能是数值计算，对于简单的数值计算来说，MATLAB 可以轻松地解决。下面首先介绍 MATLAB 基本数值运算符号，见表 9-1。

表 9-1 MATLAB 基本数值运算符号

符号	功能	实例
+	加法	1+2
−	减法	1−2
*	乘法	1 * 2
/或\	除法	1/2 或 2 \1
^	乘方	2^1

1）直接输入法

在命令窗口中直接输入数学表达式，按 Enter 键确认，即可得到结果。例如：

```
>> 4 * 30+ 3 * 35
ans=
    225
```

计算结果被 MATLAB 自动赋值到变量 ans，它是 answer 的简写。

2）存储变量法

```
>> a= 4 * 30
>> b= 3 * 35
>> aver= (a+b)/2
aver=
      112.5000
```

在大多数情况下，MATLAB 对空格不予处理。在表达式中遵循四则运算法则，即括号的级别最高，指数运算次之，乘除优先于加减。在有多层括号存在的前提下，从括号的最里边向外逐层扩展。

3）常用符号简单介绍

在 MATLAB 语言中，标点符号的使用相对比较灵活，不同的标点符号代表不同的运算，或是被赋予了特定的含义。表 9-2 列出了 MATLAB 中常用的标点符号，具体使用方法结合后面的学习再做讲解。

表 9-2　MATLAB 中常用的标点符号

标点符号	定　义	标点符号	定　义
；	区分行，取消运行显示等	.	小数点以及域访问等
，	区分列，函数参数分隔符等	…	连接语句
：	在数组中应用较多	‘	字符串的标识符号
()	指定运算优先级等	=	赋值符号
[]	矩阵定义的标志等	!	调用操作系统运算
{}	用于构成单元数组等	%	注释语句的标识

9.1.2　向量及其运算

向量是 MATLAB 中的一个基本单位，向量的每一个元素的运算包括向量的生成、向量的加减运算和向量的乘除运算。

1. 向量的生成

1）在命令窗口中直接输入

格式：向量元素用“[ ]”括起来，行向量元素之间用空格或逗号相隔，列向量之间用分号间隔。

```
>> a1= [1 2 3 4]
a1=
     1     2     3     4
>> a2= [1,2,3,4]
a2=
     1     2     3     4
>> a3= [1;2;3;4]
a3=
     1
     2
     3
     4
```

2）等差元素向量的生成

当向量的元素过多，同时向量各元素有等差的规律时，采用直接输入法将过于繁琐，为此 MATLAB 提供了几种简易的输入法。

（1）冒号法。基本格式为向量 Vec＝Vec0：n：VecN，其中 Vec 表示生成的向量，Vec0 表示第一个元素，n 表示步长，VecN 表示最后一个元素。

```
>> x= 0:5:20
x=
     0     5    10    15    20
```

(2) 线性等分向量函数法。基本格式为向量 Vec=linspace(Vec0,VecN,n),其中 Vec 表示生成的向量,Vec0 表示第一个元素,VecN 表示最后一个元素,n 表示生成向量元素的个数。

```
>> x= linspace(0,20,5)
x=
     0     5    10    15    20
```

与之类似的还有 logspace 等函数。

2. 向量的基本运算

1) 向量与数的四则运算

向量与数的四则运算为向量中的每个元素与数的运算(除法时向量只能作被除数)。

```
>> vec= 2:2:10
>> vec+ 5
ans=
     7     9    11    13    15
>> vec*2
ans=
     4     8    12    16    20
>> vec/2
ans=
     1     2     3     4     5
```

2) 向量与向量的四则运算

向量与向量的加减运算为向量中的每个对应元素的加减。

```
>> vec1= [1:5];
>> vec2= [6:10];
>> vec1+ vec2
ans=
     7     9    11    13    15
```

3) 向量的点积

向量的点积为一个向量的模与另外一个向量在这个向量方向上的投影的乘积,函数为 dot。

```
>> x1= [2 4 6];
>> x2= [3 5 7];
>> dot(x1,x2)
ans=
    68
```

9.1.3 矩阵及其运算

1. 矩阵的生成

1）在命令窗口中直接输入

格式:矩阵元素用“[]”括起来,行元素之间用空格或逗号相隔,行与行之间用分号间隔。

2）通过语句和函数产生矩阵

(略)

2. 矩阵的基本运算

1）矩阵与数的四则运算

先定义矩阵 martix,然后与数进行运算。

```
>> martix= [1 2 3;4 5 6;7 8 9]
martix=
      1    2    3
      4    5    6
      7    8    9
>> martix+ 100
ans=
     101    102    103
     104    105    106
     107    108    109
>> martix * 25
ans=
     25      50     75
     100    125    150
     175    200    225
>> martix/10
ans=
     0.1000    0.2000    0.3000
     0.4000    0.5000    0.6000
     0.7000    0.8000    0.9000
```

2）矩阵与矩阵的加减运算

矩阵与矩阵的加减运算为矩阵各元素之间的加减运算。运算的矩阵必须具有相同的阶数。

```
>> martix1= [1 2 3;4 5 6;7 8 9];
>> martix2= cos(martix1)
martix2=
       0.5403    - 0.4161    - 0.9900
```

```
     - 0.6536      0.2837      0.9602
       0.7539    - 0.1455    - 0.9111
>> martix1+martix2
ans=
    1.5403    1.5839    2.0100
    3.3464    5.2837    6.9602
    7.7539    7.8545    8.0889
>> martix1- martix2/2
ans=
    0.7298    2.2081    3.4950
    4.3268    4.8582    5.5199
    6.6230    8.0728    9.4556
```

3）矩阵与矩阵的乘法

矩阵与矩阵的乘法：如果 $\boldsymbol{A}$ 是一个 $m\times s$ 阶的矩阵，$\boldsymbol{B}$ 是一个 $s\times n$ 阶的矩阵，那么规定矩阵 $\boldsymbol{A}$ 与矩阵 $\boldsymbol{B}$ 的乘积是一个 $m\times n$ 阶的矩阵。只有左矩阵的列数等于右矩阵的行数，两个矩阵的乘积才有意义。

```
>> martix1= [1 2 3;4 5 6];
>> martix2= [1 2 3;4 5 6;7 8 9];
>> martix1 * martix2
ans=
    30    36    42
    66    81    96
```

4）矩阵与矩阵的除法

在 MATLAB 中，矩阵的除法有左除和右除两种，分别以符号“\”“/”表示。

一般情况下，$\boldsymbol{X}=\boldsymbol{A}\backslash\boldsymbol{B}$ 表示 $\boldsymbol{A}\times\boldsymbol{X}=\boldsymbol{B}$ 的解，而 $\boldsymbol{X}=\boldsymbol{B}/\boldsymbol{A}$ 表示 $\boldsymbol{X}\times\boldsymbol{A}=\boldsymbol{B}$ 的解。

```
>> A= [2 1 - 1;2 1 0;1 - 1 1];
>> B= [1 - 1 3;4 3 2];
>> X= B/A
X=
     - 2.0000    2.0000      1.0000
     - 2.6667    5.0000    - 0.6667
>> X * A
ans=
     1  - 1    3
     4    3    2
```

9.2　MATLAB 基本绘图

MATLAB 在绘图方面的功能非常全面，可以方便地绘制二维、三维甚至多维图形。表 9 - 3 给出了一些基本的图形操作命令。

表 9－3　基本的图形操作命令

函数名	功能描述
plot	在 x 轴和 x 轴都按线性比例绘制二维图形
plot3	在 x 轴、y 轴和 z 轴都按线性比例绘制三维图形
loglog	在 x 轴和 y 轴都按对数比例绘制二维图形
semilogx	在 x 轴按对数比例，y 轴线性比例绘制二维图形
semilogy	在 y 轴按对数比例，x 轴线性比例绘制二维图形
plotyy	绘制双 y 轴图形

下面以 plot 函数为例，介绍各种使用方法。

1）plot(y)命令

依据 **y** 的每列的标志绘制出的 **y** 的每一列。如果 **y** 为矩阵形式，则用不同的线表示各列。此命令中横坐标为默认值。

2）plot(x,y)命令

绘制向量 **y** 对向量 **x** 的图形。如果 **x** 或者 **y** 为矩阵形式，那么绘制的向量则对应于矩阵中的行或者列。

3）plot(x,y,s)命令

用来绘制不同线形、标识和颜色的图形，其中 s 为一个字符串，其意义如表9－4 所示。

表 9－4　字符串的意义

颜色符号	b	蓝色	g	绿色	r	红色	y	黄色
	w	白色	k	黑色	c	深绿色	m	紫红色
数据点形	.	点	*	星号	+	加号	x	X 符号
	d	菱形	s	方形	p	正五边形	h	六角星形
	^	上三角	v	下三角	<	左三角	>	右三角
	o	圆圈						
线形	—	实线	:	点线	—.	点划线	——	虚线

例如，plot(x,y,′c+:′)所绘制的曲线上每个数据点都由“+”号标出，点之间为点线连接，颜色为蓝绿色。

plot(x,y,′bd′)所绘制的曲线上每个数据点都由蓝色菱形标出，点之间无连线。

4）plot(x1,y1,s1,x2,y2,s2,x3,y3,s3,…)命令

可以将多个图形放在一个图形框里。例如，plot(x,y,′y-′,x,y,′go′)将 x-y 曲线在图形框里显示两次，但是所用线形和颜色不同。

9.3　MATLAB 的程序设计

MATLAB 作为一种高级计算语言，它不仅可以以人机交互式的命令行的方式工作，还可以像其他高级语言一样进行控制流的程序设计，即编制一种 M 的文件，称为 M 文件。而且由于 MATLAB 本身的一些特点，M 文件的编制同 Basic、C 等比较起来，有许多无法比拟的优点，如语言简单、可读性强、调试容易及调用方便等。M 文件有命令式文件和函数式文件两种形式。两种文件的比较见表 9－5。

表 9－5　M 文件两种形式的比较

M 文件	命令式文件	函数式文件
参数	没有输入参数，也不会返回参数	可以接受参数，也可以返回参数
数据	处理的数据即为命令区的数据	函数里面的变量为局部变量，但也可以设外部变量
应用	经常用在一连串费时的指令上	扩充 MATLAB 函数库，已经特殊的应用

9.3.1　命令式文件

这类程序包含了一连串的 MATLAB 命令，执行时依序进行；这样就解决了用户在命令窗口运行许多命令的麻烦，还可以避免用户做许多重复性的工作。

由于命令式文件(script file)的运行相当于在命令窗口(command window)中逐行输入并运行命令。因此，用户在编制此类文件时，只需把所要执行的命令按行编辑到指定的文件中，且变量不需预先定义，也不存在文件名对应问题。

【例 9－1】 编写一个绘制 $y=\sin(x)$，$x\in(-2\pi,2\pi)$ 函数曲线。

解

```
x= - 1:0.05:1;
y= sin(x * 2 * pi);
plot(x,y);
```

编写完毕后，以任意文件名存盘。然后在 MATLAB 主命令窗口中运行该文件名，得图 9－1。

编写程序时要注意：

(1) 标点符号的运用要恰到好处。

(2) 建立好的书写风格，保持程序的可读性。

(3) 不要忘记 m 为文件的扩展名，在低版本的 MATLAB，还要注意文件名不可超过 8 位，否则调用时可能会出现问题。

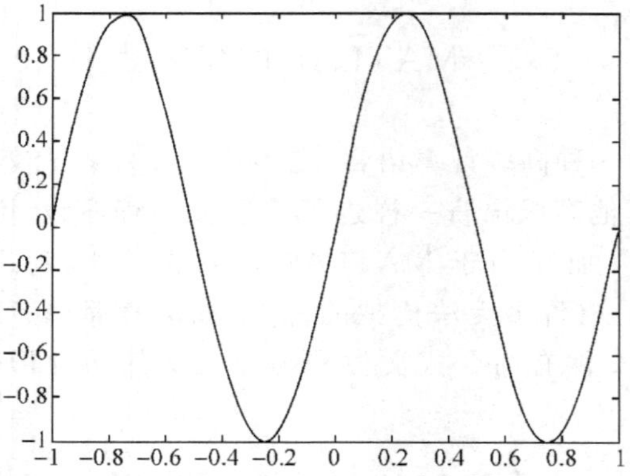

图 9-1　函数曲线

9.3.2　函数式文件

第一句可执行语句是以 function 引导的定义语句，函数文件中的变量都是局部变量，主要用于解决参数传递和函数调用的问题。为了实现计算中的参数传递，需要用到函数式文件(function file)。函数式的标志是第一行为 function 语句。函数式文件可以有返回值，也可以只执行操作而无返回值，大多数函数式文件有返回值。函数式文件在 MATLAB 中应用十分广泛，MATLAB 所提供的绝大多数功能函数都是由函数式文件实现的，这足以说明函数式文件的重要性。函数式文件执行之后，只保留最后结果，不保留任何中间过程，所定义的变量也仅在函数内部起作用，并随调用的结束而被清除。

【例 9-2】 编写一个求和函数，计算从 0～n 的和。

解

```
function sum= sumfun(n)
% 求 1～n 自然数的和
if n>1        sum= n+ sumfun(n- 1);
else          sum = 1;
end;
```

编写完毕后，以 sumfun.m 文件名存盘。然后在 MATLAB 主命令窗口中执行如下程序：

```
>> sumfun(10)
ans=
    55
```

说明：

(1) 要特别注意文件名与函数名一一对应，这样才能保证调用成功；

(2) function 后的语句定义函数名和输入输出参数，在函数被调用过程中将按此输入输出格式执行；

(3) 要养成良好的注释习惯，以方便自己或其他用户的调用。

9.4　用 MATLAB 计算函数的数值积分

符号积分函数 int，积分函数的调用格式为：

(1) int(S)。计算符号表达式对 findsym 返回的符号自变量 S 的不定积分。S 为符号矩阵或符号数量。如果 S 为常数，则积分针对 x。

(2) int(S,v)。计算符号表达式 S 对符号自变量 v 的不定积分。v 是一数量符号量。

(3) int(S,a,b)。计算符号表达式 S 对默认符号变量从 a 到 b 的定积分，a 和 b 为双精度或符号量。

(4) int(S,v,a,b)。计算符号表达式对变量 v 从 a 到 b 的定积分。

【例 9-3】 计算函数 $y=\int(2x+3)\mathrm{d}x$ 及 $y=\int_1^3(2x+3)\mathrm{d}x$。

解

```
>> syms x
>> int (2 * x+3)
ans=
     x^2+3 * x
>> int (2 * x+3,1,3)
ans=
     14
```

9.5　用 MATLAB 实现多项式曲线拟合

函数 polyfit 从最小二乘的意义上，拟合出所给数据的多项式系数，调用方式为

```
p= polyfit (x,y,n);
```

其中，x 和 y 分别为已知数据的横坐标和纵坐标向量；n 为多项式的次数。

【例 9-4】 已知五个数据点(1,5.5)、(2,43.1)、(3,128)、(4,290.7)、(5,498.4)，试画出这 5 个点拟合的三次曲线。

解

```
>> x= 1:5;
>> y= [5.5,43.1,128,290.7,498.4];
>> p= polyfit(x,y,3)
p=
    - 0.1917     31.5821     - 60.3262     35.3400
```

```
>> y0= - 0.1917 * x.^3+ 31.5821 * x.^2- 60.3262 * x+ 35.3400
y0=
    6.4042    39.4828    133.4244    287.0800    499.2990
>> plot(x,y0,'- ',x,y,'o')
```

曲线如图 9 - 2 所示。

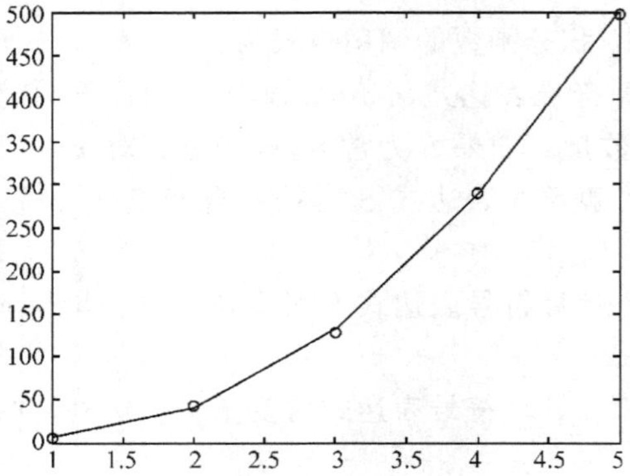

图 9 - 2　用 MATLAB 实现多项式曲线拟合

9.6　用 MATLAB 实现曲线插值

9.6.1　Lagrange 插值

编制如下的 lagrange.m 文件，并保存在 MATLAB 目录下 work 子目录下。当在窗口中运行该函数时，系统会自动调用 lagrange.m 文件。

```
% 该方法用于求解 lagrange 插值
% 使用格式为 y= lagrange(X,Y,x)
% 其中 X 为插值节点，Y 为插值节点函数值，x 为所求点
function y= lagrange(X,Y,x)
n= length(X);
m= length(x);
for i= 1 : m
       z= x(i);
       s= 0.0;
       for k= 1 : n
            p= 1.0;
            for j= 1 : n
                   if j~= k
                                p= p * (z- X(j))/(X(k)- X(j));
                   end
            end
            s= p * Y(k)+ s;
```

```
            end
            y(i)= s;
    end
```

在命令窗口中运行该程序如下：

```
>> X= 2 : 10;
>> Y= log(X);
>> lagrange(X,Y,X);
>> plot(X,Y,'- ',X,ans,'ro')
```

曲线如图 9－3 所示。

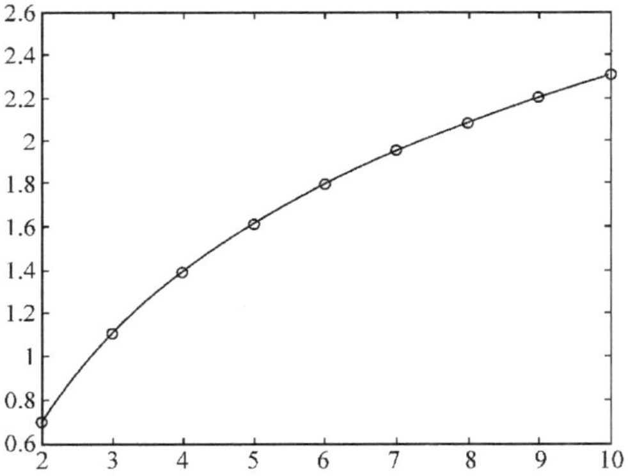

图 9－3　Lagrange 插值计算

9.6.2　Hermite 插值

编制如下的 Hermite.m 文件，并保存在 MATLAB 目录下 work 子目录下。当在窗口中运行该函数时，系统会自动调用 Hermite.m 文件。

```
% 该方法用于求解 hermite 插值
% 使用格式为 y= hermite(X,Y,x)
% 其中 X 为插值节点，Y 为插值节点函数值，y1 为在该点的一阶导数，x 为所求点
function y= hermite(X,Y,y1,x)
n= length(X);
m= length(x);
for i= 1 : m
        y0= 0;
        for j= 1 : n
                h= 1;
                a= 0;
                for k= 1 : n
                        if k~= j
                                h= h*((x(i)- X(k))/(X(j)- X(k)))^2;
```

```
                        a= 1/(X(j)- X(k))+ a;
                    end
                end
                y0= y0+ h*(((X(j)- x(i))*(2*a*Y(j)- y1(j))+ Y(j)));
            end
            y(i)= y0;
        end
```

在命令窗口中运行该程序如下：

```
>> X= 1 : 0.5 : 10;
>> Y= sin(X)+ log(X);
>> Y1= cos(X)+ 1./X;
>> x= 1 : 0.5 : 10;
>> y= hermite(X,Y,Y1,x);
>> plot(X,Y,'- ',x,y,'> ')
```

曲线如图 9－4 所示。

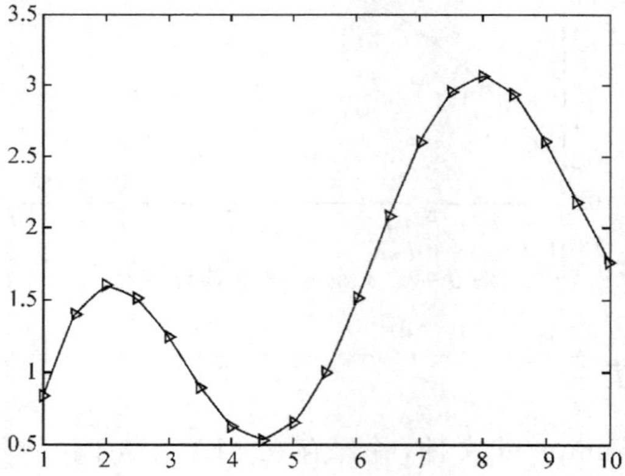

图 9－4　Hermite 插值计算

9.6.3　三次样条插值

1. YY＝spline(X,Y,XX)命令进行三次样条插值

YY＝spline(X,Y,XX)命令使用三次样条法求出隐函数 $\boldsymbol{Y}$ 在向量 $\boldsymbol{XX}$ 所在点的值 YY。X 和 Y 是已知的数值点。如果 $\boldsymbol{Y}$ 是一个矩阵，那么该命令将对 $\boldsymbol{Y}$ 的每一列进行计算。

```
>> x= 0 : 12;
>> y= tan(pi*x/25);
>> xi= linspace(0,12,25);
>> yi= spline(x,y,xi);
>> plot(x,y,'- ',xi,yi,'> ')
```

曲线如图 9－5 所示。

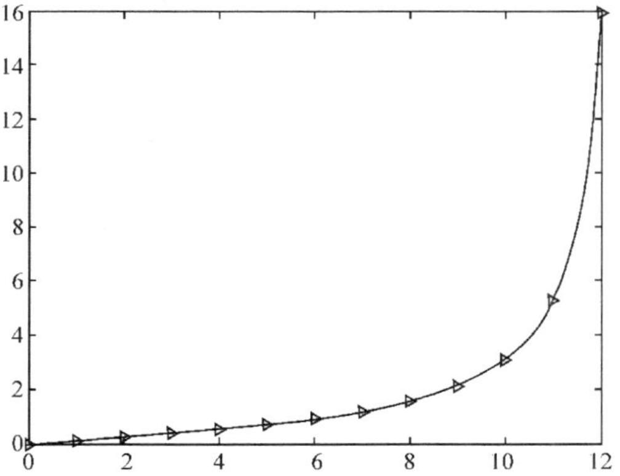

图 9－5　三次样条插值计算 Ⅰ

2. pp＝spline(X,Y)命令进行三次样条插值

YY＝spline(X,Y,XX)命令适合于只需要一组内插值的情况。如果需要从相同数据集里获取另一组内插值，再计算三次样条系数是没有意义的。在这种情况下，可以调用仅带前两个参数的 pp＝spline(X,Y)。继续在命令窗口中输入如下命令：

```
>> x= - 4 : 4;
>> y= [0 0.15 1.12 2.36 2.36 1.46 0.49 0.06 0];
>> cs= spline(x,[0 y 0]);
>> xx= linespace(- 4,4,101);
>> plot(x,y,'0',xx,ppval(cs,xx),'- ')
```

曲线如图 9－6 所示。

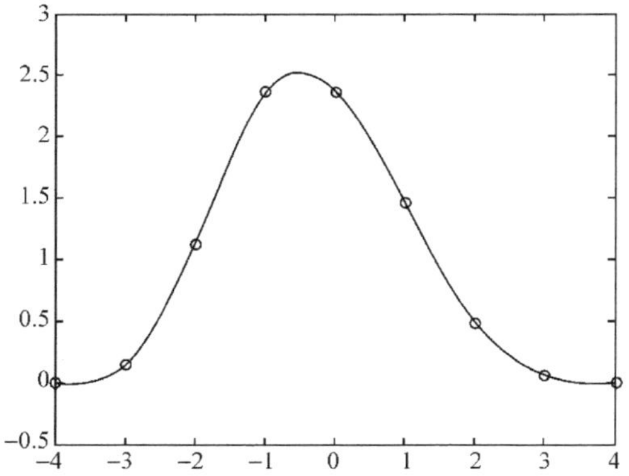

图 9－6　三次样条插值计算 Ⅱ

9.7 用 MATLAB 实现线性方程组的求解

9.7.1 直接法

1. 使用“\”或“/”两种符号直接求解线性方程组

对于 $\boldsymbol{Ax}=\boldsymbol{B}$ 进行求解，在命令窗口中输入如下命令：

```
>> A= magic(3)
A=
     8    1    6
     3    5    8
     4    9    2
>> B= [1:3]'
B=
     1
     2
     3
>> A\B
ans=
     0.0500
     0.3000
     0.0500
```

2. 使用 LU 分解来直接求解线性方程组

在 MATLAB 语言中提供了 LU 函数来进行矩阵的 LU 分解，可以很方便地求解线性方程组。

[l,u]=lu(x)命令产生一个上三角阵 $\boldsymbol{u}$ 和一个下三角矩阵 $\boldsymbol{l}$。

[l,u,p]=lu(x)命令产生一个上三角阵 $\boldsymbol{u}$ 和一个下三角矩阵 $\boldsymbol{l}$，并返回一个交换矩阵 $\boldsymbol{p}$，使得 $\boldsymbol{p}$ 满足 $\boldsymbol{p}\times\boldsymbol{x}=\boldsymbol{l}\times\boldsymbol{u}$。

对于 $\boldsymbol{Ax}=\boldsymbol{B}$ 进行 LU 分解：

```
>> A= magic(3) ;
>> B= [1 : 3]';
>> [l,u]= lu(A)
l=
    1.0000       0        0
    0.3750    0.5441   1.0000
    0.5000    1.0000   0
u=
    8.0000    1.0000     6.0000
    0.0000    8.5000   - 1.0000
```

```
    0.0000    0.0000    5.2941
>> y= l\B;
>> x = u\y
x=
    0.0500
    0.3000
    0.0500
```

9.7.2　Jacobi 迭代法

编制 jacobi.m 文件如下：

```
% 用 Jacobi 迭代法求解线性方程组
% 使用格式为 y= jacobi(A,b,x0)
% 其中 A*y= b,用户输入矩阵 A 和 b,再输入初始向量 x0
function y= jacobi(A,b,x0)
D= diag(diag(A));
U= triu(A,1);
L= tril(A,- 1);
B= - D\(L+ U);
f= D\b;
y= B*x0+ f;
n= 1;
while norm(y- x0)> = 1.0e- 6&n< = 1000
      x0= y;
      y= B*x0+ f;
      n= n+ 1;
end
fprintf('迭代次数');n
fprintf('方程组的解');
```

在命令窗口中运行该程序如下：

```
>> a= [10 3 1;2 - 10 3;1 3 10];
>> b= [14 - 5 14]';
>> x0= [0 0 0]';
>> y= jacobi(a,b,x0)
迭代次数
n=
    17
方程组的解
y=
    1.0000
    1.0000
    1.0000
```

9.7.3 Gauss-Seidel 迭代法

编制 gaussseidel. m 文件如下：

```
% 用 Gauss-Seidel 迭代法求解线性方程组
% 使用格式为 y= gaussseidel(A,b,x0)
% 其中 A * y= b,用户输入矩阵 A 和 b,再输入初始向量 x0
function y= gaussseidel(A,b,x0)
D= diag(diag(A));
U= - triu(A,1);
L= - tril(A,- 1);
G= (D-L)\U;
f= (D-L)\b;
y= G * x0+ f;
n= 1;
while norm(y- x0)> = 1. 0e- 6&n< = 1000
      x0= y;
      y= G * x0+ f;
      n= n+ 1;
end
fprintf('迭代次数'); n
fprintf('方程组的解');
```

在命令窗口中运行该程序如下：

```
>> a= [10 3 1;2 - 10 3;1 3 10];
>> b= [14 - 5 14]';
>> x0= [0 0 0]';
>> y= gaussseidel(a,b,x0)
迭代次数
n=
    10
方程组的解
y=
    1. 0000
    1. 0000
    1. 0000
```

参 考 文 献

精锐创作组. 2001. MATLAB 6. 0 科学运算完整解决方案. 北京：人民邮电出版社
罗建军. 2005. MATLAB 教程. 北京：电子工业出版社
Cleve B. Moler. 2006. Numerical computing with MATLAB. 北京：机械工业出版社
Duane Hanselman，Bruce Littlefield. 2006. 精通 MATLAB 7. 北京：清华大学出版社

习 题

1. 利用 9.6.3 小节三次样条插值函数命令，用下表中的 X 和 Y 值计算插值结点 U 处的函数值(V 为插值结果)，并给出插值图形。

X	0.0000	0.0180	0.0538	0.0782	0.1110	0.1470	0.1720	0.203
	0.2100	0.2410	0.2970	0.3200	0.3810	0.3910	0.4230	0.425
	0.4970	0.5070	0.5670	0.6850	0.7670	0.8380	0.8815	0.894
Y	0.0000	0.1630	0.3280	0.3860	0.4520	0.4910	0.5120	0.524
	0.5200	0.5460	0.5730	0.5770	0.6000	0.6080	0.6210	0.623
	0.6530	0.6560	0.6840	0.7430	0.7960	0.8460	0.8840	0.894
U	0.0100	0.0180	0.0200	0.0500	0.0782	0.1000	0.1180	0.200
	0.3000	0.4000	0.4250	0.5000	0.6000	0.7500	0.8380	
V	0.0954	0.1630	0.1778	0.3173	0.3860	0.4326	0.4619	0.5232
	0.5737	0.6117	0.6230	0.6538	0.7001	0.7847	0.8460	

2. 利用 9.6.2 小节的 Hermite.m 文件，在 MATLAB 窗口中运行，用 Hermite 插值的方法计算 $x=0.25$ 处的函数值。

i	1	2	3
$\boldsymbol{X}_i$	0.1	0.3	0.5
$\boldsymbol{Y}_i$	0.099 833	0.295 520	0.479 426
$\boldsymbol{Y}'_i$	0.995 004	0.955 336	0.877 583

3. 利用 MATLAB 中的 LU 函数对下列线性方程进行 LU 分解，求解线性方程组的解。

$$\begin{pmatrix} 17 & 21 & 1 & 8 & 15 \\ 23 & 5 & 7 & 14 & 16 \\ 4 & 6 & 13 & 20 & 22 \\ 10 & 12 & 19 & 21 & 3 \\ 11 & 18 & 25 & 2 & 9 \end{pmatrix} \cdot \begin{pmatrix} x_1 \\ x_2 \\ x_3 \\ x_4 \\ x_5 \end{pmatrix} = \begin{pmatrix} 1 \\ 2 \\ 3 \\ 4 \\ 5 \end{pmatrix}$$

第 10 章　Origin 软件及其应用

10.1　概　　述

Origin7.5 是美国 OriginLab 公司推出的最新版数据分析和绘图软件。Origin 的数据分析功能都是通过相应菜单命令实现的，包括数据的排序、调整、计算、统计、曲线拟合等。Origin 的绘图是基于模板的，选择好所需要绘图的数据后，点击工具栏上相应按钮就可以实现快速绘图，Origin7.5 软件提供了几十种二维和三维绘图模板供用户使用。

在化学化工实验数据处理软件中，Origin 是最常见的数据分析和绘图软件之一。本章结合一些曲线绘制和数据分析实例重点讲述 Origin 基本的窗口操作、数据输入输出、二维模板绘图、三维模板绘图、多图层绘图、数据分析等功能，高级功能可以查阅软件帮助和 OriginLab 公司网站上的资料。

10.2　Origin7.5 基本操作

10.2.1　工作环境

图 10-1 给出一个 Origin7.5 典型的 Workspace(工作区间)示意图，主要包括

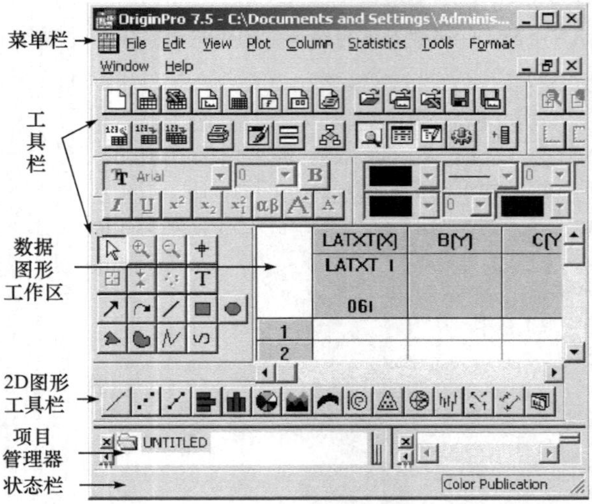

图 10-1　Origin7.5 的工作环境

菜单栏、工具栏、绘图区、项目管理器和状态栏五个部分。绘图区是 Origin 的核心区域，所有工作表、绘图窗口及子窗口都在此区域内显示和操作。Origin7.5 绘图区常见窗口有 Worksheet（工作表）窗口和 Graph（绘图）窗口，如图 10－2 所示。

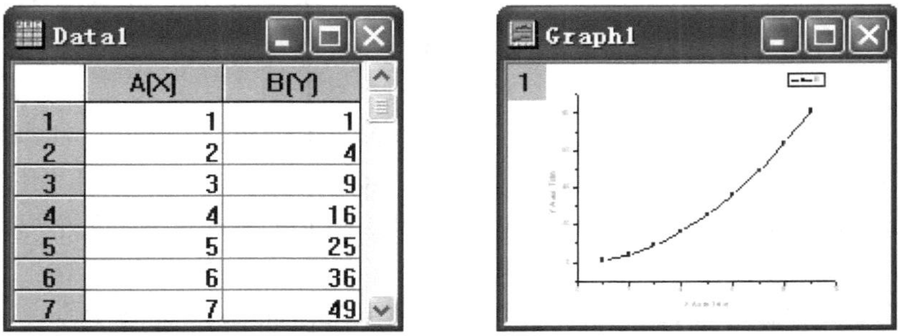

(a) Worksheet 窗口　　(b) Graph 窗口

图 10－2　常见的绘图区窗口：Worksheet 窗口和 Graph 窗口

1. 主菜单栏

Origin7.5 主菜单栏的结构和内容会随绘图区子窗口的类型不同而有所不同。打开 Origin7.5 时默认绘图区子窗口为 Worksheet（工作表）窗口，选择主菜单"File"→"New…"或直接按 Ctrl ＋ N 键打开"新建"子窗口命令，分别在绘图区内新建一个 Graph（绘图）、Matrix（矩阵）、Excel 工作簿、Layout（版面设计）、Notes（注释）窗口，其所对应的主菜单结构列于表 10－1。在表 10－1 中可以看到，当新建窗口为 Excel 工作簿时，主菜单只有中"File"、"Plot"和"Window"三个命令为英文，说明它们是 Origin7.5 的菜单命令，其余的中文菜单命令全部为 Microsoft Excel软件菜单命令。另外，同样的菜单命令，如"Analysis"在 Worksheet 窗口和 Graph 窗口都出现了，但其下拉菜单的内容却不尽相同。

表 10－1　活动绘图窗口对应的主菜单栏

活动窗口类型	主菜单栏结构
Worksheet	File Edit View Plot Column Analysis Statistics Tools Format Window Help
Graph	File Edit View Graph Data Analysis Tools Format Window Help
Matrix	File Edit View Plot Matrix Image Tools Format Window Help
Layout	File Edit View Layout Tools Format Window Help
Notes	File Edit View Tools Format Window Help
Excel Workbook	File 编辑(E) 视图(V) 插入(I) 格式(O) 工具(T) 数据(D) Plot Window 帮助(H)

2. 工具栏

Origin7.5 数据分析与绘图操作除了可以通过菜单命令实现外，主要还是通过大量工具栏按钮来实现的，软件自身提供了大约十几个工具栏和几十个绘图模板按钮。Origin7.5 首次启动时并非显示出所有工具栏，通过菜单“View”→“Toolbars…”命令或直接按 Ctrl＋T 键打开“自定义工具栏”设置窗口(图 10－3)。此窗口包含“工具栏显示/隐藏”和“工具栏按钮增加/删除”两个功能标签。Origin7.5 的默认值是只显示 Standard(标准)、Graph(绘图)、2D Graphs(二维图形)、Tools(工具)、Style(样式)和 Format(格式)六个常用工具栏。若需要显示其他工具栏，如 Arrow(箭头)工具栏，则可将图 10－3(a)中“Arrow”选项前面的单选框勾选上即可。如果读者的显示设备分辨率达到了 1280 像素×960 像素及其以上的话，尽可能勾选打开多一些工具栏，如 Edit(编辑)、2D Graphs Extended(扩展二维图形)、3D Graphs(三维图形)等，在后续数据绘图或数据处理操作中，多数功能可以点击工具栏按钮来实现，大大减少繁琐的点击菜单及子菜单操作。

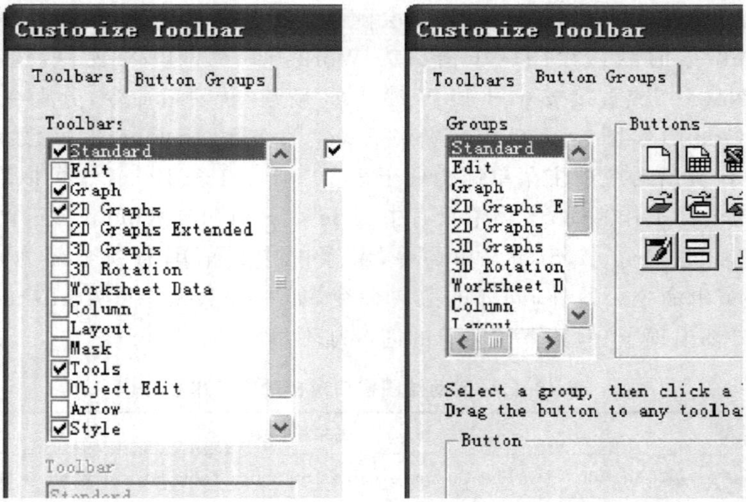

(a) 工具栏显示/隐藏　　(b) 工具栏按钮增加/删除

图 10－3　自定义工具栏设置窗口

图 10－3(b)是用于工具栏按钮增加和删除的，点击不同的工具栏组，会在右边“Buttons”区域显示此工具栏组全部功能按钮图标，用鼠标按住图标，将其拖到工具栏任意位置放开鼠标就可以将其放置在工具栏上。将图标从工具栏上拖回到“Buttons”区域可以删除该按钮。

10.2.2　Origin 数据窗口基本操作

Origin7.5 主要的数据窗口有 Worksheet(工作表)窗口、Matrix(矩阵)窗口和 Excel 工作簿窗口。由于 Excel 工作簿窗口与 Excel 软件的操作相同,Matrix 窗口与 Worksheet 窗口操作类似,本书就不作多介绍。下面以 Worksheet 窗口为例介绍 Origin7.5 数据窗口的简单操作。

Origin 工作表的主要作用是组织绘制图形所需的原始数据,通过工作表可以很方便地对数据进行浏览、操作与分析。工作表的基本操作就是行或列的增删、行列转换以及显示设置等。

1) 增删行

如果需要在工作表中删除或增加一行,可点击行的前面编号使整行高亮显示,如图 10-4(a)所示,在第 8 行的编号“8”上单击鼠标右键打开快捷菜单,“Inert”或“Delete”的含义分别为在当前行前面增加一行或删除当前行。而菜单中“Clear”的命令是清除此行的数据而不删除这一行。

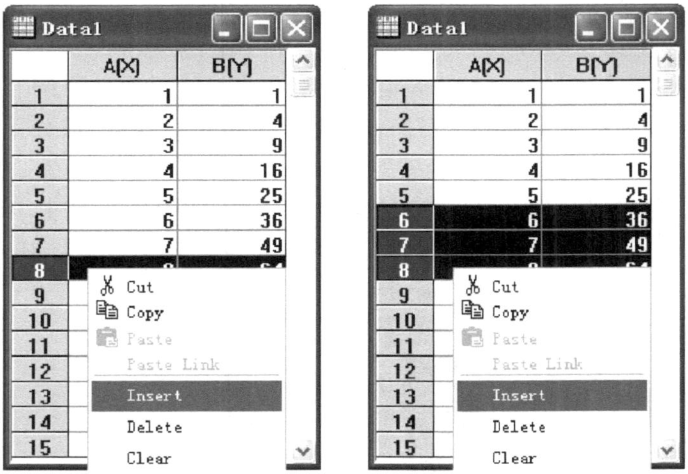

(a) 增删单行　　(b) 增删多行

图 10-4　增删行的操作

多行增删操作过程类似。如要删除图 10-4 中的第 2～5 行,先用左键单击编号“6”,按住左键向下拖动,直到第 6～8 行全部高亮显示时放开。点击鼠标右键打开快捷菜单,菜单中的“Delete”命令是删除多行,而此时“Inert”命令却是增加多行,增加的具体行数与所选择的行有关,本例中选择的是第 6～8 行共 3 行,所以点击“Inert”后是在第 6 行前增加 3 行,原先第 6 行变为第 9 行。

需要提醒读者注意的是:在选中工作表中的行或列后,键盘上的“Delete”键

(非菜单中的“Delete”命令)对应的是快捷菜单中的“Clear”命令,即清除整行或整列数据而不是删除某行或某列,这一点在使用时千万要注意。

2）增删列

选择菜单命令“Column”→“Add New Columns…”,打开图 10－5 所示“插入列”对话框,在文本栏中输入要插入的列数,点击“OK”后,会在工作表最右列的右边插入列,并且默认设置为 Y 轴。如果需要在特定位置插入列,则需要单击插入位置左边列中的任意单元格,然后同上操作。

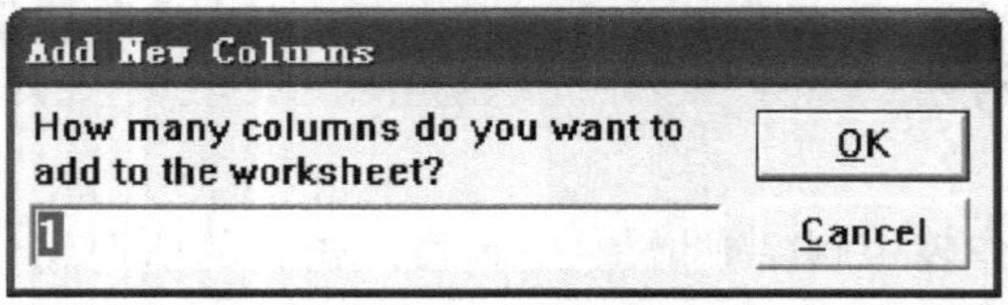

图 10－5　插入列对话框图

删除列的操作与删除行操作类似,点击列标题选中整列,然后单击鼠标右键,选择 “Delete”命令即可。

3）列操作工具栏

Origin7.5 工作表与一般电子表格的区别在于列的控制与操作上。Origin7.5 专门提供了一个列操作工具栏。列操作工具栏分两部分:左半部分用于指定当前列属性是 X 轴、Y 轴、Z 轴或 Y 误差等;右半部分则是用于列的左、右移动操作。当然在选中工作表某一列时,也可通过鼠标右键菜单来设置列属性,如图 10－6 所示,选择“Set As”→“X”将所选列设置为 X 轴。

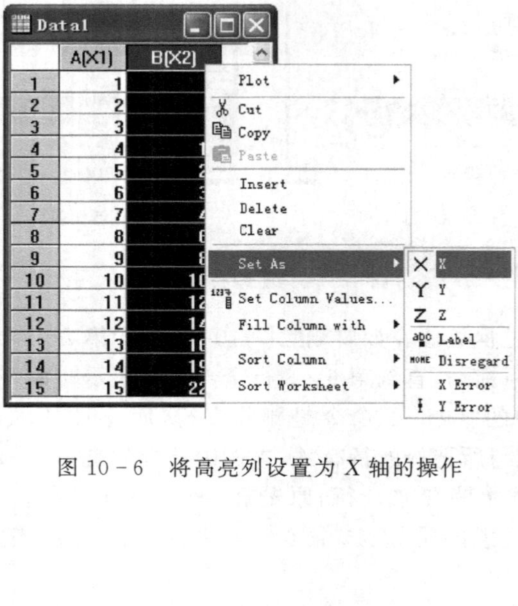

图 10－6　将高亮列设置为 X 轴的操作

4）行、列转换操作

在工作表被激活的状态下，选择菜单命令“Edit”→“Transpose”命令实现行、列相互转换。注意：此操作无法撤销。

5）工作表显示设置

Origin7.5 中工作表一般都是白底黑字的样式。要更改工作表外观样式，可按 F4 键打开“Worksheet Display Control”窗口。在此窗口中可对包括工作表文本字体大小、颜色、工作表尺寸、行、列标题栏设置等在内的显示参数进行灵活调整。

10.3 Origin 科技绘图

在化学化工类的科技论文和报告中，数据曲线是显示和分析复杂数据最有效的方式，精美、清晰的图表令科学表述大为增色。本节主要讲述 Origin7.5 绘制化学化工实验数据曲线图的基本操作方法。阅读完本节后，读者也可在 Origin 安装文件夹下“Samples”和“Tutorials”子文件夹中找到大量实例数据进行自我练习与提高。

10.3.1 二维 Graph 绘制

1. 数据的输入

1）通过键盘输入

默认情况下，Origin7.5 在启动时会创建一个含两列单元格的空白工作表并自动将两列指定为 A(X)和 B(Y)，即二维绘图用的数据表。在比较简单的化学化工实验中所采集的数据都是二维的，我们可以将数据手工输入单元格中，完成简单工作表。数据输入完毕后，可进行工作表显示或属性调整，在 A(X)列上双击打开图 10-7 所示的“列格式设置”窗口，在分类轴 Format(格式)选项的下拉列表中选择“Text”，将 A 列设置为单纯文本；在“Column Label(列标签)”中输入“Sample”，点击“OK”。在 A(X)列的上方会出现“Sample”的标识。用同样的方法在 B(Y)列上加上标签“Value”。

2）通过数据导入

现在各种分析测试仪器应用程序除了能够将测试结果保存为专有格式外，还都支持一种叫做 ASCII 格式的文件系统，ASCII 是 American Standard Code for Information Interchange 的缩写，是一种跨平台的文件格式，ASCII 文件中存放的是实验数据及数据间的相互关系。Origin7.5 自然支持 ASCII 格式的导入，点击“File”→“Import…”→“Simple Single ASCII…”来导入数据。对于复杂 ASCII 格式的数据文件，可用“Import Wizard…”按照向导提示逐步完成数据的导入工作。

Origin7.5 能够导入的数据文件格式有 Lotus、dBASE、DIF、Thermo

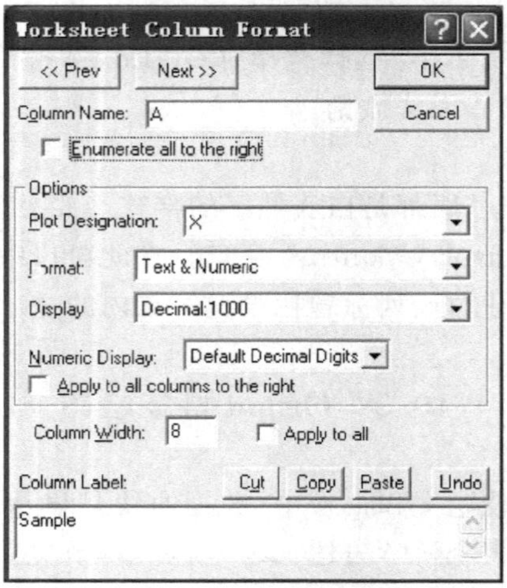

图 10-7　工作表“列格式设置”窗口

Galactic、MATLAB、MiniTab、LabTech、SigmaPlot、Sound、Mathematica、Kaleidagraph、pCLSMP、ODBC 等各种格式。

2. 数据绘图

输入或导入完实验数据后的步骤就是绘制数据图形。在 Origin7.5 中提供了丰富的绘图工具栏和绘图命令选项，但实际操作步骤却并不复杂，甚至可以说是非常容易的。首先选取需要绘制图形的工作表数据，然后点击绘图命令按钮即可轻松获得数据图形草图，最后对草图进行图轴参数和版面设置。

1）工作表数据的选取

这是绘制数据图形的第一步。以图 10-8 所示的绘制 $y=x^2$ 和 $y=x^3$ 两条曲线为例，当光标移至工作表左上角时会变成箭头形状，此时单击鼠标即可选中工作表中全部数据，如图 10-8 (a)所示。如果只需要绘制 $y=x^3$ 曲线，只需要选择 A(X)、C(Y)列，则可在按住 Ctrl 键的同时，分别单击 A(X)、C(Y)列，如图 10-8 (b)所示。

2）模板绘图

通过点击绘图工具栏(如二维或三维绘图工具栏)上命令按钮来获得数据图形的过程叫模板绘图。如要将实验数据绘制成 Line + Symbol 图，在选中全部工作表数据后，单点二维工具栏中的，Origin7.5 会绘制图形，得到图 10-9 图形。

3）图轴设置

通过上面介绍的方法能够快速得到一张数据图形，但读者肯定会发现这张图形并不完美：双坐标轴没有定义、坐标轴刻度值混乱、数据标识在黑白打印时易混淆不

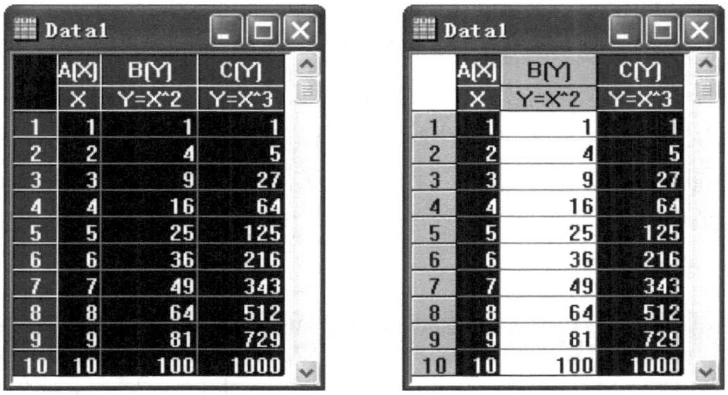

	A(X)	B(Y)	C(Y)
	X	Y=X^2	Y=X^3
1	1	1	1
2	2	4	5
3	3	9	27
4	4	16	64
5	5	25	125
6	6	36	216
7	7	49	343
8	8	64	512
9	9	81	729
10	10	100	1000

(a) 选择工作表中全部数据　　(b) 选择工作表中的部分列

图 10－8　工作表中数据选取操作

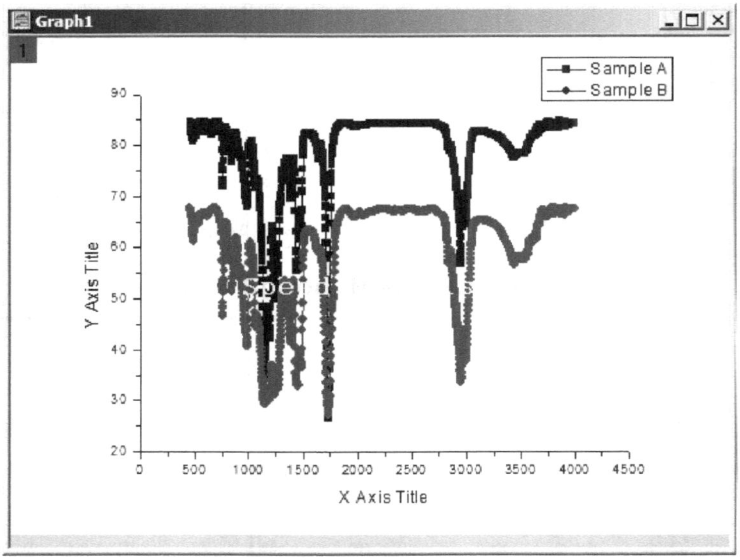

图 10－9　用模板绘图方法绘制的 Line＋Symbol 图

清、曲线太粗糙等。此时就需要对图轴和图形显示进行设置，下面首先介绍图轴设置。

分类轴标题的更改与设置：分类轴即图形中坐标轴，如“*X*”轴、“*Y*”轴或“*Z*”轴等。例如，双击图 10－9 中“X Axis Title”使其变成文本输入状态，将原有文本删除并输入“Wave number(cm^{-1})”，单击文本输入框外任意位置结束输入，同样的方法将“Y Axis Title”改成“T％”。

图轴设置窗口：双击图中任意坐标轴打开图轴参数设置窗口，此窗口有“Tick

Labels"、"Scale"、"Title & Format"、"Minor Tick Labels"、"Grid Lines"、"Custom Tick Labels"、"Break"七个标签。图轴设置参数很多,但不是每个参数都需要进行设置,有些可以采用程序默认值,有些读者可根据个人习惯或论文报告格式要求进行设置。

"Tick Labels"(刻度线标签)设置:对坐标轴上刻度线标签的格式进行设置,也就是对坐标轴刻度值的字体、字号、字型及其他相关前、后缀进行设置。将图10－10中 X 轴、Y 轴刻度线标签的"Font"(字体)改成"Times New Roman","Point"(字号)改为"20"。

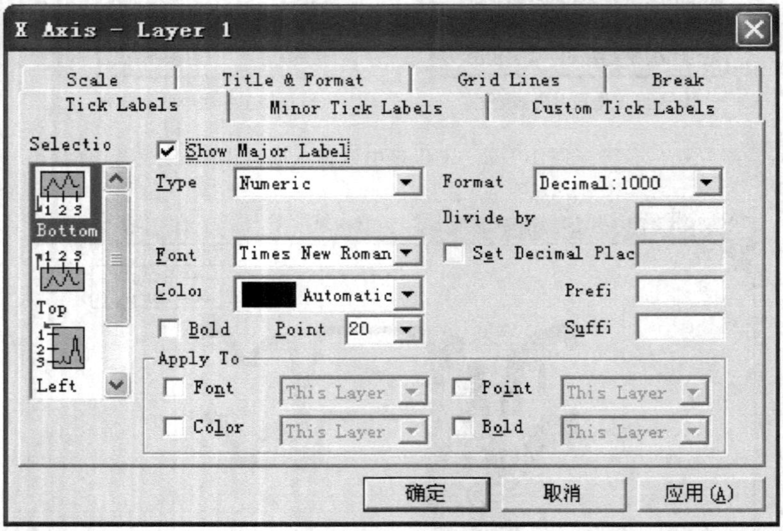

图 10－10　"Tick Labels"(刻度线标签)设置

"Scale"(刻度)设置:对坐标轴上刻度值范围以及刻度增量进行设置。双击图10－9中的横坐标,出现图10－11。将 X 轴的"From"和"To"改为"4000"和"450","Increment"改为"－500",意思是沿 X 轴方向刻度值递减。

"Title & Format"(坐标轴标题与刻度线格式)设置:如图10－12所示,此处可以对坐标轴标题文本、坐标轴的颜色、厚度进行设置。对于单一坐标轴标题文本的修改,我们建议读者还是使用"分类轴标题的更改与设置"一节所提到的方法,因为那里采用的是"所见即所得"的设置方法,会避免许多错误操作。

"Minor Tick Labels"(次要刻度线)设置:此处要可以对次要刻度线标签的相关参数进行设置,如刻度线标签的显示/隐藏等,通常我们无需在此处进行调整,使用系统默认值。

"Grid Lines"(栅格线)设置:如图10－13所示,此处主要是设置图形中的主、次栅格线的打开与隐藏、栅格线线型、颜色、厚度等。如果需要隐藏主、次栅格线,

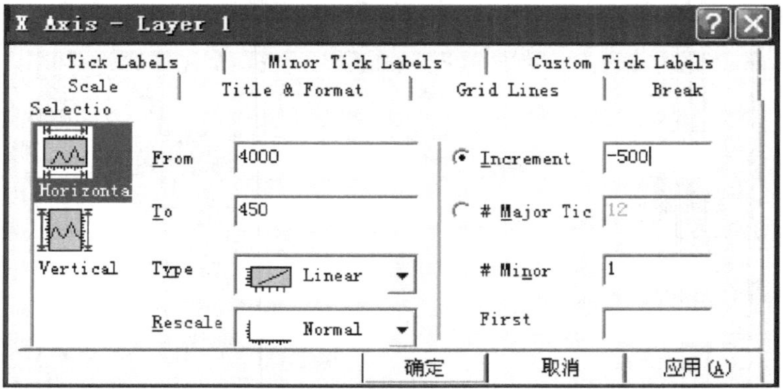

图 10－11　“Scale”(刻度)设置

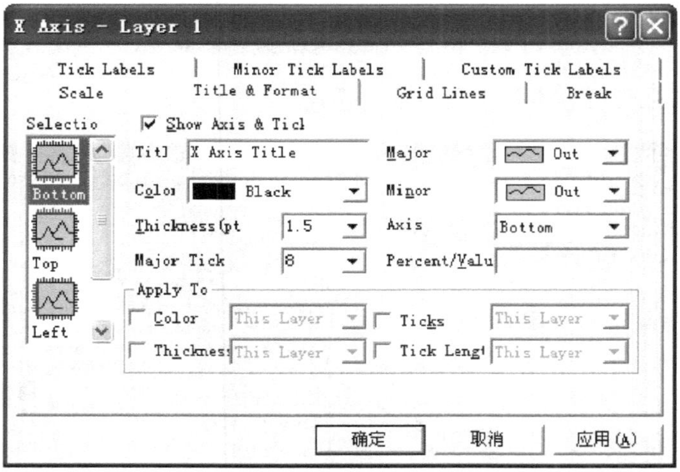

图 10－12　“Title & Format”(坐标轴标题与刻度线格式)设置

不选中“Major Grid”和“Minor Grid”即可。

“Break”(断点)设置:如果数据过多,在不改变数据曲线趋势的前提下,将中间的某些数据忽略,并在坐标轴上用“//”代替省略的数据。

4) 数据曲线显示优化

进行完图轴设置之后可进行数据曲线的个性化修饰工作,在图 10－9 中的任意一条曲线上双击打开图 10－14。此窗口用于图层参数设置,由于本例是在一个图层中包含两条曲线,首先切换到“Group”(组合)标签,选择“Edit Mode”(编辑模式)下“Independent”(独立模式)命令,这样就可对每条曲线样式进行单独编辑,而选择“Dependent”(附属模式)命令后,多条曲线只能共享一个属性,无法对单一曲

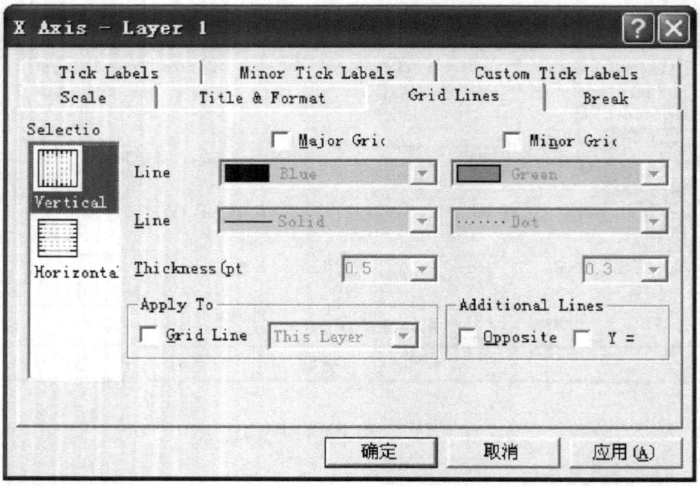

图 10－13　“Grid Lines”(栅格线)设置

线进行特定参数设置。本例中使用独立模式。

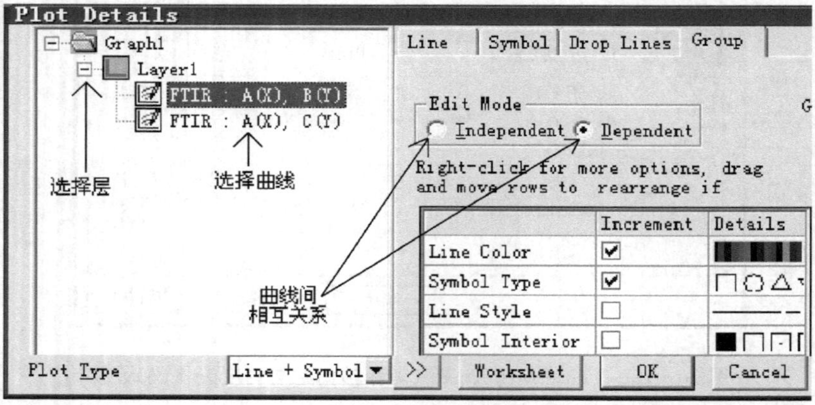

图 10－14　曲线的个性化参数设置

分别选择曲线“FTIR：A(X)，B(Y)”和“FTIR：A(X)，C(Y)”，切换到“Symbol”标签，将数据标记“Size”(大小)改成“0”。

如果工作表中数据太多，在绘制曲线时会占用大量的机时，以至于让机器变慢甚至死机，所以 Origin7.5 会自动开启 Speed Mode(加速模式)，用较少数据绘制曲线便于浏览曲线大致形状。用户可以选择关闭加速模式，单击“Layer1”图层，选择“Size/Speed”标签，取消“Speed mode, Skip Points if needed”下所有选项。经过上述图轴设置和数据曲线显示的优化，我们就可以得到一张精美的数据图形(图 10－15)。

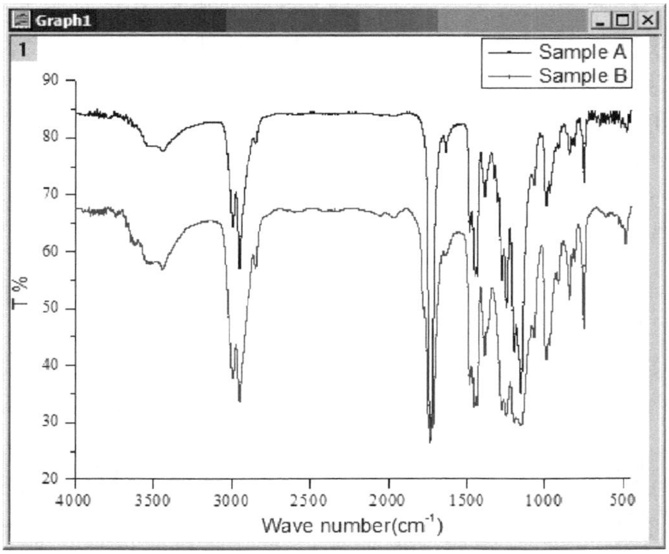

图 10－15　经过图轴设置和曲线个性化参数设置后的二维 Graph

10.3.2　函数绘图

Origin 不仅提供了数据绘图的功能，如果用户想绘制某个已知函数的图形，也可使用 Origin 来完成，一般情况下可以通过两种方式来实现。

1. 在绘图窗口中绘制函数图

启动 Origin 后，点击标准工具栏上的"New Graph"得到空白一张 Graph。选择主菜单"Graph"→"Add Function Graph…"命令，弹出"Plot Details"窗口

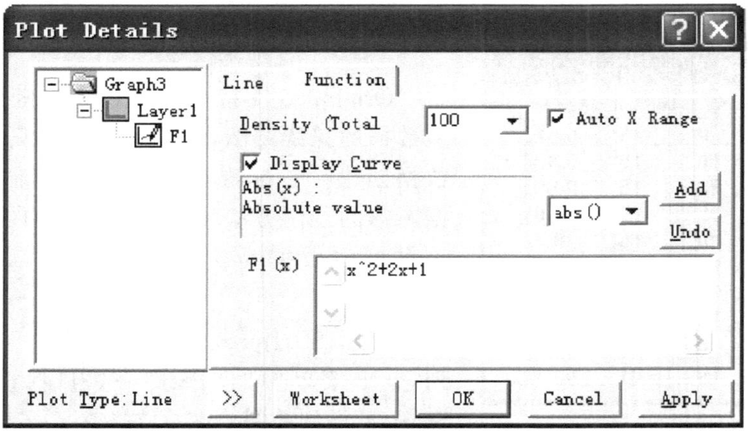

图 10－16　"Plot Details"设置窗口

(图 10－16)。在 Origin7.5 中提供了一些常见普通函数和统计分布函数,使用时可从"内置函数列表"下拉菜单中选择,选择好后单击"Add"。函数表达式框中显示出刚才所选择的函数,在表达式的括号中输入自变量"x",点"OK"完成。当然 Origin7.5 的功能不止如此,它还允许自编函数,在函数表达式中输入 x^2+2x+1(即函数 $y=x^2+2x+1$)并经过坐标轴调整得到的函数图形。

2. 通过函数窗口绘图

点击标准工具栏上的"New Function"命令会在绘图区同时新建一个"Function"窗口(图 10－17)和一个与图 10－16 相同的"Plot Detail"窗口。在"Plot Detail"窗口的函数表达式框中输入函数表达式即可。在函数窗口中一个"Polar"/"Cartesian"按钮,通过点击可以切换函数图形的极坐标系和直角坐标系表达形式。

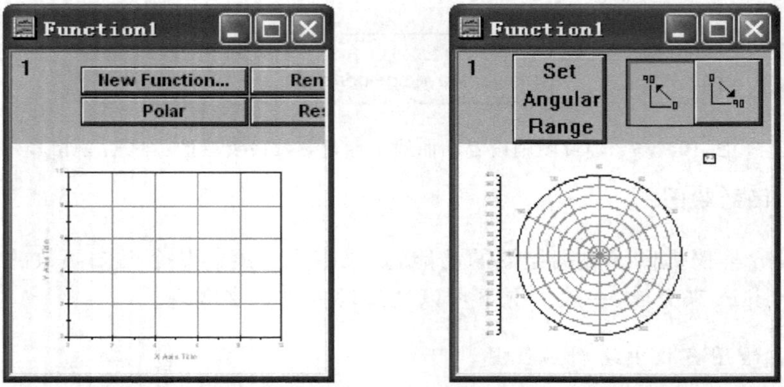

(a) 直角坐标系　　　　(b) 极坐标系

图 10－17　函数窗口中极坐标系与直角坐标系互换

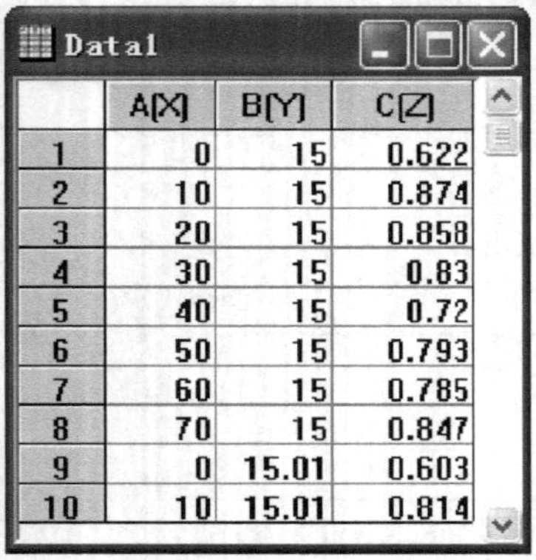
Data1

	A[X]	B[Y]	C[Z]
1	0	15	0.622
2	10	15	0.874
3	20	15	0.858
4	30	15	0.83
5	40	15	0.72
6	50	15	0.793
7	60	15	0.785
8	70	15	0.847
9	0	15.01	0.603
10	10	15.01	0.814

图 10－18　用于三维绘图的工作表

10.3.3　三维 Graph 绘制

Origin7.5 支持 XYY、XYZ 和矩阵三种类型数据的三维绘图,但三维表面图只能由矩阵数据创建。三维绘图的方法与二维 Graph 数据图形的绘制方法相同,下面以图10－18中的工作表中数据为例来说明三维 Graph 绘制方法。

首先在工作表中的 C(Z)列上单击选中整列,点击菜单中的"Plot"→"3D XYZ"→"3D Scatter"得到草图。在 X 轴(或 Y、Z 轴)上双击打开图轴设置窗口,分别选择"Selection"标签中的“Horizontal”、“Vertical”和“Z Axes”，将 X、Y 和 Z 轴刻度值调整为 0～70（增量 10）、15～17.5（增量 1）和 0～24（增量 5），点击“确定”得到图 10－19。

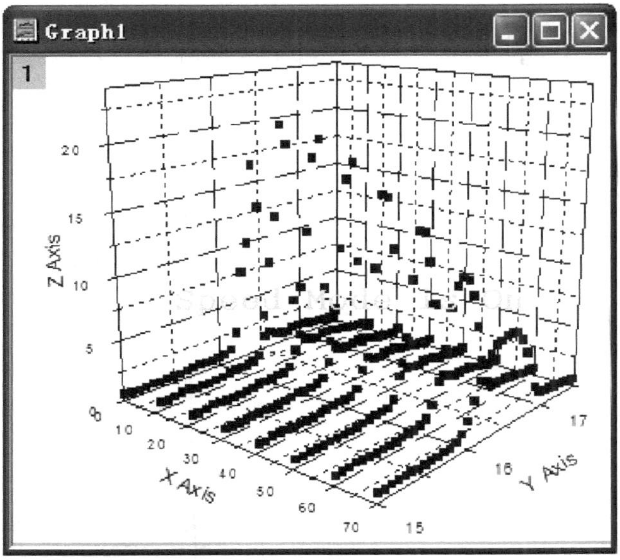

图 10－19　经过图轴调整后的三维 Graph

10.3.4　多图层 Graph 绘制

图层是图形软件中一个常用的概念，也是 Origin7.5 中一个非常实用的功能。Origin7.5 认为一组坐标轴组成的一个 Origin 对象就是一个图层，使用图层可以实现在一个图形窗口中不同图轴图形的叠加显示。每个图形窗口至少有一个图层，最多可达 50 个图层，每个图层分配一个编号，位于图形窗口的左上角，单击相应的数字可以激活图层。根据需要，图层之间可以是相互关联的，也可以是相互独立的，这样就非常方便多个曲线或图形对象的创建与管理。

Origin7.5 也提供了绘制多图层 Graph 的模板，这些模板对应的功能按钮位于“2D Graph Extended”（扩展二维图形）工具栏中。如“Double Y Axis”（双 Y 轴）、“Horizontal 2 Panel”（左右对开）、“Vertical 2 Panel”（上下对开）、“4 Panel”（四开）和“9 Panel”（九开）等，这些功能按键的使用方法与二维 Graph 的使用基本相同。可以看出，相对二维和三维绘图模板而言，Origin7.5 多图层模板有些偏少，很难满足实际数据处理过程中的需要，大多数情况下，用户需要自己创建图层并进行图层设置。Origin7.5 在此方面也提供了较好的界面，下面

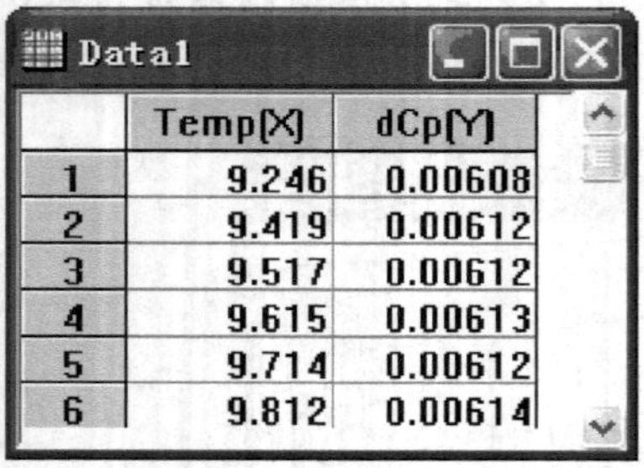

图 10－20　用于自建多图层图形的工作表

以图 10－20 所示工作表数据为例描述自创图层的操作方法。

首先选中工作表中全部数据，点击“2D Graph”工具栏中的按钮，绘制一张普通的二维 Graph，将 X 轴和 Y 轴标题分别改成“Temperature(℃)”和“Cp(cal/deg)”，将曲线颜色改成红色，得到图 10－21。

点击菜单栏中“Tools”→“Layer”命令打开图 10－22 所示的“Layer(图层)”设置窗口。通过此窗口可以在当前绘图窗口中添加新的图层，点击按钮后会在当前绘图窗口中新建一图层 2，并在右上角位置使用原工作表中数据绘制了一张新的二维 Graph，选中此新绘图形，将其拖动到绘图区中间位置，得到图 10－23。

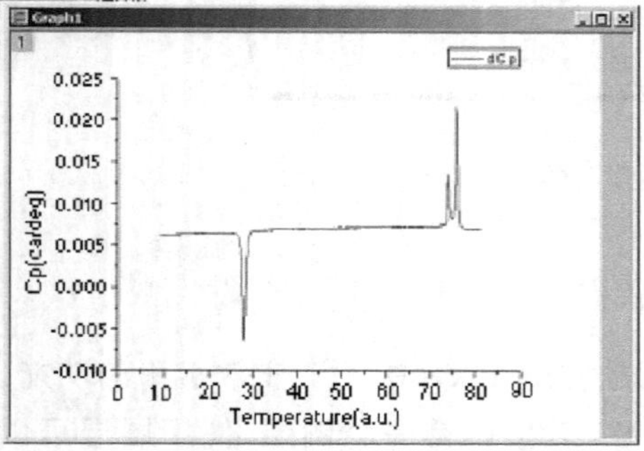

图 10－21　二维 Graph

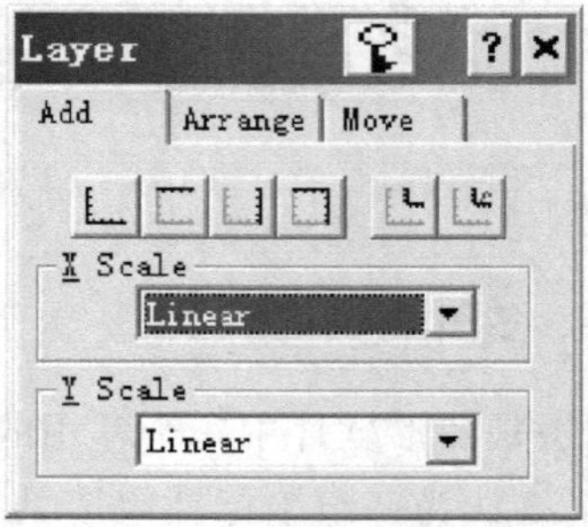

图 10－22　Layer(图层)窗口

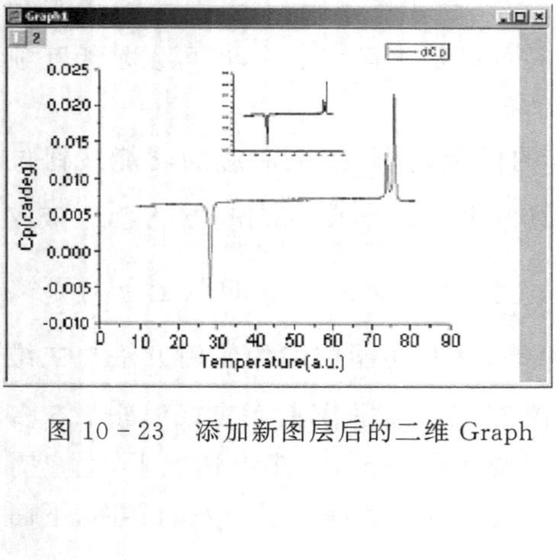

图 10－23　添加新图层后的二维 Graph

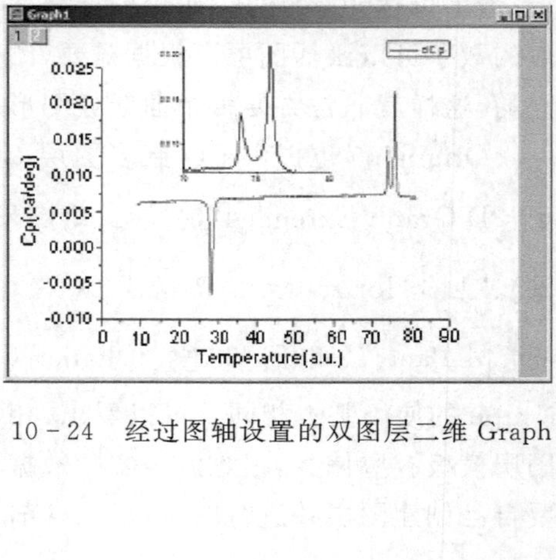

图 10－24　经过图轴设置的双图层二维 Graph

双击图层 2 中曲线坐标轴进行图轴设置窗口，在“Scale”标签下将 X 轴设置为 70～80，增量 5，Y 轴设置为 0.007～0.021，增量 0.005；在“Tick Labels”标签下将 X 轴、Y 轴刻度线标签字号都设置成 36，点击“确定”得到图 10 - 24。

将图层 2 中曲线 X 轴设置为 70～80 是为了反映出此段温度范围内 Cp 变化的细节，所以最后还要对两个图形做一些修饰。选择“Tools”工具栏中“ Rectangle Tool”（矩形工具），在图 10 - 25 所示的位置绘出两个矩形框，在矩形区域内双击打开“Object Properties”（对象属性）设置窗口。更改“Border”标签中“Type”为“——————Dash”，“Fill Pattern”标签中“Fill Color”为“None”，点击“确定”完成矩形设置。最后使用“Tools”工具栏中“ Curved Arrow Tool”命令在两个矩形之间加上一个弯箭头。至此，自建多图层图形的绘制与设置工作全部完成，最终图形如图 10 - 25 所示。

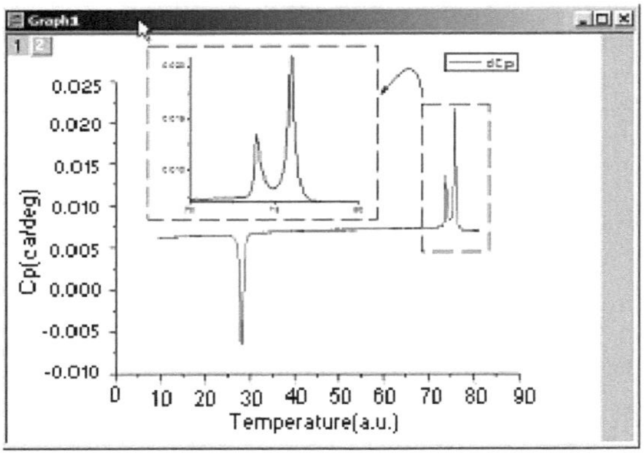

图 10 - 25　自建多图层的二维 Graph

10.4　Origin 曲线拟合和数据分析

Origin 除了具有强大绘制数据图形的功能外，还能够对数据进行分析处理、建立经验公式和数学模型、进行回归分析和曲线拟合。本节重点讲述 Origin 在曲线拟合及数据分析方面的应用。

10.4.1　Origin 曲线拟合

曲线拟合就是在已有的实验数据基础上找出相应函数的系数。Origin7.5 提供了大约 200 多个数学表达式用于曲线拟合，这些数学表达式能够满足绝大多数化学化工实验数据曲线的拟合需求。实现曲线拟合有三种方法：通过菜单拟合、通过拟合工具拟合以及非线性最小平方拟合向导(NLSF wizard)拟合。

1. 通过菜单拟合

激活绘图窗口后,在主菜单“Analysis”命令的下拉菜单中有线性回归、多项式拟合、指数衰减/增长拟合、S 拟合以及非线性曲线拟合等命令。为方便使用,我们将这些命令放置在表 10－2 中。

表 10－2　Origin7.5 中“Analysis”菜单下拟合命令及其拟合模型函数

拟合方法	拟合含义	拟合模型函数
Fit Linear	线性拟合	$y=A+Bx$
Fit Polynomial	多项式拟合	$y=A+B_1x+B_2x^2+B_3x^3+\cdots+B_nx^n$
Fit Exponential Decay	指数衰减拟合	$y=y_0+A_1\mathrm{e}^{-x/t_1}$
Fit Exponential Growth	指数增长拟合	$y=y_0+A_1\mathrm{e}^{x/t_1}$
Fit Sigmoidal	S 拟合	$y=\dfrac{A_1-A_2}{1+\mathrm{e}^{(x-x_0)/dx}}+A_2$, Boltzmann
Fit Gaussian	Gaussian 拟合	$y=y_0+\dfrac{A}{w\cdot\sqrt{\pi/2}}\mathrm{e}^{-\frac{2(x-x_0)^2}{w^2}}$
Fit Lorentzian	Lorentzian 拟合	$y=y_0+\dfrac{2\cdot A}{\pi}\cdot\dfrac{w}{4(x-x_0)^2+w^2}$
Fit Multipeaks	多峰值拟合	按照峰值分段拟合,每一段采用 Gaussian 或者 Lorentzian 方法
Nonlinear Curve Fit	非线性曲线拟合	提供了相当丰富的拟合函数,还支持用户定制

例如选择“Analysis”→“Fit Exponential Decay”→“Second Order”命令,可以进行二阶指数衰减拟合。

2. 通过拟合工具拟合

为了给用户提供更大的拟合控制空间,Origin7.5 还提供了三种拟合工具,即“Linear Fit”(线性拟合)工具、“Polynomial Fit”(多项式拟合)工具和“Sigmoidal Fit”(S 拟合)工具(图 10－26)。采用这三个工具,用户可以对整个拟合过程进行干预控制,使拟合按要求进行,避免用“Analysis”菜单命令进行拟合时程序总是选用缺省值的遗憾。

图 10－27(a)中的数据点近似线性增长,可以对其进行线性拟合,打开 Tools 中“Linear Fit”窗口,在“Operation”标签中将“Confidence Bands”选中,在“Setting”标签中将“Points”设为 20;“Range”设置为 15;“Confidence”设置为 95.0。点击“Fit”按钮进行拟合,得到图 10－27(b)。

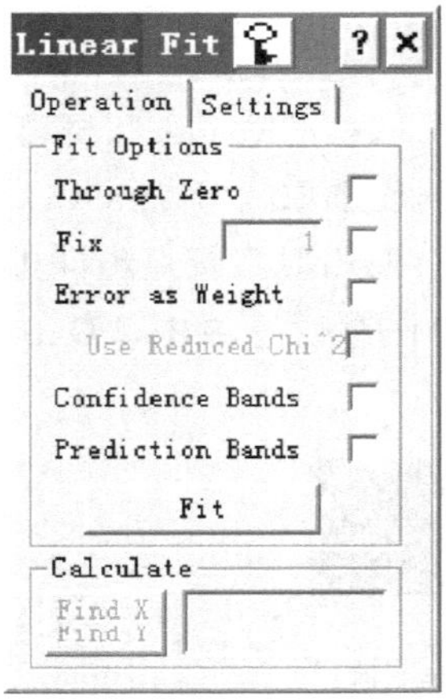

(a) 线性拟合工具

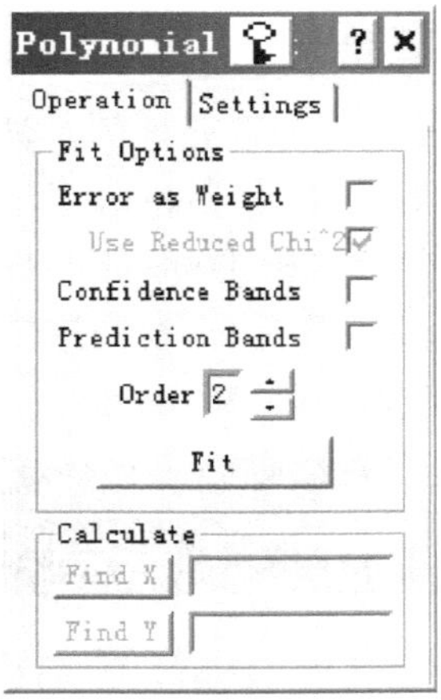

(b) 多项式拟合工具

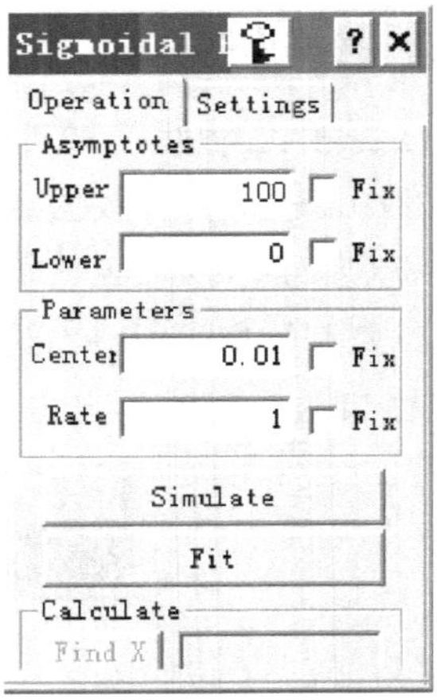

(c) *S* 拟合工具

图 10－26　Origin7.5 提供的三种拟合工具

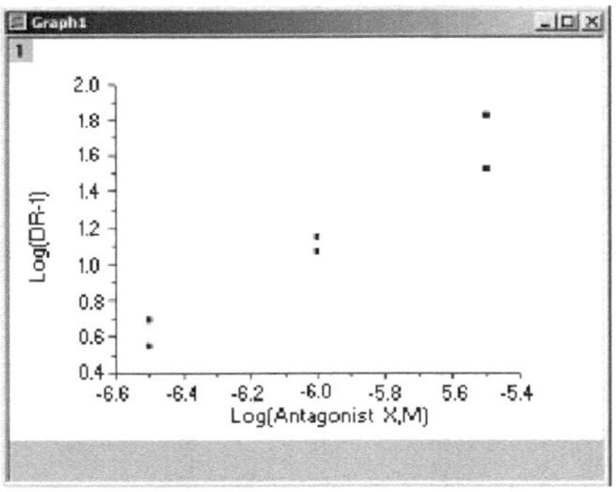

(a) 拟合前

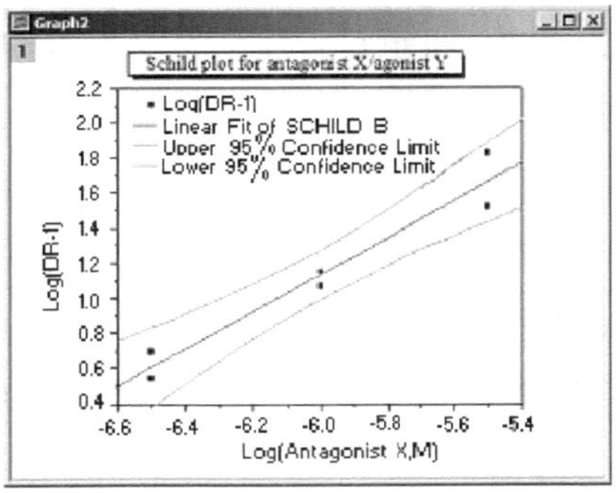

(b) 拟合后

图 10－27　通过"Linear Fit"拟合工具进行线性拟合

10.4.2　Origin 数据分析

Origin7.5 数据分析功能主要有"Simple Math"(简单数学运算)、"Statistics"(统计分析)、"Smoothing and Filtering"(平滑与滤波)以及"Baseline and Peak Analysis"(基线和峰值分析)等。在数据分析过程中，许多命令或工具会改变工作表的数列，有的命令会在工作表中添加新列，如 Subtract(相减)和 Smoothing(平滑)等，在使用时需要加以注意。

1. 数据选取工具

Origin7.5 提供了四种用于数据选取处理的工具："Screen Reader"（屏幕点读取）、"Data Reader"（数据点读取）、"Data Selector"（数据段选取）、"Zoom In/Zoom Out"（放大/恢复）。这些命令分别放在 Tools 工具栏中，使用时直接点击即可。

屏幕点读取工具：选择此工具后，在绘图窗口内任意位置单击，"Data Display"窗口内会显示出点击处的坐标值（图 10－28）。

图 10－28　用于坐标显示的"Data Display"窗口

数据点读取工具：与屏幕显示工具不同，此工具只适用于曲线数据点坐标的读取，如果点击位置不在曲线数据点上，则程序为无响应。单击数据点后，通过按键盘"空格"键可将十字光标放大直至与坐标轴相交，以便对数据点坐标进行观察。读取结果也显示在"Data Display"窗口内。

数据段选取工具：单击此工具后，程序会在当前曲线两端的数据点上加上标记，按住鼠标可移动此标记，也可通过按键盘"Ctrl＋→"和"Ctrl＋←"组合键将标记往右或左移动，移动是以相邻数据点为单位的。最后单击确定所选数据段并退出数据点选取状态。操作如图 10－29 所示。

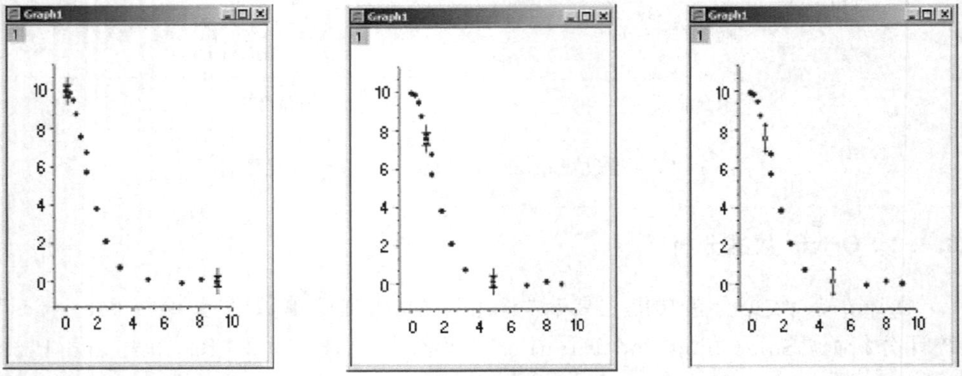

(a) 点击后出现标记　　(b) 移动标记　　(c) 确定数据段

图 10－29　数据段选取工具

放大/恢复工具：Origin7.5 的缩放工具与其他应用软件的缩放工具相

同，带"＋"和"－"的放大镜分别对应着放大和恢复功能。使用时先选择工具，按住鼠标在需要放大的区域框出一个矩形，释放鼠标按键后会在原绘图窗口内显出放大后的图形，点击按钮会让图形恢复原始大小。如果需要在新窗口中显示放大后的图形，则在拖动鼠标框选时按住"Ctrl"键，程序会在被放大的区域加上一个阴影矩形并建立一个新窗口用于显示放大区域。

2. 简单数学运算

Origin7.5 中简单数学运算包括"Simple Math"（简单算术运算）、"Substrate Straight Line"（减去参考直线）、"Vertical/Horizontal Translate"（垂直/水平移动）、"Differentiate/Integrate Calculus"（微分/积分）等。

1）简单算术运算

这是实现 Y＝Y1（＋、－、＊、/）Y2 的运算，其中 Y 和 Y1 为数列，Y2 为数列或者数字。以图 10－30(a)中的曲线为 Y1，选择"Analysis"→"Simple Math…"命令后弹出图 10－31，在"Operator(算符)"中输入"＋"，在"Y2"中输入"1"，表示Y＝Y1＋1 的运算，点击 OK 得到图 10－30(b)。

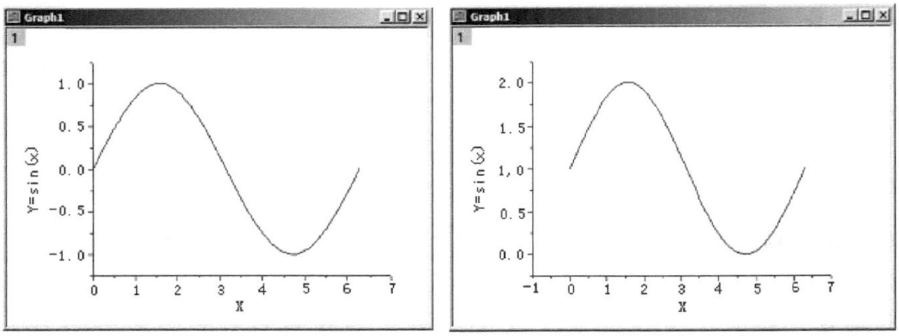

(a) 运算前的曲线　　(b) 运算后的曲线

图 10－30　Y＝Y1＋2 运算前后的图形窗口

2）减去参考直线

使用此功能，可以将一条数据曲线的值减去一条自定义直线相应点的数值后得到一条新的曲线。激活绘图窗口，选择"Analysis"→"Subtract"→"Straight Line"命令，光标自动变成形式，在屏幕任意位置双击确定参考直线的第一点，移动光标到其他位置双击确定参考直线的第二点，由于两点确定一条直线，第二点确定后 Origin 会自动将曲线减去参考直线获得一条新的曲线并在原绘图窗口中显示。

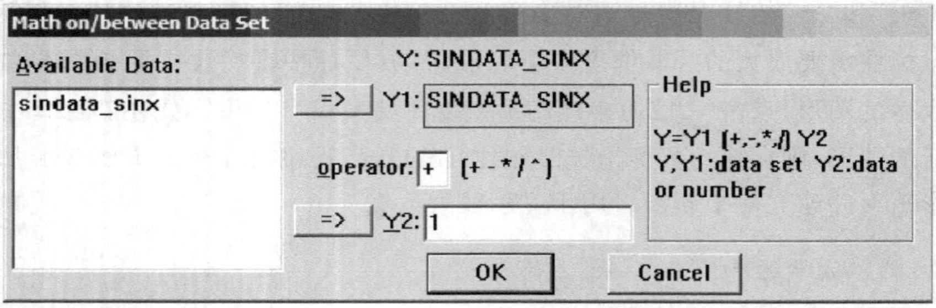

图 10－31　“Math on/between Dataset”对话框

3）垂直/水平移动

此操作是将选定的数据曲线沿着 Y 轴垂直或 X 轴水平移动。以垂直移动为例，激活绘图窗口后选择“Analysis”→“Translate”→“Vertical”命令，光标自动变成形式，移动光标在曲线上任意点，双击曲线这个数据点将其设定为起点，这时光标自动变为，在屏幕上任意点双击设定终点，这时 Origin 将自动计算起点和终点纵坐标的差值，并将曲线移动到新位置。水平移动与此类似。

4）微分/积分

此运算顾名思义就是求当前曲线的导数或对其进行积分操作。在激活绘图窗口后，点击“Analysis”→“Calculus”→“Differentiate”或“Integrate”进行微分或积分操作。图 10－32 是一个微分操作例子，程序会新建一个图形窗口并绘制出微分后的曲线。

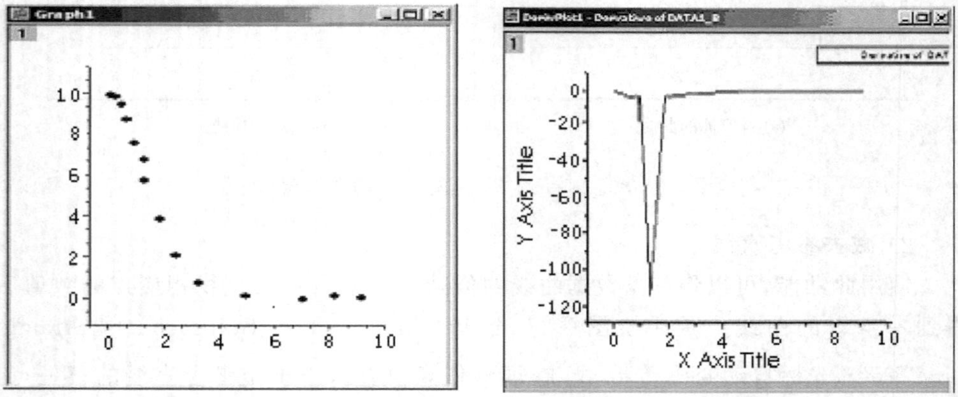

(a) 微分前的曲线　　　　(b) 微分后的图形

图 10－32　微分运算前后的图形窗口

3. 统计分析

Origin7.5 中的统计分析包括对工作表数据进行统计分析以及对工作表数据进行统计绘图两层含义。

1）“Descriptive Statistics”（描述统计）

此项功能主要有“Statistics on Columns”（列统计）、“Statistics on Rows”（行统计）、“Frequency Count”（频率计数）以及“Shapiro-Wilk Normality Test”（正态检验）。所有这些统计方法都是基于工作表窗口的，选择工作表的一行或一列后，点击菜单命令“Statistics”→“Descriptive Statistics”→“Statistics on Rows”或“Statistics on Columns”进行行、列统计。此命令会自动新建一个工作表窗口，并将被选行或列的“Mean”（平均值）、“Standard Deviation”（SD，标准差）、“Standard Error of the Mean”（Se，平均值标准误差）、“Minimum”（最小值）、“Maximum”（最大值）等数据统计出来填入新工作表中。

2）方差分析

Origin7.5 中的方差分析主要有“One-Way ANOVA”（单因素方差分析）和“Two-Way ANOVA”（双因素方差分析）。以图 10－33(a)中的数据为例，将工作

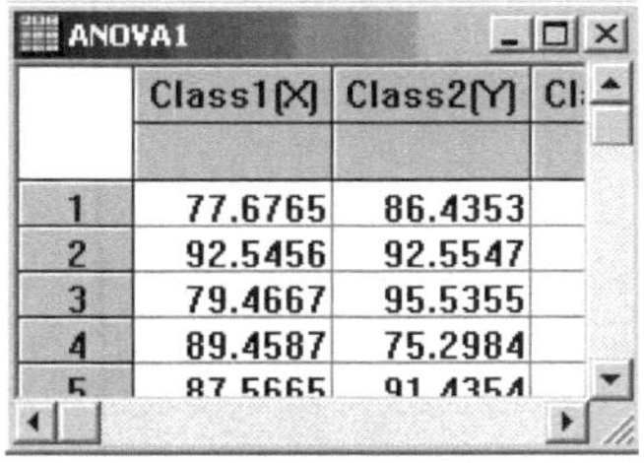

(a) 方差分析数据表

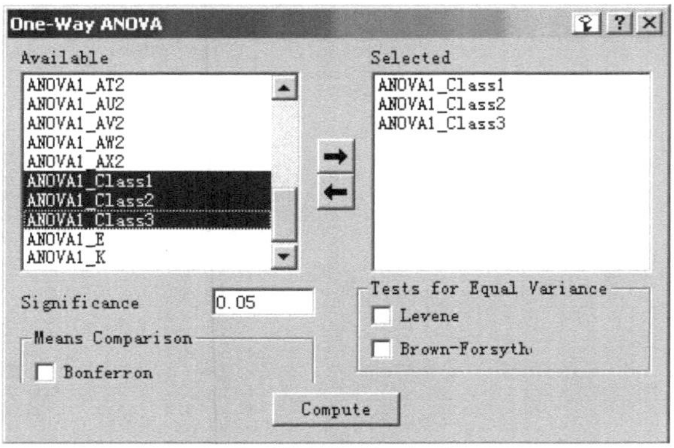

(b) 单因素方差分析对话框

图 10－33　方差分析数据表与单因素方差分析对话框

表数据全部选中，点击“Statistics”→“ANOVA”→“One-Way ANOVA”打开图10－33(b)。按图10－33(b)所示将“Significance”(显著性水平)设置为0.05并勾选上相关选项，点击“Compute”进行计算，计算完成后会生成一个“Results Log”(结果记录)窗口。

参考文献

叶卫平，方平安，于本方．2004．Origin7.0科技绘图及数据分析．北京：机械工业出版社

第 11 章　ChemDraw 的应用

Chemoffice 是美国 Cambridgesoft 公司开发的一套优秀化学桌面办公软件，该软件主要包含 ChemDraw、Chem3D、ChemFinder、BioDraw、BioViz、BioAssay、E-NoteBook 和 Inventory 等功能组件，其中 ChemDraw 是世界上最受欢迎的化学结构及方程式绘制软件之一。2005 年公司推出了 ChemDraw 最新版本 10.0，用户只需在免费注册成为公司会员后即可从公司网站 http://www.cambridgesoft.com 上免费下载试用版本，下载成功后，公司会将安装软件所需要的序列号和注册码发送到注册时提供的电子邮件中，试用版本的使用期限是两周。

目前有许多学术期刊已经指定 ChemDraw 为其论文中化学结构式的编辑软件，软件本身也附带了一些著名期刊的格式模板。本章以 ChemDraw10.0 版本为例，介绍其在分子结构、化学反应方程式及常见化学信息绘制方面的主要功能。

11.1　ChemDraw 基础

11.1.1　工作环境

ChemDraw10.0 具有标准的图形用户界面，运行后的初始窗口如图 11-1 所示。默认时打开了 Menu Bar（菜单栏）、General toolbar（常用工具栏）、Style toolbar（格式工具栏）、Status bar（状态栏）和 Main tools palette（主工具面板），其余大片区域就是用于化学信息输入的绘图区。ChemDraw 中的 Main tools palette

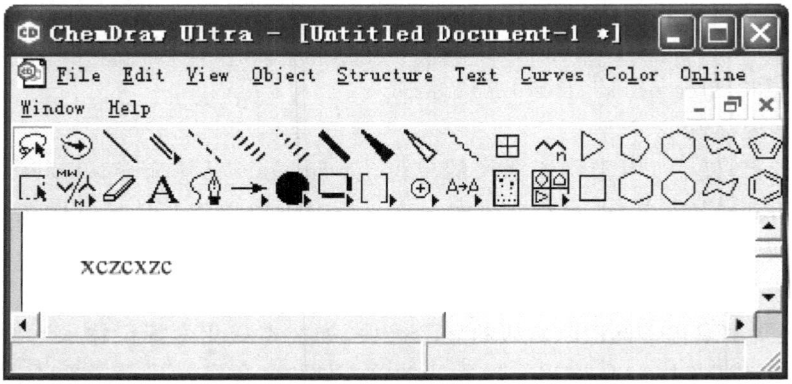

图 11-1　ChemDraw 工作界面

(主工具面板)上排列有绘制化学结构常用到的一些工具图标,使用这些图标可以完成绝大部分化学结构的绘制工作,具体的使用方法正是本章所要讨论的主要内容。其他工具的增删可通过"View"(视图)菜单下的相关子菜单命令来实现。

ChemDraw 将某些刊物论文的排版参数信息保存在一个扩展名为 .cds 的 Style Sheet(样式表)文档中,这些参数信息包括化学键的默认键角、键长、化学标记的字体、字号、颜色等。软件运行时会调用 Preferences 设置中指定的 Default Style Sheet,以此样式表为副本创建一个新的空白文档。

11.1.2 全局设置

在开始使用 ChemDraw10.0 绘制化学信息之前,需要对软件进行一些个性化或全局性设置,这些设置包括 Page Layout(页面设置)、Preferences(首选项)和 Document Settings(文档设置)等。

1. 页面设置

页面设置的功能同微软 Office 软件的页面设置相类似,主要是设置打印时纸张的布局,包括打印纸的大小、方向以及页边距。使用时可通过单击"File"(文件)菜单下的"Page Setup"(页面设置)命令来执行。

2. 首选项

位于"File"(文件)菜单下的"Preferences"(首选项)命令主要用来设定 ChemDraw 的工作方式,如设置文件打开或保存的目录、打开或关闭编辑时的拼写或化学信息检查等。Preferences 的设定是一个全局设定,相关的参数会影响到以后打开、编辑或保存的每一个 ChemDraw 文档。Preferences 窗口包含"General"(常规)、"Building/Display"(构造/显示)、"Warnings"(警告)、"Open/Save"(打开/保存)和"Directories"(目录)五个标签。

1)常规标签

"Units"(单位)用于设置标尺的单位,有 cm、Inches、Points 和 picas 四个选项;"Tolerance"(容差)表示光标块大小或光标靠近对象将其选中的距离,数值越大,光标块越大。

2)构造/显示标签

输入文本或化学标记时默认的显示选项,如文本或化学标记输入时换行方式是按"Enter"还是按"Alt+Enter"、默认的输入结构氢原子是显示还是隐藏等。

3）警告标签

用于设定软件进行化学信息检查时的选项，如选择“Valence and Charge Errors”表示当结构式中出现价态或电荷错误时软件会在结构式中用红色方框警告。选中“Atoms Near Other Bonds”表示当一个原子距离其他价键太近时显示警告。

4）打开/保存标签

主要用于设置文件和 Style Sheet 打开和保存的路径。例如，“Default Style Sheet”（默认样式表）选项是用于指定软件新建空白文档时所使用的样式表。

5）目录标签

用于指定 Style Sheet 存放的路径。

3. 文档设置

“Document Settings”（文档设置）用来设置某个特定 Style Sheet 文档中的相关参数。单击“File”菜单下的“Document Settings”命令打开 Document Settings 窗口。此窗口主要有“Layout”（版面）、“Footer”（页眉页脚）、“Drawings”（绘图）、“Captions”（文本）、“Atom Labels”（原子标签）和“Colors”（颜色）六个标签组成。所有的这些设置仅对当前打开的文档起作用。如果要永久保存设置，可在设置完相关参数后，选择图 11－1 中的“File”菜单下的“Save As”（另存为）将文档保存为 ChemDraw Style Sheet 格式的文档。

1）版面标签

设置文档类型为“Poster”（海报）还是“Pages”（页面），也可设置文档的页边距。“Footer”（页脚）标签：设置页眉页脚的位置与文本。

2）绘图标签

此项设置非常多也非常重要。“Chain Angle”（链角）表示新建化学键时默认的键角，即“Object”（对象）菜单下的“Fixed Angle”（固定键角）命令所指；“Bond Spacing”（键间距）表示重键每条单线之间的距离，有“% of length”（相对值）或“absolute”（绝对值）可选、“Fixed Length”（固定键长）表示新建一个化学键时默认的长度值，即“Object”（对象）菜单下的“Fixed Length”命令所指。这些设置数值的单位可以通过“Units”（单位）下拉列表互换。

3）文本标签

设置普通文本的字体、字号、字型、对齐方式以及段落间距。此处“Baseline Style”应当选择“Normal”。

4）原子标记标签

设置化学标记文本的字体、字号、字型、对齐方式以及段落间距。“Baseline Style”应当选择“Formula”。

5）颜色标签

主要用于设定文档的“Background Color”(前景色)、“Foreground Color”(背景色)和“Other Color”(其他颜色)。

11.2　绘制化学结构

ChemDraw 软件强大的绘图功能首先表现在分子结构的绘制上，它不仅可以便捷地输入化学符号、常见的化学键和化学图形，还可以通过菜单命令实现绘图对象的排列、对齐、翻转和组合。在 ChemDraw 中还提供了一个“结构名称转换”模块用于快速创建或命名结构式。

11.2.1　基本绘制工具

1. 化学键

ChemDraw10.0 将化学键分为 Single bond(单键)和 Multiple bonds(重键)两个大类(图 11－2)，Single bond 共有八个工具，其图标列于“Main Tool Palette”(主工具面板)左侧；Multiple bonds 也有八个工具，其工具图标收集在“Multiple Bonds”工具面板中，通过“View”(视图)菜单下的“Other Toolbars”子菜单中的“Multiple Bonds”命令打开；或单击“Main Tool Palette”双键图标右下角的“▶”打开“Multiple Bonds”工具面板，然后将鼠标移动到相应的重键工具图标上释放鼠标键即可。

图 11－2　Single Bond 和 Multiple Bonds 的工具图标

选中某个化学键工具图标，在绘制图单击即可完成一次绘制，所得到的化学键的长度和角度受“Document Settings”中“Drawings”标签中的键长和键角的设置控制，在单击时如果不释放鼠标键移动光标，则只会改变化学键的水平夹角而不会改变长度，若要绘制任意长度的化学键，则在绘制时按住键盘 Alt 键或取消“Objects”菜单下的“Fixed Lengths”和“Fixed Angles”的选择再绘制。在已绘结构上新加化学键时，只需将光标移动到需要增加化学键的位置单击。任何键型的互相转换只需要将新键型的工具图标选中后在旧键中间位置单击即可完成。

2. 环

环工具有十个工具图标，列于 Main Tool Palette 下方，见图 11-3。其使用方法与化学键的方法类似，先单击工具图标，然后在绘图区单击即可绘制一个环，环的大小和初始角度也受“Fixed Lengths”和“Fixed Angles”控制。若要绘制任意大小的环，则在单击时按住键盘 Alt 键拖动鼠标将环放大到合适尺寸后释放。

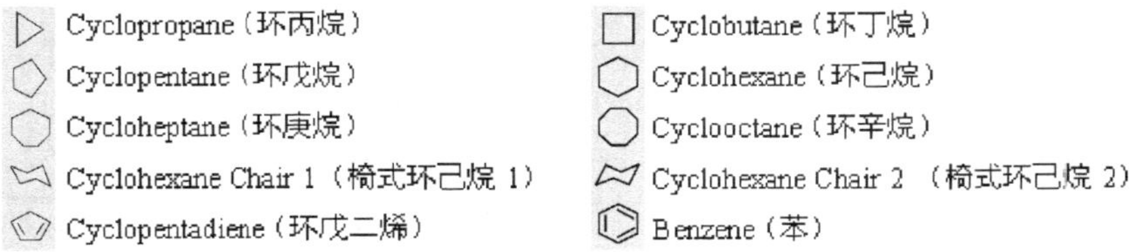

图 11-3 环工具的工具图标

ChemDraw 没有提供离域苯环工具图标，绘制时，选取苯环工具图标，按住键盘 Ctrl 键在绘图区单击即可绘制一个离域苯环。Shift 键加环工具可以绘制不同方向的环，以苯为例，默认时单击绘制的苯环为，如果按住 Shift 键后单击则可绘制出，前者的起始位置是双键，后者是单键。

3. 脂肪长链

顾名思义，“Acyclic Chains”（脂肪长链）工具是用于绘制脂肪族长链碳骨架的，其工具图标列于“Main Tool Palette”左侧。新绘制长链时，按住鼠标左键不放，向碳链伸展的方向拖动，光标下角会提供当前已经伸展的碳原子数目，到所需的长度后释放鼠标键即可完成绘制。若是在现存结构式的某个位置新增加碳链，选中后直接在此位置单击，则弹出如图 11-4 所示的对话框，输入需要增加的碳原子数目，点击“Add”即可。

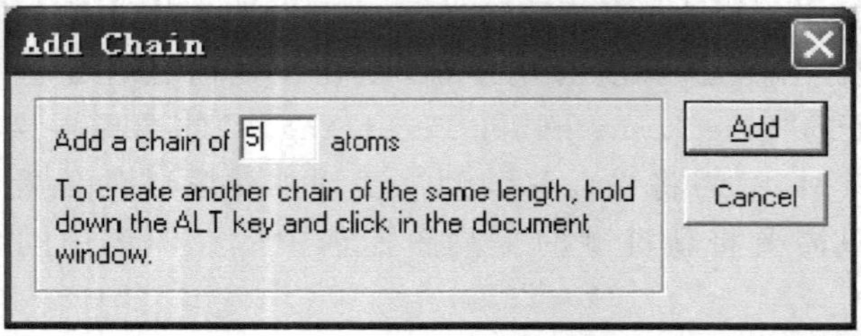

图 11-4　新增碳链对话框

4. 选择工具

“Main Tool Palette”最上方的两个工具图标和分别是 ChemDraw10.0 的“Lasso”(套索)和“Marquee”(框选)工具。两者都是用于选取对象的,“Lasso”在不规则或较复杂对象的选取时有优势,“Marquee”则是最常用的选取工具,单击时会自动用一蓝色选择框将最后绘制或操作的图形标识成选中状态,见图 11-5。

(a) 对象被选中　(b) 旋转控制点　(c) 缩放控制点　(d) 变形控制点

图 11-5　对象选中后的控制点

操作时选中“Marquee”工具图标,从被选图形左上角处开始,按住鼠标左键拉出一个矩形将图形包括在内,释放鼠标键即可完成选择,在选择框四周出现九个控制点[图 11-5(a)]。使用这些控制点可迅速完成图形的旋转、放大、变形操作。图 11-5(b)中的控制点即是用于旋转操作的,将光标移动到此控制点上,按住鼠标沿顺时针和逆时针方向移动光标,对象也随之转动,并同时在光标附近显示出当前旋转的角度。到所需位置时释放鼠标键即完成一次旋转。选择框矩形的四个顶点位置的控制点[图 11-5(c)]是用于图形缩放的,按住鼠标拖动则可放大、缩小图形,缩放的比例也在光标附近动态显示。拖动选择框矩形四边中点的控制点可对图形进行变形操作[图 11-5(d)]。

5. 文本

ChemDraw10.0 将文本分为 Caption 和 Atom Labels 两大类。不论哪一类文本的输入都是通过“Main Tool Palette”中“Text”(文本)A命令实现的。格式工

具栏中的 CH_2 按钮可用来在普通文本和化学标记文本间快速转换。

以甲苯的绘制为例，首先使用苯环工具和单键工具绘制出甲苯[图 11－6(a)]；选择 A 工具在单键末端单击，打开文本输入框[图 11－6(b)]，同时格式工具栏中的 CH_2 按钮切换成选中状态，这是由于我们文本工具单击的位置在化学键的末端，软件认为此时要输入的文本应当有化学意义，即是化学标记文本。在文本框中输入“CH_3”，鼠标在绘图区其他任何地方单击一下结束输入[图 11－6(c)]，用 A 工具在苯环下方单击再次打开文本输入框[图 11－6(d)]，此时格式工具栏中的 CH_2 按钮则是处于未选中状态，说明要输入的“Tolune”是普通文本[图 11－6(e)]。同样在其他地方单击结束输入得到最终带文本说明的甲苯结构式[图 11－6(f)]。

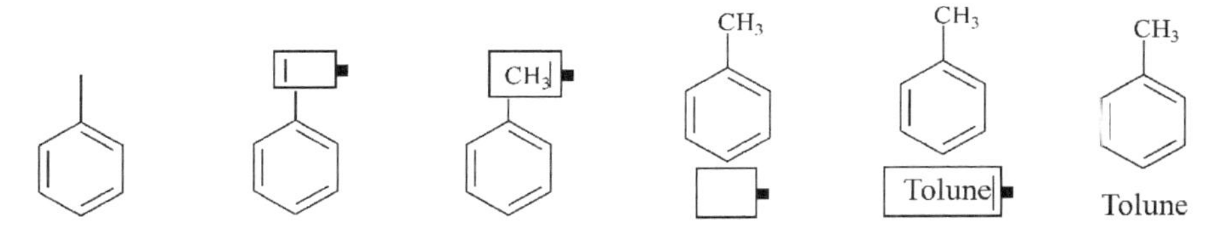

(a) 输入甲苯　(b) 甲基定位框　(c) 输入甲基　(d) 甲苯定位框　(e) 输入甲苯　(f) 完成输入

图 11－6　文本工具的使用

文本输入框最右侧有一个文本框大小控制点[图 11－7(a)]，默认情况下，随着输入的文本内容的增加，ChemDraw 在遇到硬回车前会自动调整文本框大小来适应文本[图 11－7(c)]。若在输入文本前就手动调整了控制点的位置，如果输入的文本超过了文本框大小，ChemDraw 会通过软回车换行来容纳文本[图 11－7(d)]。

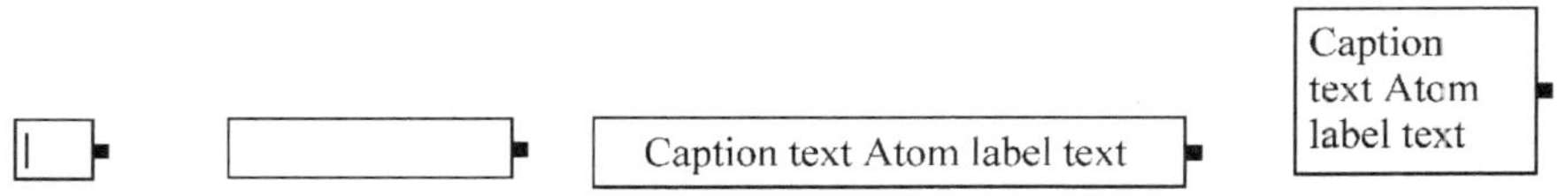

(a) 默认大小　(b) 移动控制点　(c) 在(a)中输入文本　(d) 在(b)中输入文本

图 11－7　文本输入框的调整

文本的字体、字号与字型以及段落格式可通过格式工具栏来调整。ChemDraw 还在“View”菜单中提供了“Character Map”(字符表)工具面板来弥补“Text”工具对于非罗马字母输入的不足。

11.2.2 高级绘制工具

1. 快捷输入

ChemDraw之所以能够成为一款优秀的化学结构式绘制软件，与其便捷的使用方法是分不开的，软件除了提供大量工具栏之外，还可以使用大量的快捷键，其中最常用的就是化学键输入快捷键和化学标记输入快捷键。

1）化学键快捷输入

如图11－8所示，当光标移动到图11－8(a)的苯环最右碳原子上时，按键盘数字0则会在此碳原子上新增一个单键，得到图11－8(b)，将光标移动到新生成单键末端，按数字9新增两个单键得图11－8(c)，按数字8新增三个单键得图11－8(d)。

(a) 定位起始点　(b) 按数字0键　(c) 按数字9键　(d) 按数字8键

图11－8　用快捷输入绘制化学键

若将光标移动到某个化学键上时，按数字1～4可在单键、双键、叁键和四键之间相互转换，按字母键b、d、h、w和y可使化学键的键型在粗键、虚键、楔形间隔键和波浪键之间互换(图11－9)。

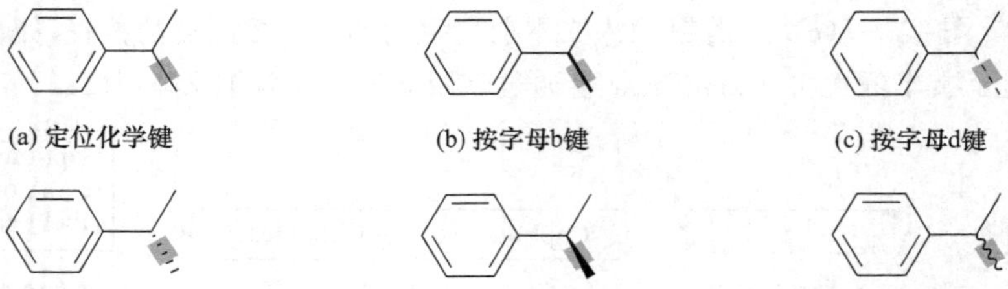

(a) 定位化学键　(b) 按字母b键　(c) 按字母d键

(a) 按字母h键　(b) 按字母w键　(c) 按字母y键

图11－9　用快捷输入改变键型

2）化学标记快捷输入

当光标移动到结构式某个原子上时，按键盘上的某些键可以快速输入原子标记，这些快捷键非常多，并且对大小写字母非常敏感。我们将常用的快捷键列于表11－1。

表 11 - 1　ChemDraw 默认的原子标记快捷键

原子标记	快捷键	原子标记	快捷键	原子标记	快捷键
A	a	F	f	Ph	R 或 4
Ac	A 或 5	H	h	Q*	q
Br	b	I	i	R	r
n-Bu	1	K	k	S	s
s-Bu	2	Me	m	Si	S
t-Bu	3	N	n	TMS	t
C	c	Na	N	X	x
Cl	C 或 l	O	o	$COOCH_3$	E
D	d	OTs	T	CH_2OH	6
Et	e	P	p		

2. 组合与键合

“Objects”菜单下的“Group”(组合)命令用于将多个选中的对象组合成一个整体,以便能够像使用一个对象一样来使用它们。组合中的所有对象可以作为一个整体单元来进行翻转、旋转,以及调整大小或缩放等操作。还可以同时更改组合中所有对象的属性(如填充或颜色等)。“Ungroup”(取消组合)命令是用来取消对象的组合。Group 和 Ungroup 的快捷图标位于对象工具栏最上方。

图 11 - 10(a)是组合前的两个对象,用“Marquee”工具框选时会出现两个选择框,图 11 - 10(b)是使用组合命令组合后的样子,此时只出现一个选择框。不过,组合中的每一个原始对象仍然保留有独立的属性设置权限,若要取消这种独立属性,则可在组合基础之上,选择右键菜单中“Group”子菜单中的“Integral”(整合)命令,整合后的两个对象只能设置一个属性。

(a) 组合前是两个对象　　(b) 组合后双击时作为一个对象选中

图 11 - 10　“Group”命令的使用

“Objects”菜单下的“Join”(连接)命令是将两个结构式融合成一个结构式,键合时可采用共享化学键的形式也可采用共享原子来完成。以图 11 - 11 为例,首先绘制出两个环己烷，用“Marquee”工具选中共享的化学键，点击“Join”命令得到十氢化萘结构式[图 11 - 11(a)]；若选择的是两个环己烷中的碳原子，则键合后得到的一个螺环化合物[图 11 - 11(b)]。

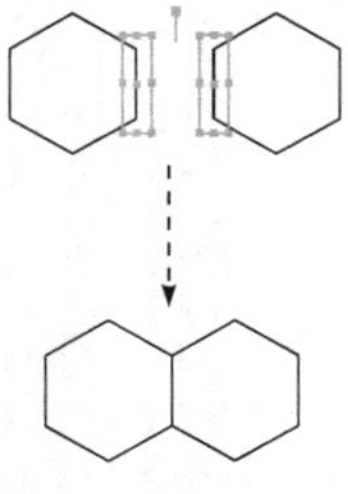

(a) 选中价键进行键合

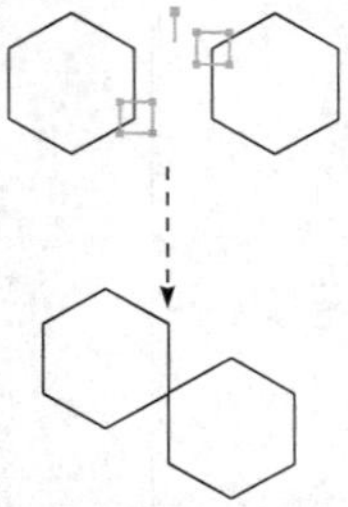

(b) 选中原子进行键合

图 11 - 11 “Join”命令的使用

3. 旋转与缩放

对象的旋转与缩放有多种方法可以实现，在不需要非常精确旋转角度和缩放比例时，前面“选择工具”一节中介绍的通过选择控制点进行旋转与缩放的方法是非常方便快捷的。如果需要精确的旋转角度，在保持对象选中的前提下，可通过使用“Objects”菜单下的“Rotate”(旋转)命令打开图 11 - 12 的“Rotate Objects”(旋转对象)对话框，输入确定的角度，并选择好旋转方向，点击“Rotate”即可实现精确的旋转。

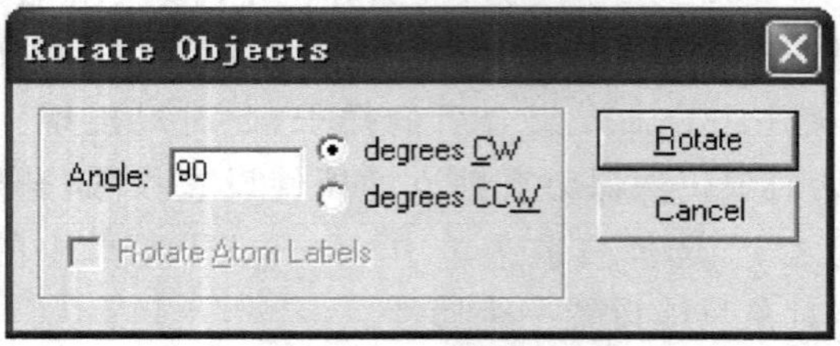

图 11 - 12 “Rotate Objects”对话框

精确的缩放比例也可以用“Objects”菜单下的“Scale”(缩放)命令打开“Scale Objects”(缩放对象)对话框(图 11 - 13)，缩放可通过调整价键的长短或给出缩放比例来完成。

需要提醒的是，在对象选中时，如果双击旋转或缩放控制点，则可以快速打开“Rotate Objects”和“Scale Objects”对话框。

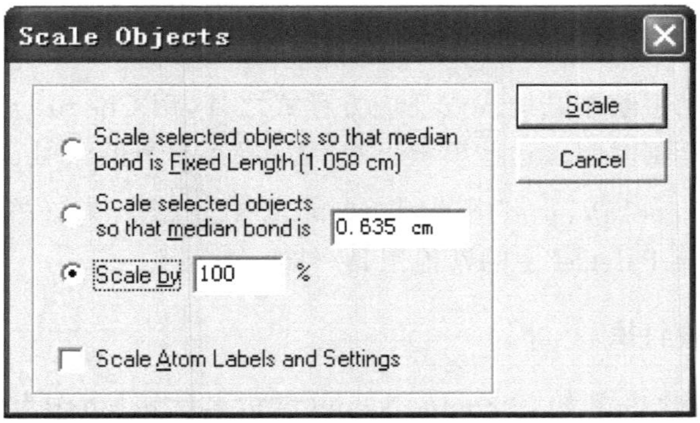

图 11－13　"Scale Objects"对话框

4. 翻转与对齐

"Align"(对齐)操作是排版时常用的一个功能,因此 ChemDraw 提供了一个"Object ToolBar"(对象工具栏)用于存放对齐操作的工具图标。对齐操作有"Align left edges"(左边对齐)、"Align right edges"(右边对齐)、"Align top edges"(顶部对齐)、"Align bottom edges"(底部对齐)、"Align left-right center"(垂直居中)和"Align top-bottom edges"(水平居中)六种方式。使用时先选中要操作的对象,然后点击相应的操作即可完成图 11－14。

(a) 对齐前样式　　(b) 水平居中对齐后的样式

图 11－14　"Align"命令的使用

"Flip"(翻转)是一种类似于镜像的操作形式,在"Object"菜单下有"Flip Horizontal"(水平翻转)和"Flip Vertical"(垂直翻转)两种翻转方法。其功能分别是将图形沿一个垂直于 X 轴、Y 轴的假想平面做一次镜像操作得到新图形,见图 11－15。

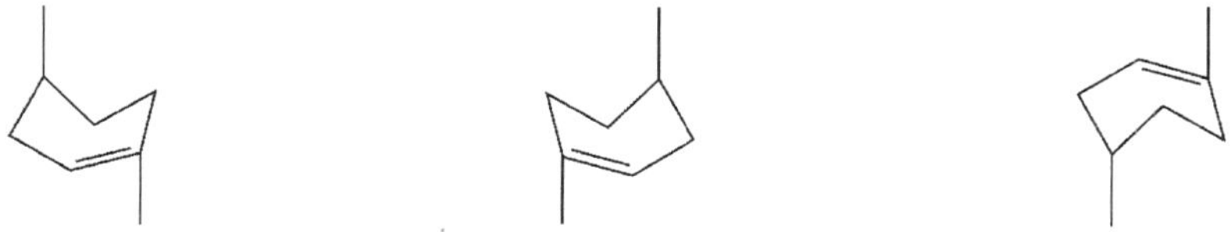

(a) 翻转前样式　　(b) 水平翻转后的样式　　(c) 垂直翻转后的样式

图 11－15　"Flip"命令的使用

5. 模板绘图

除了自动和动手绘制结构式或反应方程式之外，用 ChemDraw10.0 提供的模板可以大大节省绘制时间。这些模板可在“View”菜单下的“Other ToolBars”中找到，或单击“Main Tool Palette”中的“Templates”或图标打开模板面板。其使用方法同“Main Tool Palette”中的其他工具一样。

11.2.3　结构名称转换

从 ChemDraw8.0 开始，Struct⇔Name(结构名称转换)作为软件内嵌的一个用于自动命名或自动创建结构式的一个模块，免费提供给用户使用。通过此功能，我们可以非常方便地快速创建或命名结构式。ChemDraw10.0 对此项功能做了进一步增强，对已经采用 Struct→Name 功能命名的结构式如果有了改动，软件则会自动更新新结构式的名称。

1. Struct→Name

Struct→Name(命名结构式)功能可用于产生某个结构式的系统名称甚至是常见俗名。在 ChemDraw10.0 中支持常见的无机、有机、盐类以及无净电荷化合物的命名。不过，此功能在使用时也受到诸多因素影响，一般情况下，当结构式中出现以下情形将无法使用：自由基、聚合物、含罕见价态的化合物、螺环化合物、超过一个桥的桥环化合物、含同位素的化合物、某些生命化合物等。

以 Pinacol 为例，首先输入化合物的结构式，在确保结构式正确无误的情况下，选中此结构式[图 11 - 16(a)]，选择“Structure”菜单下的“Convert Structure to Name”命令，软件会自动给出此 Pinacol 醇的系统名称 2,3-dimethylbutane-2,3-diol[图 11 - 16(b)]。如果将最右端的甲基改成氢原子，软件会自动将结构式的名称更新为 2-methylbutane-2,3-diol[图 11 - 16(c)]。

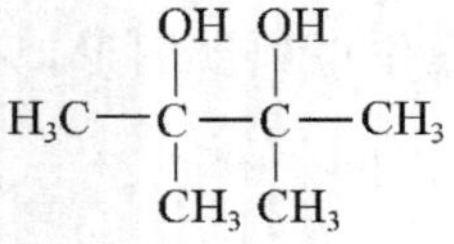

(a) 选中结构式

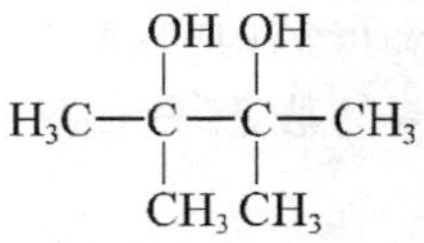

2,3-dimethylbutane-2,3-diol

(b) 自动命名的结果

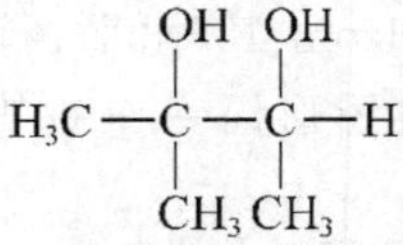

2-methylbutane-2,3-diol

(c) 自动更新

图 11 - 16　使用“Struct→Name”功能

2. Name→Struct

ChemDraw10.0 支持化合物的系统名称转换，也支持常见缩写、俗名（如 Aspirin）的转换。Name→Struct（创建结构式）功能是用于将普通文本转换成化学结构式。另外，此软件的自动纠错能力也较强，如果将 methyl（甲基）误输入成 mehtyl，软件也会正确识别成 methyl。

以 1,3-丁二烯为例，选择“Structure”菜单下的“Convert Name to Structure”命令打开“Insert Structure”对话框（图 11 - 17），在空白区域输入 1,3-丁二烯的英文名称 Butadiene，点击“OK”后，软件会在绘图区插入 1,3-丁二烯的结构式并在结构式下方给出刚才输入的名称。另外，也可以先选中绘图区的某段文本，再选择“Structure”菜单下的“Convert Name to Structure”命令，则会立刻插入对应的结构式。

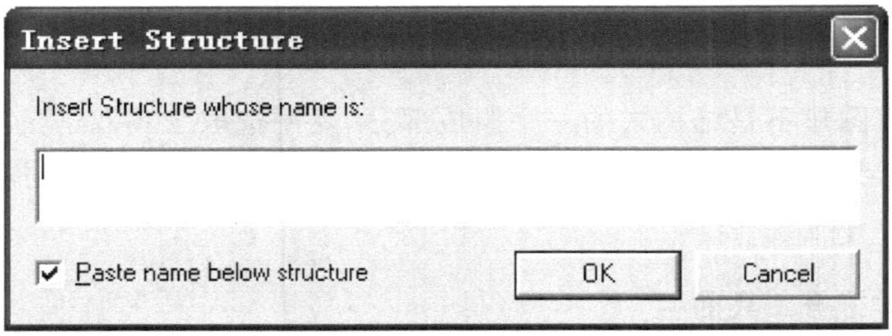

图 11 - 17　使用“Name→Struct”功能

11.3　绘制对象

除了结构式的绘制，ChemDraw10.0 还提供了大量用于化学图形信息绘制的工具，如轨道结构、箭头及基本的多边形，甚至可以绘制任意曲线。这些工具可通过“View”菜单及其“Other ToolBars”子菜单中打开或关闭。也可以通过单击“Main tools palette”中右下角带▶的工具图标快速选取相关命令（如 、 、 、 和 等）。

11.3.1　轨道工具面板

“Orbitals”（轨道）工具面板主要用于绘制各种轨道图形。ChemDraw10.0 提供了包括 s 轨道、σ 轨道、d 轨道、p 轨道、sp^3 杂化轨道和 d_{xy} 轨道在内的常见轨道图形，并且提供了 Open（背景色）、Shade（阴影）及 Solid（单色填充）三种图形填充模式。默认的轨道大小和轨道瓣伸展方向同样也是受“Fixed Lengths”和“Fixed

Angle”控制。

以甲烷中的一个 C—H σ 键绘制为例，首先绘制出甲烷的分子骨架，将其放大 1.5 倍[图 11-18(a)]；选择轨道工具面板中的阴影填充的 s 轨道图标，在 H 原子上单击，选择阴影填充的 sp^3 杂化轨道图标在 C 原子上单击[图 11-18(b)]；选取绘制的 sp^3 杂化轨道，将其放大 2.5 倍[图 11-18(c)]；最后分别选取两个轨道，使用“Object”菜单下的“Send to Back”(置于后面)命令将轨道的叠放次序调整为底层，得到最终轨道图形[图 11-18(d)]。

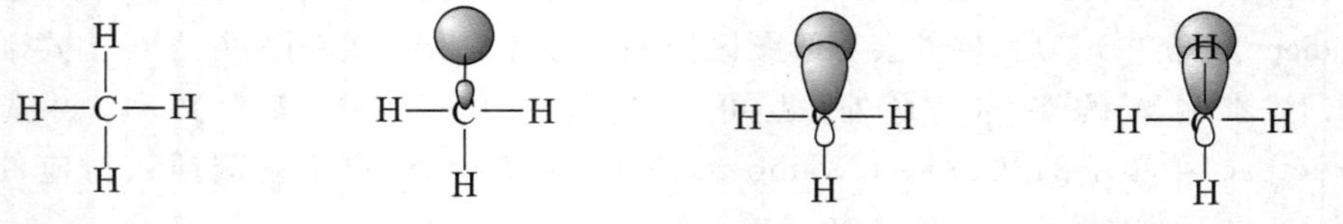

(a) 绘制甲烷结构　(b) 添加轨道图形　(c) 调整轨道大小　(d) 调整轨道叠放次序

图 11-18　Orbitals 工具使用实例

由于轨道图形不是结构式的一个组成部分，当用选取工具双击选中结构式(化学键、化学标记)时不会选中轨道。要想同时选中，只需将轨道与结构式进行组合即可。

11.3.2　化学符号工具面板

Symbols(化学符号)工具面板用于在结构式中添加化学符号，如正负电荷符号、自由基符号、电子对符号、H-划、H-点以及各种附属标记等。

以图 11-19 所示的氨基酸内盐绘制为例，首先绘制出氨基酸的结构式[图 11-19(a)]；选择“Symbols”工具面板中的负电荷符号 - ，在羟基 OH 的氧原子上单击，ChemDraw 会在羟基氧上加上一个负电荷，同时自动减去羟基中的氢原子形成氧负离子[图 10-19(b)]；同样的方法，选择正电荷符号 + ，在氨基的氮原子上单击，则在氮原子加上正电荷符号的同时也加上了一个氢原子，得到氨基酸的内盐结构[图 11-19(c)]。

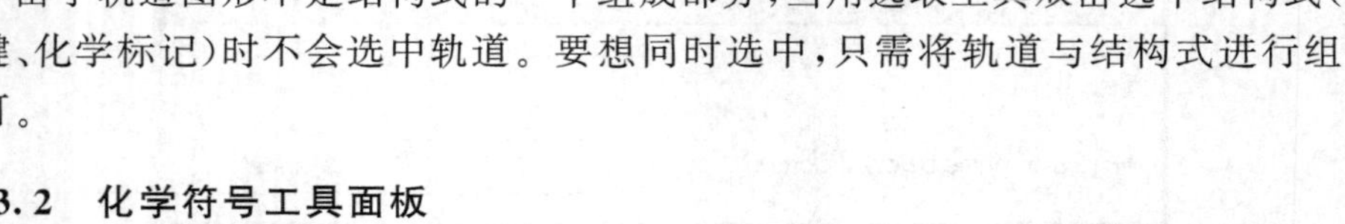

(a) 绘制氨基酸结构　(b) 添加负电荷符号　(c) 添加正电荷符号

图 11-19　Symbols 工具使用实例

11.3.3　箭头工具

ChemDraw10.0 的“Arrows”(箭头)工具面板提供了丰富的箭头工具,包括单向、双向、平衡箭头、共振杂化箭头、电子转移箭头等。

1. 反应方程式类的箭头的输入与编辑

此类箭头的绘制比较简单,选取相应的工具图标后,在绘图区单击即可绘制出箭头,其长度由“Fixed Lengths”命令控制。若在单击时不释放鼠标键,拖动鼠标即可绘制出长度和方向可变的箭头(图 11－20)。

$$CH_3CH{=}CHCHO \xrightarrow[\text{② } H^+,H_2O,90\%]{\text{① } LiAlH_4,\text{乙醚}} CH_3CH{=}CHCH_2OH$$

图 11－20　反应方程式类箭头的绘制

当光标为选择工具或绘制箭头功能时,将鼠标移动到刚才绘制出的箭头上时,箭头会显示出六个控制点,通过这些控制点可以对箭头进行进一步的编辑调整(图 11- 21)。

(a) 六个控制点　(b) 调整长短　(c) 调整弧度　(d) 调整前端大小　(e) 调整前端形状

图 11－21　反应方程式类箭头的编辑

(1) 控制点 1 和 6:鼠标移动到此控制点上时会改变成十字形,按住鼠标键不放,拖动控制点可调整箭头的长短或方向。

(2) 控制点 2:鼠标移动到此控制点上时会改变成左斜双向箭头形,按住鼠标键不放,拖动控制点可调整箭头的弧度。

(3) 控制点 3 和 4:鼠标移动到此控制点上时会改变成十字形,按住鼠标键不放,拖动控制点可调整箭头前端大小。

(4) 控制点 5:鼠标移动到此控制点上时会改变成左斜双向箭头形,按住鼠标键不放,拖动控制点可调整箭头前端形状。

2. 电子转移类箭头的输入与编辑

此类箭头主要用于描述结构式或反应方程式中电子的转移过程。ChemDraw10.0 提供了四种角度(90°、120°、180°和 270°)、两种方向(顺时针和逆时针)、三种类型(双边、单边和双边双向)的 20 种箭头,外加两个椭圆双边箭头。在选中某个转移箭头的图标后,在箭头起始位置单击,不释放鼠标键,拖动鼠标到箭头末端,释放鼠标键即可(图 11 - 22)。

图 11 - 22　电子转移类箭头的绘制

此类箭头也有六个控制点,通过这些控制点也可对此类箭头进行进一步的编辑调整(图 11 - 23)。

(a) 六个控制点　(b) 调整弧长　(c) 调整弧度　(d) 调整前端大小　(e) 调整前端形状

图 11 - 23　电子转移类箭头的编辑

(1) 控制点 1 和 6:鼠标移动到此控制点上时会改变成十字形,按住鼠标键不放,拖动控制点可调整弧线的长度。

(2) 控制点 2:鼠标移动到此控制点上时会改变成左斜双向箭头形,按住鼠标键不放,拖动控制点可调整弧线的弧度。

(3) 控制点 3、4 和 5:点 3、4 和 5 的功能主要是用于箭头前端大小和形状的控制。

11.3.4　括号工具面板

"Brackets"(括号)工具面板提供了圆括号、大括号、方括号三种括号的双边和单边工具图标。绘制时按住鼠标键拖动可调整括号的大小,拖动时鼠标移动的方向会影响到括号的方向。

以聚乙烯分子结构绘制为例,首先绘制出聚乙烯一个重复单元[图 11 - 24(a)];选择双边方括号工具图标[ ],从结构式的左上角开始,按住鼠标左键,将十字光标拖动到右下角绘制出大小合适的双边方括号[图 11 - 24(b)];最后在右半边的括号上单击鼠标右键打开快捷菜单,在"Bracket Usage"子菜单中选择"SRU(n)"命令,则在右括号的右下角加上 n 标记[图 11 - 24(c)]。

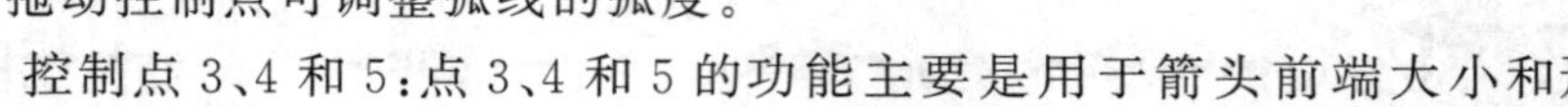

(a) 绘制一个重复单元　(b) 绘制括号　(c) 添加重复单元数目

图 11 - 24　"Brackets"工具使用实例

11.3.5　自选图形工具面板

“Drawing Elements”(自选图形)工具面板主要提供了一些常见的基本图形。这些图形主要有圆环、椭圆、圆角矩形、直角矩形、直线、虚线、波浪线、粗线和各种角度圆弧,其中二维图形有 Hollow(背景色填充)、Dashed(虚线边框)、Shade(阴影)及 Solid(单色填充)四种图形模式可选。下面以丙酮羟醛缩合反应方程式的绘制为例来说明“Drawing Elements”工具的使用。

1) 绘制反应物

点击“Main tools palette”中的模板工具图标,从“Functional Groups”子菜单中选择丙酮,在绘图区单击即可输入丙酮结构式[图 11－25(a)]。

2) 绘制产物

复制丙酮结构式,用单键工具在右边甲基上单击添加一个新的单键[图 11－25(b)],再次在最右边的甲基碳原子上新添加三个单键,得到图 11－25(c);最后用文本工具 A 键入“OH”,最终的结构式如图 11－25(d)所示。

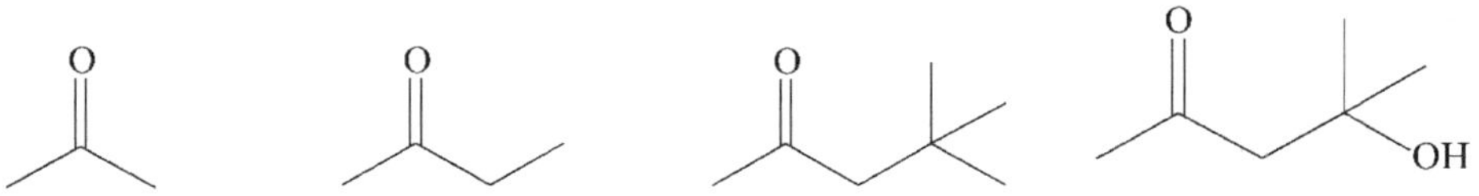

(a) 绘制丙酮结构　　(b) 添加一个单键　　(c) 添加三个单键　　(d) 添加羟基

图 11－25　羟醛缩合反应物和产物绘制

3) 添加反应条件

从“Arrows”工具面板中选取单向箭头,在反应物和产物中间向右拖动光标绘制出反应箭头。用文本工具 A 在箭头上输入“OH”,最后选择“Symbols”工具中的带圈负电荷在 OH 的氧原子上单击,结果如图 11－26 所示。

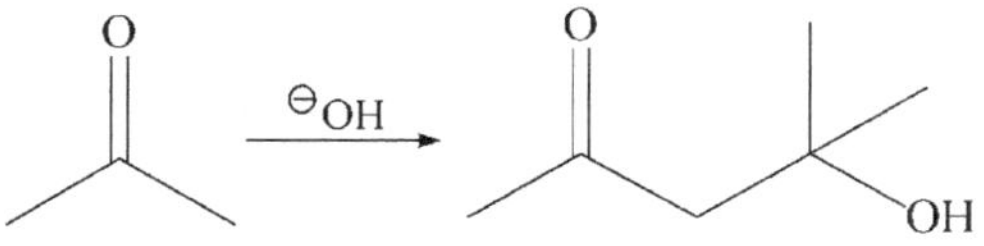

图 11－26　羟醛缩合反应条件绘制

参 考 文 献

胡立江. 2002. 精通 ChemDraw. 北京:清华大学出版社

第12章　网上化学化工资源

12.1　概　　述

Internet诞生于20世纪60年代初，它的诞生是人类社会发展史上的又一里程碑。Internet筑成了一条信息高速公路，成功解决了信息爆炸的问题，真正地使整个世界成为一个地球村。

化学作为一门具有悠久历史的科学，其信息资源纷繁浩大，这无疑会使Internet成为化学信息的主要载体。通过Internet可以很方便地查阅各种与化学化工有关的信息，如世界各地的化学会议、学术期刊论文、各种化学数据库，也可以下载免费化学软件、在讨论组上发表自己关于某个化学问题的看法、了解化学的前沿领域和热点问题。

本章在介绍了如何利用搜索引擎和化学化工宏站点查找化学信息之后，较详细地介绍了网上的化学化工数据库、化学化工文献资源和化学化工软件资源。

12.2　Internet上化学化工文献资料查询

Internet上的文献查询分为中文和英文文献资料的查询，可以完成文献搜索、图书搜索、论文搜索、技术寻求、知识问答等。只要准确给出关键词就可以快速得到你所需要的信息。

12.2.1　中文文献资料的查询方法

1. *超星图书馆*

超星图书馆（http://www.ssreader.com/）是目前提供中文电子图书最全的一个网页，有免费图书馆和会员图书馆供读者使用。进入超星图书馆后可以在线下载电子图书，操作便捷，使用方便。图12-1和图12-2分别是超星数字图书网的主页和图书分类，读者可以按需要点击查看。

如果要检索图书就在图12-2数字图书栏内输入书的名字，例如，输入“化学计量学”后，点击检索便可以出现一系列图书名称的检索结果。点击所需要的书名，便可以获得在线阅读的电子图书。如果要下载图书，需要先打开图书，然后在下拉菜单中的“图书”菜单中点击“下载”即可将电子图书保存在指定的文件夹中。

图 12-1　超星数字图书网主页

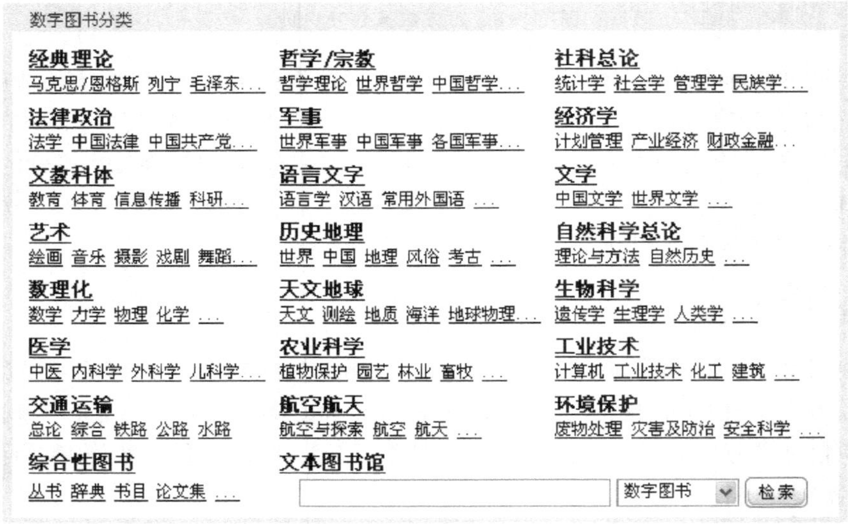

图 12-2　超星数字图书分类

2. 万方数据查询

作为国家"九五"重点科技攻关项目，目前集纳了理、工、农、医、哲学、人文、社会科学、经济管理与教科文艺 8 大类 100 多个类目 5000 多种期刊，实现全文上网，论文引文关联检索和指标统计。从 2001 年开始，数字化期刊已经囊括我国所有科技统计源期刊和重要社科类核心期刊，成为中国网上期刊大门户。由图 12 - 3 所示的万方数据(http://www.wanfangdata.com.cn/)主页看出，利用万方数据可以完成论文查询、引文查询和刊物查询。

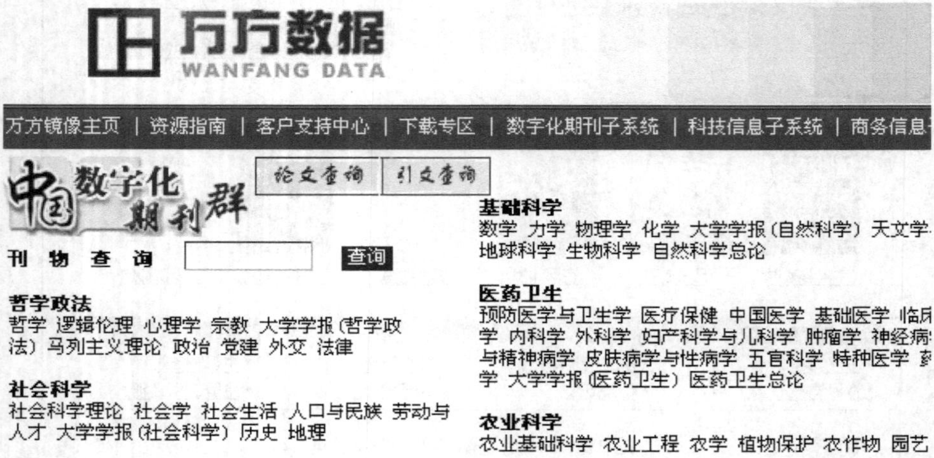

图 12 - 3 万方数据部分主页

如果要查询化学化工数据库，先进入到万方数据的主页中，如图 12 - 3 所示，点击"论文查询"，会弹出几个待输入的窗口，输入查询内容，如输入"化学化工数据库"，点击查询，会出现查询结果。如果还要缩小搜索范围，可以在二次检索的窗口中，再输入关键词，在上一次检索基础上，再检索。点击文章序号后面的方框则保存文件，点击"查看全文"则即时查看。

3. 中国知网

中国知网(http://www.cnki.net/index.htm)是中国知识基础设施工程(China National Knowledge Infrastructure)，简称 CNKI 工程。它是以实现全社会知识信息资源共享为目标的国家信息化重点工程，被国家科技部等五部委确定为"国家级重点新产品重中之重"项目。

CNKI 工程于 1995 年正式立项。在党和国家领导以及教育部、中央宣传部、科技部、新闻出版总署、国家版权局、国家发展计划委员会的大力支持下，在全国学术界、教育界、出版界、图书情报界等社会各界的密切配合和清华大学的直接领导下，CNKI 工程集团经过八年努力，采用自主开发并具有国际领先水平的数字图书馆技术，建成了世界上全文信息量规模最大的"CNKI 数字图书馆"，涵盖了我国自然科学、工程技术、人文与社会科学期刊、博硕士论文、报纸、图书、会议论文等公共知识信息资源。目前，共正式出版了 22 个数据库型电子期刊。CNKI 数字图书馆所囊括的资源总量达到全国同类资源总量的 80%以上。在此基础上，CNKI 工程集团开发了大量的用于教育教学的多媒体素材库和多媒体知识元库。图 12－4 是中国知网部分主页。输入用户名和密码后便可进入到图 12－5 的界面。输入检索内容便可以进行查询。

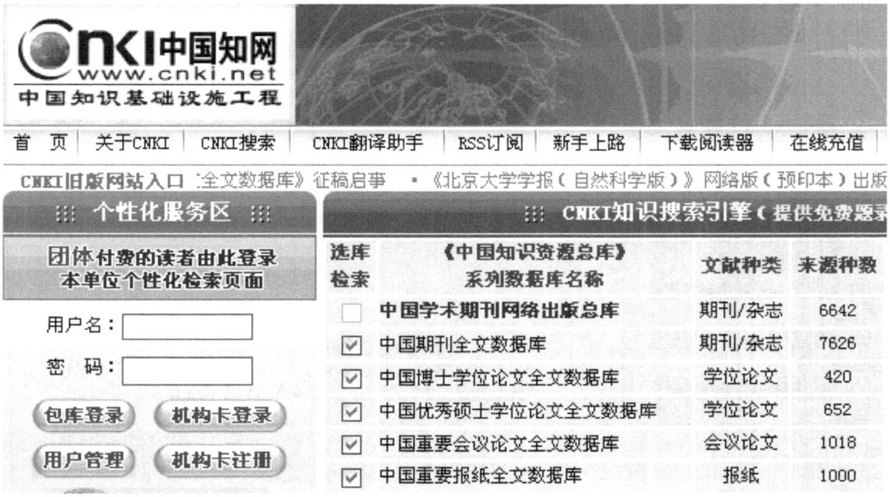

图 12－4　中国知网部分主页

4. 其他中文文献资料数据库

如中国国家图书馆（http://www.nlc.gov.cn/）、中国科学院文献情报中心（http://www.las.ac.cn/）、国家科技图书文献中心（http://www.nstl.gov.cn）。

12.2.2　外文文献资料的查询方法

1. Elsevier Science（http://www.sciencedirect.com/）

荷兰 Elsevier 出版集团出版的期刊是世界上公认的高质量学术期刊。Elsevier Science 包括全文数据库和电子期刊。包括科技综合、社会科学综合、生物/医学/农业/环境科学、法律/经济/管理、机械/能源/化工、数学/物理/化学、电子电气/计算机/信息科学和天文学/地球科学/海洋学等栏目。目前该全文库包括

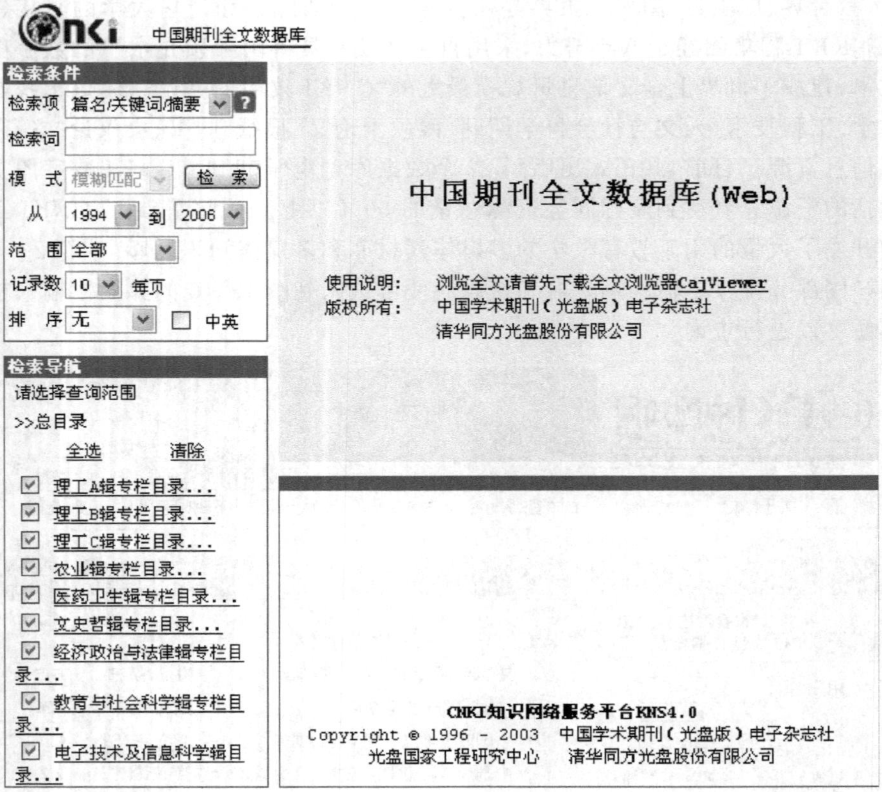

图 12-5　中国期刊全文数据库检索页

1995 年以来 Elsevier 出版集团所属的各出版社（包括 Academic Press）出版的期刊 1500 余种。Elsevier Science 主页 ScienceDirect 见图 12-6。

在 Quick Search 的文本框中填入所要查找的文章的标题、摘要、关键词或作者姓名，或者文章的出处，均可找到所需要的文章。

2. Web of Science——SCI

美国科技信息所(Institute for Scientific Information，ISI)是著名的科学引文索引数据库(Science Citation Index，SCI)，历来被公认为是世界范围最权威的科学技术文献的索引工具，能够提供科学技术领域最重要的研究成果。SCI 引文检索的体系更是独一无二，不仅可以从文献引证的角度评估文章的学术价值，还可以迅速方便地组建研究课题的参考文献网络。发表的学术论文被 SCI 收录或引用的数量，已被世界上许多大学作为评价学术水平的一个重要标准。

1997 年，ISI 公司推出了 SCI 的网络版数据库——Web of Science 检索系统中

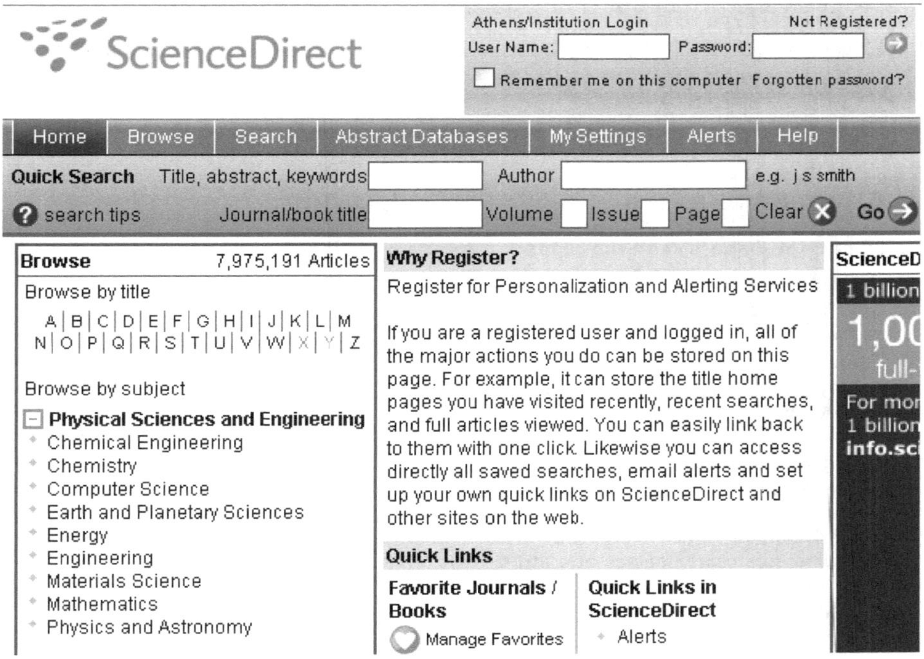

图 12－6　ScienceDirect 搜索主页

的 Science Citation Index Expanded，其信息资料更加翔实，收录期刊更多，同时该系统充分利用 World Wide Web 网罗天下的强大威力，检索功能更加强大、更新更加及时。Science Citation Index Expanded 共收录期刊 5600 余种，每周新增17 750条记录，记录包括论文与引文（参考文献），其引文记录所涉及的范围十分广泛，包括书、期刊论文、会议论文、专利和其他各种类型的文献。所涵盖的学科超过 100 个，主要涉及以下领域：农业、生物及环境科学；工程技术及应用科学；医学与生命科学；物理学及化学；行为科学。WorldSciNet 目前提供 58 种全文电子期刊，涵盖数学、物理、化学、生物、医学、材料、环境、计算机、工程、经济、社会科学等领域。

图 12－7 给出了 Web of Science 的高级搜索界面。在文本框中按照示例填入所要查找的文章的信息，在计算结果中进行各种逻辑运算，便可找到最符合需要的文章。

3. 其他外文文献资料数据库

如 ACS——American Chemical Society（美国化学学会）、John Wiley（科学、技术与医学期刊为主）、Royal Society of Chemistry（英国皇家化学学会）、WorldSciNet（新加坡世界科学出版社电子期刊发行网站）。

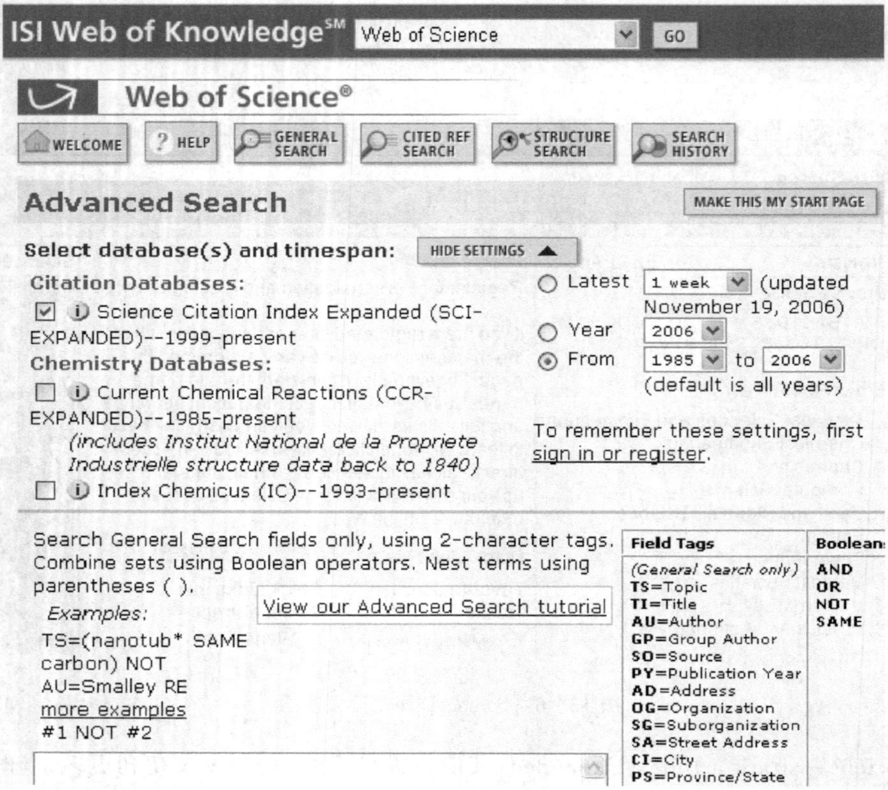

图 12－7　Web of Science 高级搜索

12.3　Internet 网上化学化工信息查询方法

在 Internet 网上进行化学化工信息查询，目前主要有两类可利用的工具：一类是 Internet 通用资源搜索引擎，如 Google 等；另一类是 Internet 化学化工专业站点，即宏站点，它是(用人工的方法)进行系统收集、组织而形成的资源导航系统。二者各有优缺点。前者的优点是更新及时，缺点是所索引的面太广，适合于大众的内容较多，而专业的科学信息较少，而且检索出的结果有时相关性很小。后者的优点是专业化程度高，缺点是时效性和广度不够。下面就分别介绍一下利用这两类工具查找化学化工信息。

12.3.1　搜索引擎查找化学化工信息

1. 部分搜索引擎简介

1) 百度搜索

百度(Baidu)搜索(http://www.baidu.com)引擎使用了高性能的“网络蜘蛛”程序自动地在互联网中搜索信息,可高扩展性的调度算法,使得搜索器能在极短的时间内收集到最大数量的互联网信息。百度在中国各地和美国均设有服务器,搜索范围涵盖了中国内地、香港、台湾、澳门,新加坡等华语地区以及北美、欧洲的部分站点。百度搜索引擎拥有目前世界上最大的中文信息库,总量达到 6000 万页以上,并且还在以每天几十万页的速度快速增长。

百度一直以开发最符合中国人使用习惯的搜索引擎为己任,经过三年努力,它的搜索引擎已成为世界上最强大的中文搜索引擎。

(1) 百度主页。进入 http://www.baidu.com 网址,会出现图 12－8 的百度搜索主页。

图 12－8　百度搜索主页

(2) 百度搜索。百度搜索简单方便。您只需要在搜索框内输入需要查询的内容,敲回车键或者鼠标点击搜索框右侧的“百度搜索”按钮,就可以得到最符合查询需求的网页内容。

使用多个词语搜索:输入多个词语搜索(不同字词之间用一个空格隔开),可以获得更精确的搜索结果。如图 12－9 所示,可同时输入“化学　化工　数据库”进行检索。

图 12－9　百度搜索

可显示图 12－10 的显示结果。

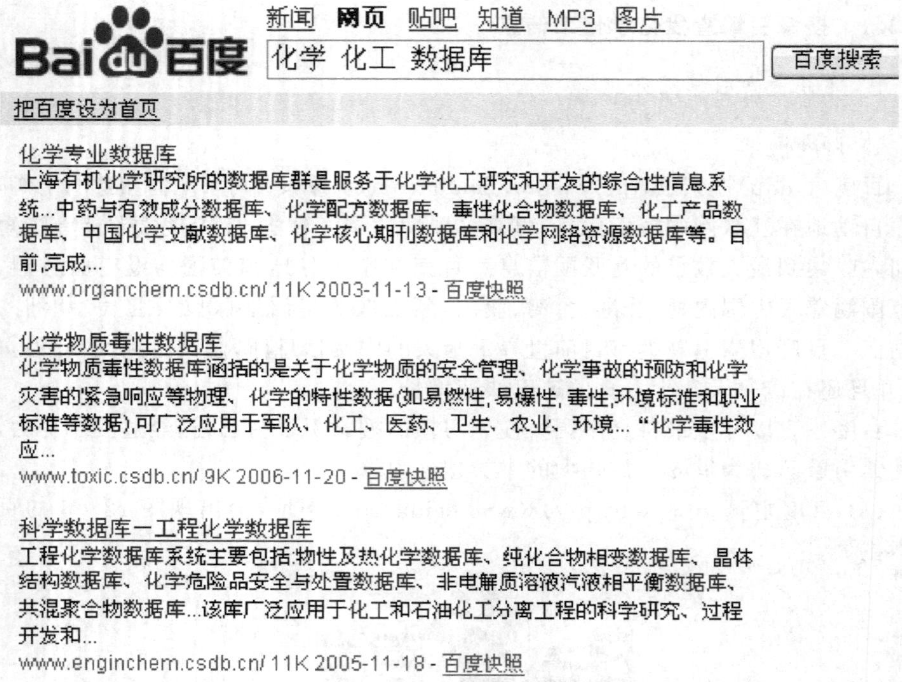

图 12－10 百度搜索结果

2）Google

(1) Google 主页。Google 主页(http://www.google.com)如图 12－11 所示。

图 12－11 Google 搜索主页

(2) Google 搜索。

基本搜索:Google 查询简洁方便,仅需输入查询内容并敲一下回车键,或单击"Google 搜索"按钮即可得到相关资料。

自动使用“and”进行查询：Google 只会返回那些符合您的全部查询条件的网页。不需要在关键词之间加上“and”或“+”。如果您想缩小搜索范围，只需输入更多的关键词，只要在关键词中间留空格就行了。

忽略词：Google 会忽略最常用的词和字符，这些词和字符称为忽略词。Google 自动忽略“http”，“. com”和“的”等字符以及数字和单字，这类字词不仅无助于缩小查询范围，而且会大大降低搜索速度。

(3) Google 搜索结果。Google 搜索结果如图 12 - 12 所示。点击划横线的标题，便可以进入查询相关详细信息。

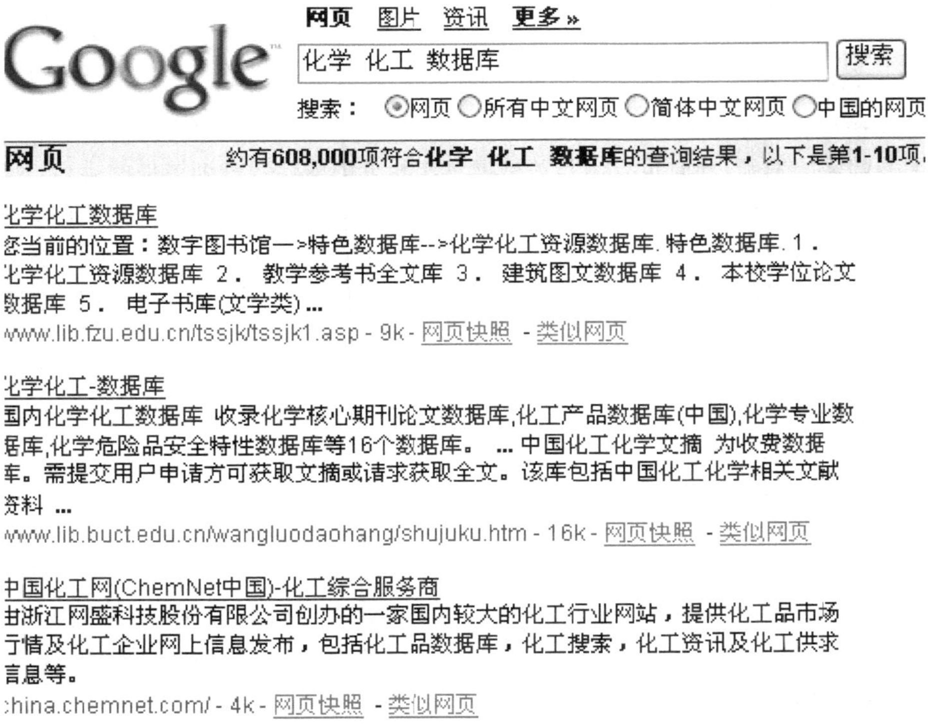

图 12 - 12　Google 搜索结果

3) 其他搜索引擎

(1) Yahoo!（http://www. yahoo. com）。Yahoo! 是很受欢迎的 Internet 资源搜索引擎之一，提供分类浏览和关键词查询功能。在关键词查询中，结果仅选择包含有所有检索词的站点，如果精确的匹配未找到，自动转向全文搜索引擎 Inktomi，运用不严格的关键词检索。

(2) FAST Search（http://www. alltheweb. com）。最大的全文搜索引擎，目

前收录网址数为3亿多，它是一个非常新的搜索引擎。它的检索速度很快，缺省的检索功能中就包括短语的精确匹配。

(3) Hot Bot (http://hotbot.lycos.com)。由于所索引的资源覆盖面宽以及很强的检索功能，也是研究人员喜爱的搜索引擎之一。Hot Bot的检索界面非常友好，可以用逻辑“或”、逻辑“与”、短语精确匹配、页面标题等多种检索模式。

2. 搜索引擎的查询方法

搜索引擎一般都提供两种查询方式：一种是关键字索引查询；另一种是分类细化逐步接近查询。后者使用很简单，按类别浏览即可。关键字索引查询一般有四种情况。

1) 模糊查询

模糊查询又称为智能查询。当我们输入一个关键词时，搜索引擎不但查出包括了关键词的网址，同时也查出与关键词意义相近的内容。查询结果的排列，一般按查询语句和查询结果的相关度排列，相关度越高的排在最前边，其次是相近的。所以我们一般不需浏览全部的内容，只需看前面的部分。模糊查询没有特殊的方法，只要在文字框中输入关键词即可。而在英文的查询中，还可以使用通配符星号(*)和问号(?)，使关键词更为模糊。

2) 精确查询

精确查询一般是在文字框中输入关键词时，在词组或语句的两边加上双引号，或根据下拉菜单选择。

3) 逻辑查询

(1) 逻辑“与”：运算符为加号“+”，或用大写的AND，或用符号&。

(2) 逻辑“或”：运算符为逗号“,”，或用大写的OR，或用空格。

(3) 逻辑“非”：运算符为减号“－”，或用大写的NOT，或用“AND NOT”。

(4) NEAR：有的搜索引擎对“与”、“或”、“非”功能是通过菜单选项实现。如实现“与”，选择“any of words”；“或”选择“all these words”等。

在使用中要注意：①逻辑与、逻辑或和逻辑非的实现，各个搜索引擎可能有所不同，具体用哪一种，注意看它的帮助文件；②输入运算符时，一定要用半角。

4) 查询范围限制

范围限制的功能，可以使我们在某一范围中查询和搜索指定的关键词。查询词位置的限制一是靠限制符来实现，在关键字前加上“t:”，搜寻引擎仅会查询网站名称，而在关键字前加“u:”，则搜寻引擎仅会查询网址；二是通过下拉菜单来实现。

12.3.2 化学化工宏站点查询

对于化学工作者来说,收集一些化学化工宏站点,可以很方便地查询到我们所要了解的信息。下面介绍一些比较著名的化学化工宏站点。

1. 国内化学化工宏站点

1) 化学信息网 CHIN

CHIN(Chemical Information Network)(http://www.Chinweb.com.cn/)是国内最好的化学化工宏站点。它收集的资源丰富,其中"chemical database"和"chemical software"是收集的重点,其主页如图 12-13 所示。

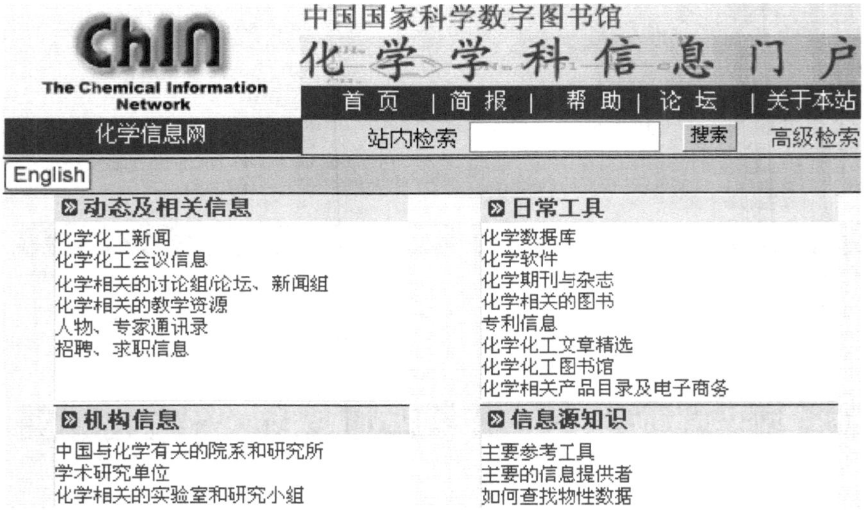

图 12-13 化学信息网 CHIN 的主页

点击相应的目录可获得所需要的信息。

2) 其他化学化工宏站点

如中国化工信息网(http://www.cheminfo.gov.cn/)、中国化工信息中心(CNCIC)(http://www.cncic.gov.cn/)、中国化工网(http://www.chemnet.com.cn/)、中国万维化工城(http://www.chem.com.cn/)、中国稀土(http://www.cre.net/)。

2. 国外化学化工宏站点

1) 美国化学会的 ChemCenter

美国化学会主页(http://acswebcontent.acs.org/home.html/)是权威性宏站点,主要面向美国化学会会员,可先申请为会员。当然,不必成为会员我们也能从中检索到许多我们所需要的信息。从它的 Sitemap 可以方便地进入其链接，如 Publications、Databases、meetings 等部分。

美国化学会的 CAS 网站（http://www.cas.org）是美国化学文摘社最著名的信息源 Chemical Abstracts，可以提供在线科技期刊服务。图 12－14 给出美国化学会的 CAS 网站的主页。

图 12－14　美国化学会 ChemCenter 主页

2）英国皇家化学会 Chemsoc

Chemsoc 网站（http://www.rsc.org/chemsoc/）包括 Networks & Societies（网络与集会）、Timeline（年代大事记）、Careers & Job Center（就业中心）、LearnNet（工作学习资源）、Chembytes infozone（信息区）、Web links（网络链接）等。进入 Web Links，在这里用户既可以进行关键词检索，也可以按分类目录浏览所需要的信息。Chemsoc 主页如图 12－15 所示。

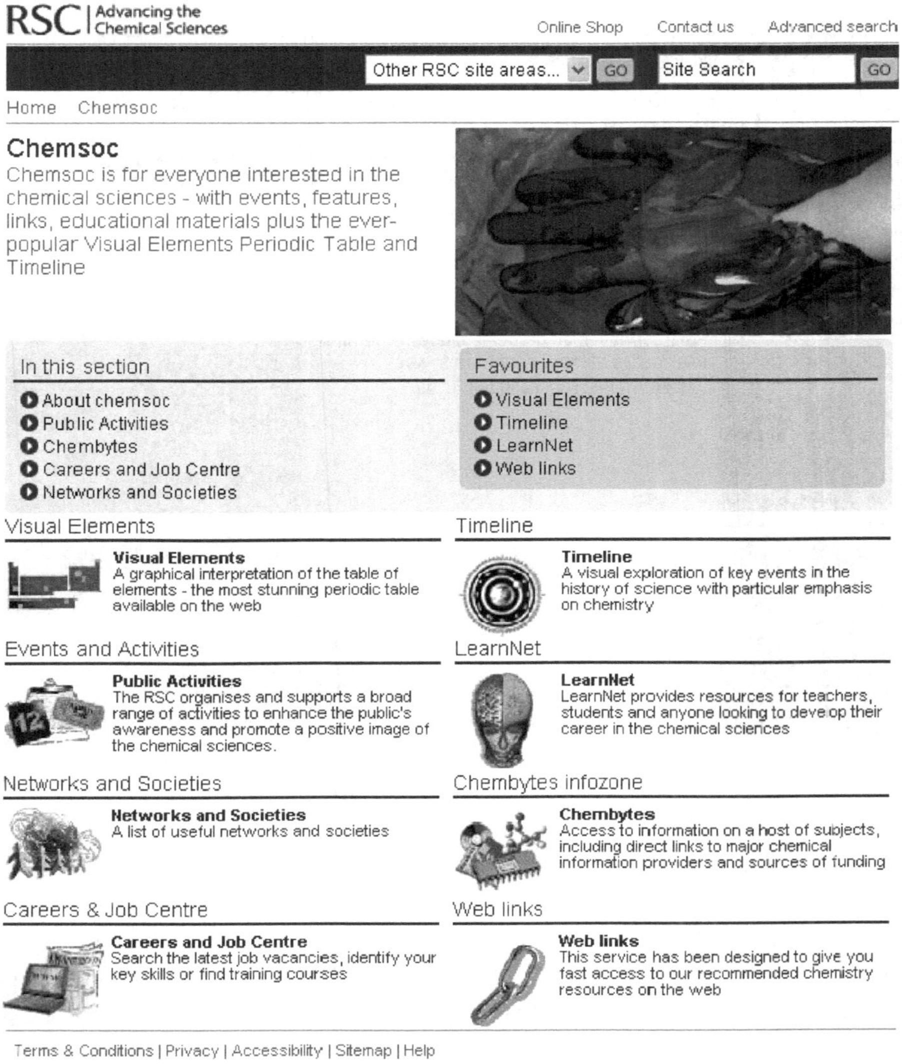

图 12 - 15 英国皇家化学会 Chemsoc 主页

3）印地安那大学的 CHEMINFO

CHEMINFO 网站(http://www.indiana.edu/～cheminfo/)由美国印第安大学 Gary Wiggins 编制，是目前化学化工类信息资源中最为详细的一个网络导航指南。它更新后的主页显得比较简捷，如图 12 - 16 所示。进入 Site Map 则可以看到该站点的四个主要目录：Resource Guides(资源导航)、Databases(数据库)、Instructional Materials(学院材料)、Networking(网络)。SIRCH(Selected Internet

Resources for Chemistry)中的化学资源分为 5 大类,每一类中再分为若干主题。

图 12-16　印地安那大学 CHEMINFO 主页

12.3.3　Internet 上的软件

在 Internet 上有不少可免费下载的软件,我们应充分利用这些资源。在 Internet 网上可以搜索到的化学软件,软件包括化学结构绘制软件、观察结构软件、化学数据处理软件、化学教学软件、化学结构编辑排版软件、化学结构软件等(表 12-1)。

表 12-1　化学软件

软件		主要用途
化学结构绘制软件	ACD/Chemsketch4.0	专业绘制分子式的软件
	ISISDraw	专业绘制分子式的软件
	AccuModel	画结构式:由提供多途径画 2D 图,自动转为 3D 图;有计算功能

续表

软件		主要用途
化学结构绘制软件	Babel	现在使用的分子模拟软件的文件格式的转换
	Chem Draw Release 4.5 English for Windows 95/98/NT	画有机化学分子结构图
	Chemistry 4D-Draw for Windows 95/98/NT	画结构图:根据名称分析结构,画结构获知名称
	HyperChem 5.1 for Windows 95/98/NT	3D 建模动画、可提供量子化学计算、分子结构、分子动力学等方面
	MolDraw 3.5 for Windows 3.1 and 95	有机化学:画分子结构式,并转为用彩色小球组成的三维结构式
	CORINA	可通过结构搭建自动生成有机小分子的 3D 结构
观察结构软件	WebLab Viewerpro	观察显示化学结构的软件
	Mol2Mol 3.3	有机化学分子模型:分析键能、POV-RAY 等,并能旋转、变焦距从不同角度来观察
	ACD/3D Viewer	3D 结构阅读器,可旋转 3D 模型
	RasMol 2.6	观察显示化学结构的软件
	Chemscape	结构显示
	Chime	3D 分子显示浏览器插件
	WebMolecules: 3D visualization of molecules	观察显示分子的 3D 结构
化学数据处理软件	Prode thermoPhysical Properties Generator for windows	计算热力学与热传递的有关问题,可解决的问题如物质的有关物理数据,热力学平衡方程,过程的模拟、优化、控制,道具的设计等
	The Chemical Calculator 1.0 for windows 3.x	解决混合溶液中反应物之间的计算问题
	High Performance Computational Chemistry Laboratory, Guizhou University	GHPCC 远程开放量子化学从头计算系统,可提供下列免费的化学计算: * Hartree-Fock、* 密度泛函 DFT、* Moller-Plesset微扰理论计算、* 半经验量子化学计算
化学教学软件	Chemwind	画有机结构式,并能画出其中原子的轨道与晶体结构示意图;附带有机分子球棍模型与比例模型
	CS ChemOffice for Windows 95/98/NT	画分子结构,建模,化学品数据库
	CS ChemDraw 5.0 for Windows 95/98/NT	画分子结构,并能查询光谱等资料

续表

	软　件	主要用途
化学编辑排版软件	RedChemistry	显示元素的电子结构、化合物与单质的形成
	Super-Ion for Windows	无机化学：点击元素周期表中元素给出最外层电子排布
	UltraMol 99 for Windows	有机化学：三维分子塑料构型模拟，提供可用于教学演示的模具
	WinCHE99 for Windows	有机化学：分子二维结构、性能等的描述
	Maple V for Windows/ Unix/ Macintosh	结构化学：描绘分子的 p 轨道的三维图
	WinOrbit Pro for Win	结构化学：三维分子轨道的描述
	FREE Desktop and Web-based IUPAC Naming software from ACD	IUPAC 命名软件
	AutoNom 2. 1：a naming program	输入分子结构，输出 IUPAC 命名

附　　录

附表 1　正态分布表

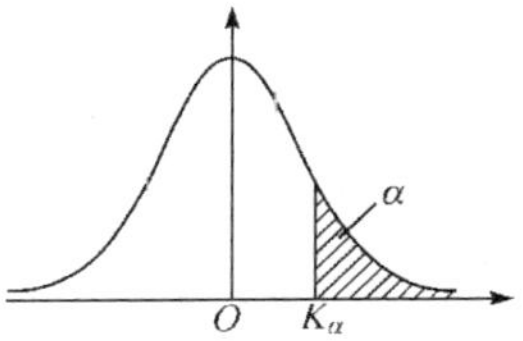

$$P(u > K_\alpha) = \frac{1}{\sqrt{2\pi}}\int_{K_\alpha}^{\infty} \exp\left(\frac{u^2}{2}\right)\mathrm{d}u = \alpha$$

K_α	0.00	0.01	0.02	0.03	0.04	0.05	0.06	0.07	0.08	0.09
0.0	0.5000	0.4960	0.4920	0.4880	0.4840	0.4801	0.4761	0.4721	0.4681	0.4641
0.1	0.4602	0.4562	0.4522	0.4483	0.4443	0.4404	0.4364	0.4325	0.4286	0.4247
0.2	0.4207	0.4168	0.4129	0.4090	0.4052	0.4013	0.3974	0.3936	0.3897	0.3859
0.3	0.3821	0.3783	0.3745	0.3707	0.3669	0.3632	0.3594	0.3557	0.3520	0.3483
0.4	0.3446	0.3409	0.3372	0.3336	0.3300	0.3264	0.3228	0.3192	0.3156	0.3121
0.5	0.3085	0.3050	0.3015	0.2981	0.2946	0.2912	0.2877	0.2843	0.2810	0.2776
0.6	0.2743	0.2709	0.2676	0.2643	0.2611	0.2578	0.2546	0.2514	0.2483	0.2451
0.7	0.2420	0.2389	0.2358	0.2327	0.2296	0.2266	0.2236	0.2206	0.2177	0.2148
0.8	0.2119	0.2090	0.2061	0.2033	0.2005	0.1977	0.1949	0.1922	0.1894	0.1867
0.9	0.1814	0.1814	0.1788	0.1762	0.1736	0.1711	0.1685	0.1660	0.1635	0.1611
1.0	0.1587	0.1562	0.1539	0.1515	0.1492	0.1469	0.1446	0.1423	0.1401	0.1379
1.1	0.1357	0.1335	0.1314	0.1292	0.1271	0.1251	0.1230	0.1210	0.1190	0.1170
1.2	0.1151	0.1131	0.1112	0.1093	0.1075	0.1056	0.1038	0.1020	0.1003	0.0985
1.3	0.0968	0.0951	0.0934	0.0918	0.0901	0.0885	0.0869	0.0853	0.0838	0.0823
1.4	0.0808	0.0793	0.0778	0.0764	0.0749	0.0735	0.0721	0.0708	0.0694	0.0681
1.5	0.0668	0.0655	0.0643	0.0630	0.0618	0.0606	0.0594	0.0582	0.0571	0.0559
1.6	0.0548	0.0537	0.0526	0.0516	0.0505	0.0495	0.0485	0.0475	0.0465	0.0455
1.7	0.0446	0.0436	0.0427	0.0418	0.0409	0.0401	0.0392	0.0384	0.0375	0.0367
1.8	0.0359	0.0351	0.0344	0.0336	0.0329	0.0322	0.0314	0.0307	0.0301	0.0294
1.9	0.0287	0.0281	0.0274	0.0268	0.0262	0.0256	0.0250	0.0244	0.0239	0.0233
2.0	0.0228	0.0222	0.0217	0.0212	0.0207	0.0202	0.0197	0.0192	0.0188	0.0183
2.1	0.0179	0.0174	0.0170	0.0166	0.0162	0.0158	0.0154	0.0150	0.0146	0.0143
2.2	0.0139	0.0136	0.0132	0.0129	0.0125	0.0122	0.0119	0.0116	0.0113	0.0110
2.3	0.0107	0.0104	0.0102	0.009 90	0.009 64	0.009 39	0.009 14	0.008 89	0.008 66	0.008 42
2.4	0.008 20	0.007 98	0.007 76	0.007 55	0.007 34	0.007 14	0.006 95	0.006 76	0.006 57	0.006 39
2.5	0.006 21	0.006 04	0.005 87	0.005 70	0.005 54	0.005 39	0.005 23	0.005 08	0.004 94	0.004 80
2.6	0.004 66	0.004 53	0.004 40	0.004 27	0.004 15	0.004 02	0.003 91	0.003 79	0.003 68	0.003 57
2.7	0.003 47	0.003 36	0.003 26	0.003 17	0.003 07	0.002 98	0.002 89	0.002 80	0.002 72	0.002 64
2.8	0.002 56	0.002 48	0.002 40	0.002 33	0.002 26	0.002 19	0.002 12	0.002 05	0.001 99	0.001 93
2.9	0.001 87	0.001 81	0.001 75	0.001 69	0.001 64	0.001 59	0.001 54	0.001 49	0.001 44	0.001 39

附表 2　χ^2 分布表

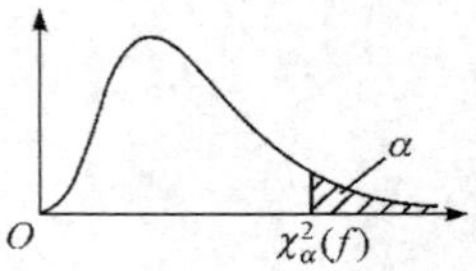

$$P[\chi^2(f) > \chi^2_\alpha(f)] = \alpha$$

f \ α	0.995	0.99	0.975	0.95	0.90	0.75
1	—	—	0.001	0.004	0.016	0.102
2	0.010	0.020	0.051	0.103	0.211	0.575
3	0.072	0.115	0.216	0.352	0.584	1.213
4	0.207	0.297	0.484	0.711	1.064	1.923
5	0.412	0.554	0.831	1.145	1.610	2.675
6	0.676	0.872	1.237	1.635	2.204	3.455
7	0.989	1.239	1.690	2.167	2.833	4.255
8	1.344	1.646	2.180	2.733	3.490	5.071
9	1.735	2.088	2.700	3.325	4.168	5.899
10	2.156	2.558	3.247	3.940	4.865	6.737
11	2.603	3.053	3.816	4.575	5.578	7.584
12	3.074	3.571	4.404	5.226	6.304	8.438
13	3.565	4.107	5.009	5.892	7.042	9.299
14	4.075	4.660	5.629	6.571	7.790	10.165
15	4.601	5.229	6.262	7.261	8.547	11.037
16	5.142	5.812	6.908	7.962	9.312	11.912
17	5.697	6.408	7.564	8.672	10.085	12.792
18	6.265	7.015	8.231	9.390	10.865	13.675
19	6.844	7.633	8.907	10.117	11.651	14.562
20	7.434	8.260	9.591	10.851	12.443	15.452
21	8.034	8.897	10.283	11.591	13.240	16.344
22	8.643	9.542	10.982	12.338	14.042	17.240
23	9.260	10.196	11.689	13.091	14.848	18.137
24	9.886	10.856	12.401	13.848	15.659	19.037
25	10.520	11.524	13.120	14.611	16.473	19.939
26	11.160	12.198	13.844	15.379	17.292	20.843
27	11.808	12.879	14.573	16.151	18.114	21.749
28	12.461	13.565	15.308	16.928	18.938	22.657
29	13.121	14.257	16.047	17.708	19.768	23.567
30	13.787	14.954	16.791	18.493	20.599	24.478
31	14.458	15.655	17.539	19.281	21.434	25.390
32	15.134	16.362	18.291	20.072	22.271	26.304
33	15.815	17.074	19.047	20.867	23.110	27.219
34	16.501	17.789	19.806	21.664	23.952	28.136
35	17.192	18.509	20.569	22.465	24.797	29.054
36	17.887	19.233	21.336	23.269	25.643	29.973
37	18.586	19.960	22.106	24.075	26.492	30.893
38	19.289	20.691	22.878	24.884	27.343	31.815
39	19.996	21.426	23.654	25.695	28.196	32.737
40	20.707	21.164	24.433	26.509	29.051	33.660
41	21.421	22.906	25.215	27.326	29.907	34.585
42	22.138	23.650	25.999	28.144	30.765	35.510
43	22.859	24.398	26.785	28.965	31.625	36.436
44	23.584	25.148	27.575	29.787	32.487	37.363
45	24.311	25.901	28.366	30.612	33.350	38.291

0.25	0.10	0.05	0.025	0.01	0.005
1.323	2.706	3.841	5.024	6.635	7.879
2.773	4.605	5.991	7.378	9.210	10.597
4.108	6.251	7.815	9.348	11.345	12.838
5.385	7.779	9.488	11.143	13.277	14.860
6.626	9.236	11.071	12.833	15.086	16.750
7.841	10.645	12.592	14.449	16.812	18.548
9.037	12.017	14.067	16.013	18.475	20.278
10.219	13.362	15.507	17.535	20.090	21.955
11.389	14.684	16.919	19.023	21.666	23.589
12.549	15.987	18.307	20.483	23.209	25.188
13.701	17.275	19.675	21.920	24.725	26.757
14.845	18.549	21.026	23.337	26.217	28.299
15.984	19.812	22.362	24.736	27.688	29.819
17.117	21.063	23.685	26.119	29.141	31.319
18.245	22.307	24.996	27.488	30.578	32.801
19.369	23.542	26.296	28.845	32.000	34.267
20.489	24.769	27.587	30.191	33.409	35.718
21.605	25.989	28.869	31.526	34.805	37.156
22.718	27.204	30.144	32.852	36.191	38.582
23.828	28.412	31.410	34.170	37.566	39.997
24.935	29.615	32.671	35.479	38.932	41.401
26.039	30.813	33.924	36.781	40.289	42.796
27.141	32.007	35.172	38.076	41.638	44.181
28.241	33.196	36.415	39.364	42.980	45.559
29.339	34.382	37.652	40.646	44.314	46.928
30.435	35.563	38.885	41.923	45.642	48.290
31.528	36.741	40.113	43.194	45.963	49.645
32.620	37.916	41.337	44.461	48.278	50.993
33.711	39.087	42.557	45.722	49.588	52.336
34.800	40.256	43.773	46.979	50.892	53.672
35.887	41.422	44.985	48.232	52.191	55.003
36.973	42.585	46.194	49.480	53.486	56.328
38.058	43.745	47.400	50.725	54.776	57.648
39.141	44.903	48.602	51.966	56.061	58.964
40.223	46.059	49.802	53.203	57.342	60.275
41.304	47.212	50.998	54.437	58.619	61.581
42.383	48.363	52.192	55.668	59.892	62.883
43.462	49.513	53.384	56.896	61.162	64.181
44.539	50.660	54.572	58.120	62.428	65.476
45.616	51.805	55.758	59.342	63.691	66.766
46.692	52.949	56.942	60.561	64.950	68.053
47.766	54.090	58.124	61.777	66.206	69.336
48.840	55.230	59.304	62.990	67.459	70.616
49.913	56.369	60.481	64.201	68.710	71.893
50.985	57.505	61.656	65.410	69.957	73.166

附表 3　t 分布表

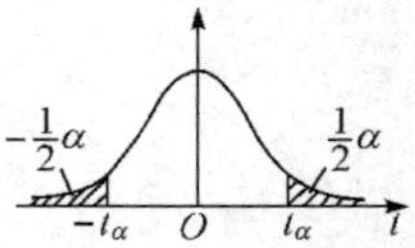

$$P(|t| > t_\alpha) = \alpha$$

f \ α	0.9	0.8	0.7	0.6	0.5	0.4	0.3	0.2	0.1	0.05	0.02	0.01	0.001	f \ α
1	0.158	0.325	0.510	0.727	1.000	1.376	1.963	3.078	6.314	12.706	31.821	63.657	636.619	1
2	0.142	0.289	0.445	0.617	0.816	1.061	1.386	1.886	2.920	4.303	6.965	9.925	31.598	2
3	0.137	0.277	0.424	0.584	0.765	0.978	1.250	1.638	2.353	3.182	4.541	5.841	12.924	3
4	0.134	0.271	0.414	0.569	0.741	0.941	1.190	1.533	2.132	2.776	3.747	4.604	8.610	4
5	0.132	0.267	0.408	0.559	0.727	0.920	1.156	1.476	2.015	2.571	3.365	4.032	6.859	5
6	0.131	0.265	0.404	0.553	0.718	0.906	1.134	1.440	1.943	2.447	3.143	3.707	5.959	6
7	0.130	0.263	0.402	0.549	0.711	0.896	1.119	1.415	1.895	2.365	2.998	3.499	5.405	7
8	0.130	0.262	0.399	0.546	0.706	0.880	1.108	1.397	1.860	2.306	2.896	3.355	5.041	8
9	0.129	0.261	0.398	0.543	0.703	0.883	1.100	1.383	1.833	2.262	2.821	3.250	4.781	9
10	0.129	0.260	0.397	0.542	0.700	0.879	1.093	1.372	1.812	2.228	2.764	3.169	4.587	10
11	0.129	0.260	0.396	0.540	0.697	0.876	1.088	1.363	1.796	2.201	2.718	3.106	4.437	11
12	0.128	0.259	0.395	0.539	0.695	0.873	1.083	1.356	1.782	2.179	2.681	3.055	4.318	12
13	0.128	0.259	0.394	0.538	0.649	0.870	1.079	1.350	1.771	2.160	2.650	3.012	4.221	13
14	0.128	0.258	0.393	0.537	0.692	0.868	1.076	1.345	1.761	2.145	2.624	2.977	4.140	14
15	0.128	0.258	0.393	0.536	0.691	0.866	1.074	1.341	1.753	2.131	2.602	2.947	4.073	15
16	0.128	0.258	0.392	0.535	0.690	0.865	1.071	1.337	1.746	2.120	2.583	2.921	4.015	16
17	0.128	0.257	0.392	0.534	0.689	0.863	1.069	1.333	1.740	2.110	2.567	2.898	3.965	17
18	0.127	0.257	0.392	0.534	0.688	0.862	1.067	1.330	1.734	2.101	2.552	2.878	3.922	18
19	0.127	0.257	0.391	0.533	0.688	0.861	1.066	1.328	1.729	2.093	2.539	2.861	3.883	19
20	0.127	0.257	0.391	0.533	0.687	0.860	1.064	1.325	1.725	2.086	2.528	2.845	3.850	20
21	0.127	0.257	0.391	0.532	0.686	0.859	1.063	1.323	1.721	2.080	2.518	2.831	3.819	21
22	0.127	0.256	0.390	0.532	0.686	0.858	1.061	1.321	1.717	2.074	2.508	2.819	3.792	22
23	0.127	0.256	0.390	0.532	0.685	0.858	1.060	1.319	1.714	2.069	2.500	2.807	3.767	23
24	0.127	0.256	0.390	0.531	0.685	0.857	1.059	1.318	1.711	2.064	2.492	2.797	3.745	24
25	0.127	0.256	0.390	0.531	0.684	0.856	1.058	1.316	1.708	2.060	2.485	2.787	3.725	25
26	0.127	0.256	0.390	0.531	0.684	0.856	1.058	1.315	1.706	2.056	2.479	2.779	3.707	26
27	0.127	0.256	0.389	0.531	0.684	0.855	1.057	1.314	1.703	2.052	2.473	2.771	3.690	27
28	0.127	0.256	0.389	0.531	0.683	0.855	1.056	1.313	1.701	2.048	2.467	2.763	3.674	28
29	0.127	0.256	0.389	0.530	0.683	0.854	1.055	1.311	1.699	2.045	2.462	2.756	3.659	29
30	0.127	0.256	0.389	0.530	0.683	0.854	1.055	1.310	1.697	2.042	2.457	2.750	3.646	30
40	0.126	0.255	0.388	0.529	0.681	0.851	1.050	1.303	1.684	2.021	2.423	2.704	3.551	40
60	0.126	0.254	0.387	0.527	0.679	0.848	1.046	1.296	1.671	2.000	2.390	2.660	3.460	60
120	0.126	0.254	0.386	0.526	0.677	0.845	1.041	1.289	1.658	1.980	2.358	2.617	3.373	120
∞	0.126	0.253	0.385	0.524	0.674	0.842	1.036	1.282	1.645	1.960	2.326	2.576	3.291	∞

附表 4　F 分布表

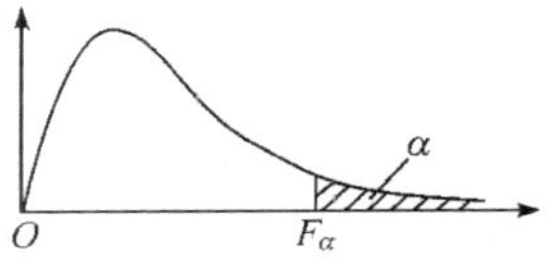

$$P[F(f_1, f_2) > F_\alpha(f_1, f_2)] = \alpha$$

$\alpha = 0.05$

f_2 \ f_1	1	2	3	4	5	6	7	8	9
1	161.4	199.5	215.7	224.6	230.2	234.0	236.8	238.9	240.5
2	18.51	19.00	19.16	19.25	19.30	19.33	19.35	19.37	19.38
3	10.13	9.55	9.28	9.12	9.01	8.94	8.89	8.85	8.81
4	7.71	6.94	6.59	6.39	6.26	6.16	6.09	6.04	6.00
5	6.61	5.79	5.41	5.19	5.05	4.95	4.88	4.82	4.77
6	5.99	5.14	4.76	4.53	4.39	4.28	4.21	4.15	4.10
7	5.59	4.74	4.35	4.12	3.97	3.87	3.79	3.73	3.68
8	5.32	4.46	4.07	3.84	3.69	3.58	3.50	3.44	3.39
9	5.12	4.26	3.86	3.63	3.48	3.37	3.29	3.23	3.18
10	4.96	4.10	3.71	3.48	3.33	3.22	3.14	3.07	3.02
11	4.84	3.98	3.59	3.36	3.20	3.09	3.01	2.95	2.90
12	4.75	3.89	3.49	3.26	3.11	3.00	2.91	2.85	2.80
13	4.67	3.81	3.41	3.18	3.03	2.92	2.83	2.77	2.71
14	4.60	3.74	3.34	3.11	2.96	2.85	2.76	2.70	2.65
15	4.54	3.68	3.29	3.06	2.90	2.79	2.71	2.64	2.59
16	4.49	3.63	3.24	3.01	2.85	2.74	2.66	2.59	2.54
17	4.45	3.59	3.20	2.96	2.81	2.70	2.61	2.55	2.49
18	4.41	3.55	3.16	2.93	2.77	2.66	2.58	2.51	2.46
19	4.38	3.52	3.13	2.90	2.74	2.63	2.54	2.48	2.42
20	4.35	3.49	3.10	2.87	2.71	2.60	2.51	2.45	2.39
21	4.32	3.47	3.07	2.84	2.68	2.57	2.49	2.42	2.37
22	4.30	3.44	3.05	2.82	2.66	2.55	2.46	2.40	2.34
23	4.28	3.42	3.03	2.80	2.64	2.53	2.44	2.37	2.32
24	4.26	3.40	3.01	2.78	2.62	2.51	2.42	2.36	2.30
25	4.24	3.39	2.99	2.76	2.60	2.49	2.40	2.34	2.28
26	4.23	3.37	2.98	2.74	2.59	2.47	2.39	2.32	2.27
27	4.21	3.35	2.96	2.73	2.57	2.46	2.37	2.31	2.25
28	4.20	3.34	2.95	2.71	2.56	2.45	2.36	2.29	2.24
29	4.18	3.33	2.93	2.70	2.55	2.43	2.35	2.28	2.22
30	4.17	3.32	2.92	2.69	2.53	2.42	2.33	2.27	2.21
40	4.08	3.23	2.84	2.61	2.45	2.34	2.25	2.18	2.12
60	4.00	3.15	2.76	2.53	2.37	2.25	2.17	2.10	2.04
120	3.92	3.07	2.68	2.45	2.29	2.17	2.09	2.02	1.96
∞	3.84	3.00	2.60	2.37	2.21	2.10	2.01	1.94	1.88

续表

f_2 \ f_1	10	12	15	20	24	30	40	60	120	∞
1	241.9	243.9	245.9	248.0	249.1	250.1	251.1	252.2	253.3	254.3
2	19.40	19.41	19.43	19.45	19.45	19.46	19.47	19.48	19.49	19.50
3	8.79	8.74	8.70	8.66	8.64	8.62	8.59	8.57	8.55	8.53
4	5.96	5.91	5.86	5.80	5.77	5.75	5.72	5.69	5.66	5.63
5	4.74	4.68	4.62	4.56	4.53	4.50	4.46	4.43	4.40	4.36
6	4.06	4.00	3.94	3.87	3.84	3.81	3.77	3.74	3.70	3.67
7	3.64	3.57	3.51	3.44	3.41	3.38	3.34	3.30	3.27	3.23
8	3.35	3.28	3.22	3.15	3.12	3.08	3.04	3.01	2.97	2.93
9	3.14	3.07	3.01	2.94	2.90	2.86	2.83	2.79	2.75	2.71
10	2.98	2.91	2.85	2.77	2.74	2.70	2.66	2.62	2.58	2.54
11	2.85	2.79	2.72	2.65	2.61	2.57	2.53	2.49	2.45	2.40
12	2.75	2.69	2.62	2.54	2.51	2.47	2.43	2.38	2.34	2.30
13	2.67	2.60	2.53	2.46	2.42	2.38	2.34	2.30	2.25	2.21
14	2.60	2.53	2.46	2.39	2.35	2.31	2.27	2.22	2.18	2.13
15	2.54	2.48	2.40	2.33	2.29	2.25	2.20	2.16	2.11	2.07
16	2.49	2.42	2.35	2.28	2.24	2.19	2.15	2.11	2.06	2.01
17	2.45	2.38	2.31	2.23	2.19	2.15	2.10	2.06	2.01	1.96
18	2.41	2.34	2.27	2.19	2.15	2.11	2.06	2.02	1.97	1.92
19	2.38	2.31	2.23	2.16	2.11	2.07	2.03	1.98	1.93	1.88
20	2.35	2.28	2.20	2.12	2.08	2.04	1.99	1.95	1.90	1.84
21	2.32	2.25	2.18	2.10	2.05	2.01	1.96	1.92	1.87	1.81
22	2.30	2.23	2.15	2.07	2.03	1.98	1.94	1.89	1.84	1.78
23	2.27	2.20	2.13	2.05	2.01	1.96	1.91	1.86	1.81	1.76
24	2.25	2.18	2.11	2.03	1.98	1.94	1.89	1.84	1.79	1.73
25	2.24	2.16	2.09	2.01	1.96	1.92	1.87	1.82	1.77	1.71
26	2.22	2.15	2.07	1.99	1.95	1.90	1.85	1.80	1.75	1.69
27	2.20	2.13	2.06	1.97	1.93	1.88	1.84	1.79	1.73	1.67
28	2.19	2.12	2.04	1.96	1.91	1.87	1.82	1.77	1.71	1.65
29	2.18	2.10	2.03	1.94	1.90	1.85	1.81	1.75	1.70	1.64
30	2.16	2.09	2.01	1.93	1.89	1.84	1.79	1.74	1.68	1.62
40	2.08	2.00	1.92	1.84	1.79	1.74	1.69	1.64	1.58	1.51
60	1.99	1.92	1.84	1.75	1.70	1.65	1.59	1.53	1.47	1.39
120	1.91	1.83	1.75	1.66	1.61	1.55	1.50	1.43	1.35	1.25
∞	1.83	1.75	1.67	1.57	1.52	1.46	1.39	1.32	1.22	1.00

$\alpha=0.01$

f_2 \ f_1	1	2	3	4	5	6	7	8	9
1	4052	4999.5	5403	5625	5764	5859	5928	5982	6022
2	98.50	99.00	99.17	99.25	99.30	99.33	99.36	99.37	99.39
3	34.12	30.82	29.46	28.71	28.24	27.91	27.67	27.49	27.35
4	21.20	18.00	16.69	15.98	15.52	15.21	14.98	14.80	14.66
5	16.26	13.27	12.06	11.39	10.97	10.67	10.46	10.29	10.16
6	13.75	10.92	9.78	9.15	8.75	8.47	8.26	8.10	7.98
7	12.25	9.55	8.45	7.85	7.46	7.19	6.99	6.84	6.72
8	11.26	8.65	7.59	7.01	6.63	6.37	6.18	6.03	5.91
9	10.56	8.02	6.99	6.42	6.06	5.80	5.61	5.47	5.35
10	10.04	7.56	6.55	5.99	5.64	5.39	5.20	5.06	4.94
11	9.65	7.21	6.22	5.67	5.32	5.07	4.89	4.74	4.63
12	9.33	6.93	5.95	5.41	5.06	4.82	4.64	4.50	4.39
13	9.07	6.70	5.74	5.21	4.86	4.62	4.44	4.30	4.19
14	8.86	6.51	5.56	5.04	4.69	4.46	4.28	4.14	4.03
15	8.68	6.36	5.42	4.89	4.56	4.32	4.14	4.00	3.89
16	8.53	6.23	5.29	4.77	4.44	4.20	4.03	3.89	3.78
17	8.40	6.11	5.18	4.67	4.34	4.10	3.93	3.79	3.68
18	8.29	6.01	5.09	4.58	4.25	4.01	3.84	3.71	3.60
19	8.18	5.93	5.01	4.50	4.17	3.94	3.77	3.63	3.52
20	8.10	5.85	4.94	4.43	4.10	3.87	3.70	3.56	3.46
21	8.02	5.78	4.87	4.37	4.04	3.81	3.64	3.51	3.40
22	7.95	5.72	4.82	4.31	3.99	3.76	6.59	3.45	3.35
23	7.88	5.66	4.76	4.26	3.94	3.71	3.54	3.41	3.30
24	7.82	5.61	4.72	4.22	3.90	3.67	3.50	3.36	3.26
25	7.77	5.57	4.68	4.18	3.85	3.63	3.46	3.32	3.22
26	7.72	5.53	4.64	4.14	3.82	3.59	3.42	3.29	3.18
27	7.68	5.49	4.60	4.11	3.78	3.56	3.39	3.26	3.15
28	7.64	5.45	4.57	4.07	3.75	3.53	3.36	3.23	3.12
29	7.60	5.42	4.54	4.04	3.73	3.50	3.33	3.20	3.09
30	7.56	5.39	4.51	4.02	3.70	3.47	3.30	3.17	3.07
40	7.31	5.18	4.31	3.83	3.51	3.29	3.12	2.99	2.89
60	7.08	4.98	4.13	3.65	3.34	3.12	2.95	2.82	2.72
120	6.85	4.79	3.95	3.48	3.17	2.96	2.79	2.66	2.56
∞	6.63	4.61	3.78	3.32	3.02	2.80	2.64	2.51	2.41

续表

f_2 \ f_1	10	12	15	20	24	30	40	60	120	∞
1	6056	6106	6157	6209	6235	6261	6287	6313	6339	6366
2	99.40	99.42	99.43	99.45	99.46	99.47	99.47	99.48	99.49	99.50
3	27.23	27.05	26.87	26.69	26.60	26.50	26.41	26.32	26.22	26.13
4	14.55	14.37	14.20	14.02	13.93	13.84	13.75	13.65	13.56	13.46
5	10.05	9.89	9.72	9.55	9.47	9.38	9.29	9.20	9.11	9.02
6	7.87	7.72	7.56	7.40	7.31	7.23	7.14	7.06	6.97	6.88
7	6.62	6.47	6.31	6.16	6.07	5.99	5.91	5.82	5.74	5.65
8	5.81	5.67	5.52	5.36	5.28	5.20	5.12	5.03	4.95	4.86
9	5.26	5.11	4.96	4.81	4.73	4.65	4.57	4.48	4.40	4.31
10	4.85	4.71	4.56	4.41	4.33	4.25	4.17	4.08	4.00	3.91
11	4.54	4.40	4.25	4.10	4.02	3.94	3.86	3.78	3.69	3.60
12	4.30	4.16	4.01	3.86	3.78	3.70	3.62	3.54	3.45	3.36
13	4.10	3.96	3.82	3.66	3.59	3.51	3.43	3.34	3.25	3.17
14	3.94	3.80	3.66	3.51	3.43	3.35	3.27	3.18	3.09	3.00
15	3.80	3.67	3.52	3.37	3.29	3.21	3.13	3.05	2.96	2.87
16	3.69	3.55	3.41	3.26	3.18	3.10	3.02	2.93	2.84	2.75
17	3.59	3.46	3.31	3.16	3.08	3.00	2.92	2.83	2.75	2.65
18	3.51	3.37	3.23	3.08	3.00	2.92	2.84	2.75	2.66	2.57
19	3.43	3.30	3.15	3.00	2.92	2.84	2.76	2.67	2.58	2.49
20	3.37	3.23	3.09	2.94	2.86	2.78	2.69	2.61	2.52	2.42
21	3.31	3.17	3.03	2.88	2.80	2.72	2.64	2.55	2.46	2.36
22	3.26	3.12	2.98	2.83	2.75	2.67	2.58	2.50	2.40	2.31
23	3.21	3.07	2.93	2.78	2.70	2.62	2.54	2.45	2.35	2.26
24	3.17	3.03	2.89	2.74	2.66	2.58	2.49	2.40	2.31	2.21
25	3.13	2.99	2.85	2.70	2.62	2.54	2.45	2.36	2.27	2.17
26	3.09	2.96	2.81	2.66	2.58	2.50	2.42	2.33	2.23	2.13
27	3.06	2.93	2.78	2.63	2.55	2.47	2.38	2.29	2.20	2.10
28	3.03	2.90	2.75	2.60	2.52	2.44	2.35	2.26	2.17	2.06
29	3.00	2.87	2.73	2.57	2.49	2.41	2.33	2.23	2.14	2.03
30	2.98	2.84	2.70	2.55	2.47	2.39	2.30	2.21	2.11	2.01
40	2.80	2.66	2.52	2.37	2.29	2.20	2.11	2.02	1.92	1.80
60	2.63	2.50	2.35	2.20	2.12	2.03	1.94	1.84	1.73	1.60
120	2.47	2.34	2.19	2.03	1.95	1.86	1.76	1.66	1.53	1.38
∞	2.32	2.18	2.04	1.88	1.79	1.70	1.59	1.47	1.32	1.00

$\alpha=0.005$

f_2 \ f_1	1	2	3	4	5	6	7	8	9
1	16 211	20 000	21 615	22 500	23 056	23 437	23 715	23 925	24 091
2	198.5	199.0	199.2	199.2	199.3	199.3	199.4	199.4	199.4
3	55.55	49.80	47.47	46.19	45.39	44.84	44.43	44.13	43.88
4	31.33	26.28	24.26	23.15	22.46	21.97	21.62	21.35	21.14
5	22.78	18.31	16.53	15.56	14.96	14.51	14.20	13.96	13.77
6	18.63	14.54	12.92	12.03	11.46	11.07	10.79	10.57	10.39
7	16.24	12.40	10.88	10.05	9.52	9.16	8.89	8.68	8.51
8	14.69	11.04	9.60	8.81	8.30	7.95	7.69	7.50	7.34
9	13.61	10.11	8.72	7.96	7.47	7.13	6.88	6.69	6.54
10	12.83	9.43	8.08	7.34	6.87	6.54	6.30	6.12	5.97
11	12.23	8.91	7.60	6.88	6.42	6.10	5.86	5.68	5.54
12	11.75	8.51	7.23	6.52	6.07	5.76	5.52	5.35	5.20
13	11.37	8.19	6.93	6.23	5.79	5.48	5.25	5.08	4.94
14	11.06	7.92	6.68	6.00	5.56	5.26	5.03	4.86	4.72
15	10.80	7.70	6.48	5.80	5.37	5.07	4.85	4.67	4.54
16	10.58	7.51	6.30	5.64	5.21	4.91	4.69	4.52	4.38
17	10.38	7.35	6.16	5.50	5.07	4.78	4.56	4.39	4.25
18	10.22	7.21	6.03	5.37	4.96	4.66	4.44	4.28	4.14
19	10.07	7.09	5.92	5.27	4.85	4.56	4.34	4.18	4.04
20	9.94	6.99	5.82	5.17	4.76	4.47	4.26	4.09	3.96
21	9.83	6.89	5.73	5.09	4.68	4.39	4.18	4.01	3.88
22	9.73	6.81	5.65	5.02	4.61	4.32	4.11	3.94	3.81
23	9.63	6.73	5.58	4.95	4.54	4.26	4.05	3.88	3.75
24	9.55	6.66	5.52	4.89	4.49	4.20	3.99	3.83	3.69
25	9.48	6.60	5.46	4.84	4.43	4.15	3.94	3.78	3.64
26	9.41	6.54	5.41	4.79	4.38	4.10	3.89	3.73	3.60
27	9.34	6.49	5.36	4.74	4.34	4.06	3.85	3.69	3.56
28	9.28	6.44	5.32	4.70	4.30	4.02	3.81	3.65	3.52
29	9.23	6.40	5.28	4.66	4.26	3.98	3.77	3.61	3.48
30	9.18	6.35	5.24	4.62	4.23	3.95	3.74	3.58	3.45
40	8.83	6.07	4.98	4.37	3.99	3.71	3.51	3.35	3.22
60	8.49	5.79	4.73	4.14	3.76	3.49	3.29	3.13	3.01
120	8.18	5.54	4.50	3.92	3.55	3.28	3.09	2.93	2.81
∞	7.88	5.30	4.28	3.72	3.35	3.09	2.90	2.74	2.62

续表

f_2 \ f_1	10	12	15	20	24	30	40	60	120	∞
1	24 224	24 426	24 630	24 836	24 940	25 044	25 148	25 253	25 359	25 465
2	199.4	199.4	199.4	199.4	199.5	199.5	199.5	199.5	199.5	199.5
3	43.69	43.39	43.08	42.78	42.62	42.47	42.31	42.15	41.99	41.83
4	20.97	20.70	20.44	20.17	20.03	19.89	19.75	19.61	19.47	19.32
5	13.62	13.38	13.15	12.90	12.78	12.66	12.53	12.40	12.27	12.14
6	10.25	10.03	9.81	9.59	9.47	9.36	9.24	9.12	9.00	8.88
7	8.38	8.18	7.97	7.75	7.65	7.53	7.42	7.31	7.19	7.08
8	7.21	7.01	6.81	6.61	6.50	6.40	6.29	6.18	6.06	5.95
9	6.42	6.23	6.03	5.83	5.73	5.62	5.52	5.41	5.30	5.19
10	5.85	5.66	5.47	5.27	5.17	5.07	4.97	4.86	4.75	4.64
11	5.42	5.24	5.05	4.86	4.76	4.65	4.55	4.44	4.34	4.23
12	5.09	4.91	4.72	4.53	4.43	4.33	4.23	4.12	4.01	3.90
13	4.82	4.64	4.46	4.27	4.17	4.07	3.97	3.87	3.76	3.65
14	4.60	4.43	4.25	4.06	3.96	3.86	3.76	3.66	3.55	3.44
15	4.42	4.25	4.07	3.88	3.79	3.69	3.58	3.48	3.37	3.26
16	4.27	4.10	3.92	3.73	3.64	3.54	3.44	3.33	3.22	3.11
17	4.14	3.97	3.79	3.61	3.51	3.41	3.31	3.21	3.10	2.98
18	4.03	3.86	3.68	3.50	3.40	3.30	3.20	3.10	2.99	2.87
19	3.93	3.76	3.59	3.40	3.31	3.21	3.11	3.00	2.89	2.78
20	3.85	3.68	3.50	3.32	3.22	3.12	3.02	2.92	2.81	2.69
21	3.77	3.60	3.43	3.24	3.15	3.05	2.95	2.84	2.73	2.61
22	3.70	3.54	3.36	3.18	3.08	2.98	2.88	2.77	2.66	2.55
23	3.64	3.47	3.30	3.12	3.02	2.92	2.82	2.71	2.60	2.48
24	3.59	3.42	3.25	3.06	2.97	2.87	2.77	2.66	2.55	2.43
25	3.54	3.37	3.20	3.01	2.92	2.82	2.72	2.61	2.50	2.38
26	3.49	3.33	3.15	2.97	2.87	2.77	2.67	2.56	2.45	2.33
27	3.45	3.28	3.11	2.93	2.83	2.73	2.63	2.52	2.41	2.29
28	3.41	3.25	3.07	2.89	2.79	2.69	2.59	2.48	2.37	2.25
29	3.38	3.21	3.04	2.86	2.76	2.66	2.56	2.45	2.33	2.21
30	3.34	3.18	3.01	2.82	2.73	2.63	2.52	2.42	2.30	2.18
40	3.12	2.95	2.78	2.60	2.50	2.40	2.30	2.18	2.06	1.93
60	2.90	2.74	2.57	2.39	2.29	2.19	2.08	1.96	1.83	1.69
120	2.71	2.54	2.37	2.19	2.09	1.98	1.87	1.75	1.61	1.43
∞	2.52	2.36	2.19	3.00	1.90	1.79	1.67	1.53	1.36	1.00

$\alpha=0.001$

f_2 \ f_1	1	2	3	4	5	6	7	8	9
1	4053†	5000†	5404†	5625†	5764†	5859†	5929	5981†	6023†
2	998.5	999.0	999.2	999.2	999.3	999.3	999.4	999.4	999.4
3	167.0	148.5	141.1	137.1	134.6	132.8	131.6	130.6	129.9
4	74.14	61.25	56.18	53.44	51.71	50.53	49.66	49.00	48.47
5	47.18	37.12	33.20	31.09	29.75	28.84	28.16	27.64	27.24
6	35.51	27.00	23.70	21.92	20.81	20.03	19.46	19.03	18.69
7	29.25	21.69	18.77	17.19	16.21	15.52	15.02	14.63	14.33
8	25.42	18.49	15.83	14.39	13.49	12.865	12.40	12.04	11.77
9	22.86	16.39	13.90	12.56	11.71	11.13	10.70	10.37	10.11
10	21.04	14.91	12.55	11.28	10.48	9.92	9.25	9.20	8.96
11	19.69	13.81	11.56	10.35	9.58	9.05	8.66	8.35	8.12
12	18.64	12.97	10.80	9.63	8.89	8.38	8.00	7.71	7.48
13	17.81	12.31	10.21	9.07	8.35	7.86	7.49	7.21	6.98
14	17.14	11.78	9.73	8.62	7.92	7.43	7.08	6.80	6.58
15	16.59	11.34	9.34	8.25	7.57	7.09	6.74	6.47	6.26
16	16.12	10.97	9.00	7.94	7.27	6.81	6.46	6.19	5.98
17	15.72	10.66	8.73	7.68	7.02	7.56	6.22	5.96	5.75
18	15.38	10.39	8.49	7.46	6.81	6.35	6.02	5.76	5.56
19	15.08	10.16	8.28	7.26	6.62	6.18	5.85	5.59	5.39
20	14.82	9.95	8.10	7.10	6.46	6.02	5.69	5.44	5.24
21	14.59	9.77	7.94	6.95	6.32	5.88	5.56	5.31	5.11
22	14.38	9.61	7.80	6.81	6.19	5.76	5.44	5.19	4.99
23	14.19	9.47	7.67	6.69	6.08	5.65	5.33	5.09	4.89
24	14.03	9.34	7.55	6.59	5.98	5.55	5.23	4.99	4.80
25	13.88	9.22	7.45	6.49	5.88	5.46	5.15	4.91	4.71
26	13.74	9.12	7.36	6.41	5.80	5.38	5.07	4.83	4.64
27	13.61	9.02	7.27	6.33	5.73	5.31	5.00	4.76	4.57
28	13.50	8.93	7.19	6.25	5.66	5.24	4.93	4.69	4.50
29	13.39	8.85	7.12	6.19	5.59	5.18	4.87	4.64	4.45
30	13.29	8.77	7.05	6.12	5.53	5.12	4.82	4.58	4.39
40	12.61	8.25	6.60	5.70	5.13	4.73	4.44	4.21	4.02
60	11.97	7.76	6.17	5.31	4.76	4.37	4.09	3.87	3.69
120	11.38	7.32	5.79	4.95	4.42	4.04	3.77	3.55	3.38
∞	10.83	6.91	5.42	4.62	4.10	3.74	3.47	3.27	3.10

† 表示要将所列数乘以 100,下同

续表

f_2 \ f_1	10	12	15	20	24	30	40	60	120	∞
1	6056†	6107†	6158†	6209†	6235†	6261†	6287†	6313	6340†	6366†
2	999.4	999.4	999.4	999.4	999.5	999.5	999.5	999.5	999.5	999.5
3	129.2	128.3	127.4	126.4	125.9	125.4	125.0	124.5	124.0	123.5
4	48.05	47.41	46.76	46.10	45.77	45.43	45.09	44.75	44.40	44.05
5	26.92	26.42	25.91	25.39	25.14	24.87	24.60	24.33	24.06	23.79
6	18.41	17.99	17.56	17.12	16.89	16.67	16.44	16.21	15.99	15.75
7	14.08	13.71	13.32	12.93	12.73	12.53	12.33	12.12	11.91	11.70
8	11.54	11.19	10.84	10.48	10.30	10.11	9.92	9.73	9.53	9.33
9	9.89	9.57	9.24	8.90	8.72	8.55	8.37	8.19	8.00	7.81
10	8.75	8.45	8.13	7.80	7.64	7.47	7.30	7.12	6.94	6.76
11	7.92	7.63	7.32	7.01	6.85	6.68	6.52	6.35	6.17	6.00
12	7.29	7.00	6.71	6.40	6.25	6.09	5.93	5.76	5.59	5.42
13	6.80	6.52	6.23	5.93	5.78	5.63	5.47	5.30	5.14	4.97
14	6.40	6.13	5.85	5.56	5.41	5.25	5.10	4.94	4.77	4.60
15	6.08	5.81	5.54	5.25	5.10	4.95	4.80	4.64	4.47	4.31
16	5.81	5.55	5.27	4.99	4.85	4.70	4.54	4.39	4.23	4.06
17	5.58	5.32	5.05	4.78	4.63	4.48	4.33	4.18	4.02	3.85
18	5.39	5.13	4.87	4.59	4.45	4.30	4.15	4.00	3.84	3.67
19	5.22	4.97	4.70	4.43	4.29	4.14	3.99	3.84	3.68	3.51
20	5.08	4.82	4.56	4.29	4.15	4.00	3.86	3.70	3.54	3.38
21	4.95	4.70	4.44	4.17	4.03	3.88	3.74	3.58	3.42	3.26
22	4.83	4.58	4.33	4.06	3.92	3.78	3.63	3.48	3.32	3.15
23	4.73	4.48	4.23	3.96	3.82	3.68	3.53	3.38	3.22	3.05
24	4.64	4.39	4.14	3.87	3.74	3.59	3.45	3.29	3.14	2.97
25	4.56	4.31	4.06	3.79	3.66	3.52	3.37	3.22	3.06	2.89
26	4.48	4.24	3.99	3.72	3.59	3.44	3.30	3.15	2.99	2.82
27	4.41	4.17	3.92	3.66	3.52	3.38	3.23	3.08	2.92	2.75
28	4.35	4.11	3.86	3.60	3.46	3.32	3.18	3.02	2.86	2.69
29	4.29	4.05	3.80	3.54	3.41	3.27	3.12	2.97	2.81	2.64
30	4.24	4.00	3.75	3.49	3.36	3.22	3.07	2.92	2.76	2.59
40	3.87	3.64	3.40	3.15	3.01	2.87	2.73	2.57	2.41	2.23
60	3.54	3.31	3.08	2.83	2.69	2.55	2.41	2.25	2.08	1.89
120	3.24	3.02	2.78	2.53	2.40	2.26	2.11	1.95	1.76	1.54
∞	2.96	2.74	2.51	2.27	2.13	1.99	1.84	1.66	1.45	1.00

附表 5　相关系数临界值 $\gamma_{\alpha,f}$ 表

自由度	$\gamma_{\alpha,f}$				
f	$\alpha=0.10$	$\alpha=0.05$	$\alpha=0.02$	$\alpha=0.01$	$\alpha=0.001$
1	0.988	0.997	0.999	1.000	1.000
2	0.900	0.950	0.980	0.990	0.999
3	0.805	0.878	0.934	0.959	0.992
4	0.729	0.811	0.882	0.917	0.974
5	0.699	0.754	0.883	0.874	0.951
6	0.621	0.704	0.789	0.834	0.925
7	0.582	0.666	0.750	0.798	0.898
8	0.549	0.632	0.716	0.765	0.872
9	0.521	0.602	0.685	0.735	0.847
10	0.497	0.576	0.658	0.708	0.823
11	0.476	0.553	0.634	0.684	0.801
12	0.457	0.532	0.612	0.610	0.780
13	0.441	0.514	0.592	0.641	0.760
14	0.426	0.497	0.574	0.623	0.742
15	0.412	0.482	0.558	0.606	0.725
16	0.400	0.468	0.543	0.590	0.708
17	0.389	0.456	0.528	0.575	0.693
18	0.378	0.444	0.516	0.561	0.679
19	0.369	0.433	0.503	0.549	0.665
20	0.360	0.423	0.492	0.537	0.652
25	0.323	0.381	0.445	0.487	0.597
30	0.296	0.349	0.409	0.449	0.554
35	0.275	0.325	0.381	0.418	0.519
40	0.257	0.304	0.358	0.393	0.490
45	0.243	0.287	0.338	0.372	0.465
50	0.231	0.273	0.322	0.354	0.443
60	0.211	0.250	0.295	0.325	0.408
70	0.195	0.232	0.274	0.302	0.380
80	0.183	0.217	0.256	0.283	0.357
90	0.173	0.205	0.242	0.267	0.337
100	0.164	0.195	0.230	0.254	0.321

附表 6　随机数表

1	13 940	85 762	08 257	91 643	53 417	62 098	92 418	30 567	57 869	30 241
2	71 364	08 259	72 461	38 590	86 453	21 097	70 619	82 543	53 718	69 201
3	60 439	81 725	81 940	35 702	60 289	53 471	24 365	97 810	53 146	07 829
4	52 104	89 367	43 591	60 782	90 628	74 351	78 651	23 490	43 962	18 570
5	76 821	35 094	21 587	04 968	08 147	93 625	60 935	72 841	39 246	71 085
6	56 382	91 074	01 568	34 297	47 032	85 916	86 549	20 731	19 082	54 637
7	41 076	58 923	90 215	48 763	36 715	24 890	34 176	05 298	09 782	13 645
8	42 837	01 965	26 175	84 093	82 970	45 361	09 653	14 287	27 985	31 640
9	19 578	20 643	41 038	67 259	59 142	30 768	41 962	30 587	20 475	13 689
10	12 975	60 384	13 649	80 572	23 947	16 850	42 896	17 306	48 703	65 912
11	39 752	16 408	05 917	38 462	16 859	34 027	86 150	49 732	92 376	54 018
12	57 049	38 261	09 512	62 718	57 839	46 120	03 629	34 817	20 651	47 893
13	04 321	86 975	79 320	46 581	04 731	86 259	90 354	82 617	50 768	19 243
14	41 690	52 783	28 459	67 103	01 369	57 248	26 371	84 950	39 402	58 761
15	27 134	89 506	27 356	08 941	36 910	25 748	56 082	13 497	15 492	80 763
16	10 842	67 953	36 821	40 759	15 680	24 973	19 826	73 045	28 345	01 976
17	05 382	91 674	06 379	14 825	69 071	38 524	02 751	83 640	41 305	67 982
18	24 189	50 367	67 580	49 132	09 357	41 268	74 325	60 981	83 925	41 076
19	71 348	05 269	70 428	16 593	35 071	94 826	64 329	10 857	96 127	85 349
20	60 317	28 459	19 760	38 245	81 465	32 907	32 471	95 860	27 809	46 513
21	35 906	82 741	65 820	93 417	09 132	76 548	96 582	08 147	19 467	08 235
22	07 815	49 326	53 974	18 026	48 152	93 076	01 836	54 729	79 085	46 213
23	56 134	90 728	80 395	16 724	57 241	36 089	38 915	60 742	12 856	34 097
24	61 705	82 349	94 206	78 315	61 589	34 027	24 981	35 067	96 812	73 054
25	98 134	62 057	04 938	57 261	30 421	58 769	21 590	76 842	29 635	40 817
26	30 268	15 749	01 628	97 453	89 165	02 374	62 398	07 154	96 078	23 154
27	97 821	46 503	84 075	63 921	17 629	08 453	50 946	78 132	13 546	96 072
28	47 029	13 568	10 857	94 236	90 683	54 271	27 394	01 658	71 263	59 840
29	71 936	62 504	96 127	80 345	48 057	13 629	10 936	48 257	07 924	18 653
30	69 248	07 153	58 673	91 204	84 157	69 203	89 435	26 071	93 756	42 801
31	04 573	98 621	05 867	39 241	20 437	98 516	96 087	12 345	70 246	18 593
32	09 786	12 534	05 364	91 278	91 807	45 823	27 809	56 134	34 650	91 728
33	79 102	35 468	28 460	95 317	54 731	68 290	08 317	65 924	19 853	24 670
34	19 458	73 620	94 231	56 708	53 048	79 261	17 458	36 920	42 917	38 506
35	75 983	40 621	61 803	95 274	84 190	73 526	47 813	62 095	30 621	47 859
36	32 579	64 081	28 437	50 916	36 710	95 428	86 910	45 723	51 923	46 870
37	07 643	19 258	69 583	07 412	24 613	58 709	58 321	67 490	40 956	73 281
38	13 457	68 290	07 821	34 569	35 926	70 418	63 145	02 987	74 398	51 602
39	74 132	90 658	09 283	74 156	84 706	25 913	69 728	04 513	60 594	83 712
40	93 058	61 724	46 295	80 173	91 580	43 726	27 150	96 843	15 032	69 874

附表7　正　交　表

(1)　　$L_4(2^3)$

列号 试验号	1	2	3
1	1	1	1
2	1	2	2
3	2	1	2
4	2	2	1

注:任意两列间的交互作用出现于另一列。

(2)　　$L_8(2^7)$

列号 试验号	1	2	3	4	5	6	7
1	1	1	1	1	1	1	1
2	1	1	1	2	2	2	2
3	1	2	2	1	1	2	2
4	1	2	2	2	2	1	1
5	2	1	2	1	2	1	2
6	2	1	2	2	1	2	1
7	2	2	1	1	2	2	1
8	2	2	1	2	1	1	2

$L_8(2^7)$二列间的交互作用表

列号 (列号)	1	2	3	4	5	6	7
	(1)	3	2	5	4	7	6
		(2)	1	6	7	4	5
			(3)	7	6	5	4
				(4)	1	2	3
					(5)	3	2
						(6)	1

$L_8(2^7)$表头设计

列号 因素数	1	2	3	4	5	6	7
3	A	B	A×B	C	A×C	B×C	
4	A	B	A×B C×D	C	A×C B×D	B×C A×D	D
4	A	B C×D	A×B	C B×D	A×C	D B×C	A×D
A D×E	B C×D	A×B C×E	C B×D	A×C B×E	D A×E B×C	E A×D	

(3) $L_9(3^4)$

试验号 \ 列号	1	2	3	4
1	1	1	1	1
2	1	2	2	2
3	1	3	3	3
4	2	1	2	3
5	2	2	3	1
6	2	3	1	2
7	3	1	3	2
8	3	2	1	3
9	3	3	2	1

注:任意两列间的交互作用出现于另外两列。

(4) $L_{18}(3^7)$

试验号 \ 列号	1	2	3	4	5	6	7
1	1	1	1	1	1	1	1
2	1	2	2	2	2	2	2
3	1	3	3	3	3	3	3
4	2	1	1	2	2	3	3
5	2	2	2	3	3	1	1
6	2	3	3	1	1	2	2
7	3	1	2	1	3	2	3
8	3	2	3	2	1	3	1
9	3	3	1	3	2	1	2
10	1	1	3	3	2	2	1
11	1	2	1	1	3	3	2
12	1	3	2	2	1	1	3
13	2	1	2	3	1	3	2
14	2	2	3	1	2	1	3
15	2	3	1	2	3	2	1
16	3	1	3	2	3	1	2
17	3	2	1	3	1	2	3
18	3	3	2	1	2	3	1

(5)　　$L_{27}(3^{13})$

列号 / 试验号	1	2	3	4	5	6	7	8	9	10	11	12	13
1	1	1	1	1	1	1	1	1	1	1	1	1	1
2	1	1	1	1	2	2	2	2	2	2	2	2	2
3	1	1	1	1	3	3	3	3	3	3	3	3	3
4	1	2	2	2	1	1	1	2	2	2	3	3	3
5	1	2	2	2	2	2	2	3	3	3	1	1	1
6	1	2	2	2	3	3	3	1	1	1	2	2	2
7	1	3	3	3	1	1	1	3	3	3	2	2	2
8	1	3	3	3	2	2	2	1	1	1	3	3	3
9	1	3	3	3	3	3	3	2	2	2	1	1	1
10	2	1	2	3	1	2	3	1	2	3	1	2	3
11	2	1	2	3	2	3	1	2	3	1	2	3	1
12	2	1	2	3	3	1	2	3	1	2	3	1	2
13	2	2	3	1	1	2	3	2	3	1	3	1	2
14	2	2	3	1	2	3	1	3	1	2	1	2	3
15	2	2	3	1	3	1	2	1	2	3	2	3	1
16	2	3	1	2	1	2	3	3	1	2	2	3	1
17	2	3	1	2	2	3	1	1	2	3	3	1	2
18	2	3	1	2	3	1	2	2	3	1	1	2	3
19	3	1	3	2	1	3	2	1	3	2	1	3	2
20	3	1	3	2	2	1	3	2	1	3	2	1	3
21	3	1	3	2	3	2	1	3	2	1	3	2	1
22	3	2	1	3	1	3	2	2	1	3	3	2	1
23	3	2	1	3	2	1	3	3	2	1	1	3	2
24	3	2	1	3	3	2	1	1	3	2	2	1	3
25	3	3	2	1	1	3	2	3	2	1	2	1	3
26	3	3	2	1	2	1	3	1	3	2	3	2	1
27	3	3	2	1	3	2	1	2	1	3	1	3	2

$L_{27}(3^{13})$两列间的交互作用

列号 (列号)	1	2	3	4	5	6	7	8	9	10	11	12	13
	(1)	3 4	2 4	2 3	6 7	5 7	5 6	9 10	8 10	8 9	12 13	11 13	11 12
		(2)	1 4	1 3	8 11	9 12	10 13	5 11	6 12	7 13	5 8	6 9	7 10
			(3)	1 2	9 13	10 11	8 12	7 12	5 13	6 11	6 10	7 8	5 9
				(4)	10 12	8 13	9 11	6 13	7 11	5 12	7 9	5 10	6 8
					(5)	1 7	1 6	2 11	3 13	4 12	2 8	4 10	3 9
						(6)	1 5	4 13	2 12	3 11	3 10	2 9	4 8
							(7)	3 12	4 11	2 13	4 9	3 8	2 10
								(8)	1 10	1 9	2 5	3 7	4 6
									(9)	1 8	4 7	2 6	3 5
										(10)	3 6	4 5	2 7
											(11)	1 13	1 12
												(12)	1 11
													(13)

$L_{27}(3^{13})$表头设计

列号 因素数	1	2	3	4	5	6	7
3	A	B	$(A\times B)_1$	$(A\times B)_2$	C	$(A\times C)_1$	$(A\times C)_2$
4	A	B	$(A\times B)_1$ $(C\times D)_2$	$(A\times B)_2$	C	$(A\times C)_1$ $(B\times D)_2$	$(A\times C)_2$

列号 因素数	8	9	10	11	12	13
3	$(B\times C)_1$			$(B\times C)_2$		
4	$(B\times C)_1$ $(A\times D)_2$	D	$(A\times D)_1$	$(B\times C)_2$	$(B\times D)_1$	$(C\times D)_1$

(6) $L_{16}(4^5)$表头设计

试验号 \ 列号	1	2	3	4	5
1	1	1	1	1	1
2	1	2	2	2	2
3	1	3	3	3	3
4	1	4	4	4	4
5	2	1	2	3	4
6	2	2	1	4	3
7	2	3	4	1	2
8	2	4	3	2	1
9	3	1	3	4	2
10	3	2	4	3	1
11	3	3	1	2	4
12	3	4	2	1	3
13	4	1	4	2	3
14	4	2	3	1	4
15	4	3	2	4	1
16	4	4	1	3	2

注:任意两列间的交互作用出现于其他三列。

(7) $L_{25}(5^6)$

试验号 \ 列号	1	2	3	4	5	6
1	1	1	1	1	1	1
2	1	2	2	2	2	2
3	1	3	3	3	3	3
4	1	4	4	4	4	4
5	1	5	5	5	5	5
6	2	1	2	3	4	5
7	2	2	3	4	5	1
8	2	3	4	5	1	2
9	2	4	5	1	2	3
10	2	5	1	2	3	4
11	3	1	3	5	2	4
12	3	2	4	1	3	5
13	3	3	5	2	4	1
14	3	4	1	3	5	2
15	3	5	2	4	1	3
16	4	1	4	2	5	3
17	4	2	5	3	1	4
18	4	3	1	4	2	5
19	4	4	2	5	3	1
20	4	5	3	1	4	2
21	5	1	5	4	3	2
22	5	2	1	5	4	3
23	5	3	2	1	5	4
24	5	4	3	2	1	5
25	5	5	4	3	2	1

(8)　$L_8(4\times2^4)$

试验号 \ 列号	1	2	3	4	5
1	1	1	1	1	1
2	1	2	2	2	2
3	2	1	1	2	2
4	2	2	2	1	1
5	3	1	2	1	2
6	3	2	1	2	1
7	4	1	2	2	1
8	4	2	1	1	2

$L_5(4\times2^4)$表头设计

因素数 \ 列号	1	2	3	4	5
2	A	B	$(A\times B)_1$	$(A\times B)_2$	$(A\times B)_3$
3	A	B	C		
4	A	B	C	D	
5	A	B	C	D	E

(9)　$L_{16}(4^2\times2^9)$

试验号 \ 列号	1	2	3	4	5	6	7	8	9	10	11
1	1	1	1	1	1	1	1	1	1	1	1
2	1	2	1	1	1	2	2	2	2	2	2
3	1	3	2	2	2	1	1	1	2	2	2
4	1	4	2	2	2	2	2	2	1	1	1
5	2	1	1	2	2	1	2	2	1	2	2
6	2	2	1	2	2	2	1	1	2	1	1
7	2	3	2	1	1	1	2	2	2	1	1
8	2	4	2	1	1	2	1	1	1	2	2
9	3	1	2	1	2	2	1	2	2	1	2
10	3	2	2	1	2	1	2	1	1	2	1
11	3	3	1	2	1	2	1	2	1	2	1
12	3	4	1	2	1	1	2	1	2	1	2
13	4	1	2	2	1	2	2	1	2	2	1
14	4	2	2	2	1	1	1	2	1	1	2
15	4	3	1	1	2	2	2	1	1	1	2
16	4	4	1	1	2	1	1	2	2	2	1

(10)　　$L_{16}(4^3 \times 2^6)$

试验号＼列号	1	2	3	4	5	6	7	8	9
1	1	1	1	1	1	1	1	1	1
2	1	2	2	1	1	2	2	2	2
3	1	3	3	2	2	1	1	2	2
4	1	4	4	2	2	2	2	1	1
5	2	1	2	2	2	1	2	1	2
6	2	2	1	2	2	2	1	2	1
7	2	3	4	1	1	1	2	2	1
8	2	4	3	1	1	2	1	1	2
9	3	1	3	1	2	2	2	2	1
10	3	2	4	1	2	1	1	1	2
11	3	3	1	2	1	2	2	1	2
12	3	4	2	2	1	1	1	2	1
13	4	1	4	2	1	2	1	2	2
14	4	2	3	2	1	1	2	1	1
15	4	3	2	1	2	2	1	1	1
16	4	4	1	1	2	1	2	2	2

(11)　　$L_{16}(4^4 \times 2^3)$

试验号＼列号	1	2	3	4	5	6	7
1	1	1	1	1	1	1	1
2	1	2	2	2	1	2	2
3	1	3	3	3	2	1	2
4	1	4	4	4	2	2	1
5	2	1	2	3	2	2	1
6	2	2	1	4	2	1	2
7	2	3	4	1	1	2	2
8	2	4	3	2	1	1	1
9	3	1	3	4	1	2	2
10	3	2	4	3	1	1	1
11	3	3	1	2	2	2	1
12	3	4	2	1	2	1	2
13	4	1	4	2	2	1	2
14	4	2	3	1	2	2	1
15	4	3	2	4	1	1	1
16	4	4	1	3	1	2	2

附表 8　均匀设计表

(1)　$U_5(5^4)$

试验号 \ 列号	1	2	3	4
1	1	2	3	4
2	2	4	1	3
3	3	1	4	2
4	4	3	2	1
5	5	5	5	5

$U_5(5^4)$表的使用

因素数	列号			
2	1	2		
3	1	2	4	
4	1	2	3	4

(2)　$U_7(7^6)$

试验号 \ 列号	1	2	3	4	5	6
1	1	2	3	4	5	6
2	2	4	6	1	3	5
3	3	6	2	5	1	4
4	4	1	5	2	6	3
5	5	3	1	6	4	2
6	6	5	4	3	2	1
7	7	7	7	7	7	7

$U_7(7^6)$表的使用

因素数	列号					
2	1	3				
3	1	2	3			
4	1	2	3	6		
5	1	2	3	4	6	
6	1	2	3	4	5	6

(3)　$U_9(9^6)$

试验号 \ 列号	1	2	3	4	5	6
1	1	2	4	5	7	8
2	2	4	8	1	5	7
3	3	6	3	6	3	6
4	4	8	7	2	1	5
5	5	1	2	7	8	4
6	6	3	6	3	6	3
7	7	5	1	8	4	2
8	8	7	5	4	2	1
9	9	9	9	9	9	9

$U_9(9^6)$表的使用

因素数	列号					
2	1	3				
3	1	3	5			
4	1	2	3	5		
5	1	2	3	4	5	
6	1	2	3	4	5	6

(4)　　U$_{11}$(11^{10})

试验号＼列号	1	2	3	4	5	6	7	8	9	10
1	1	2	3	4	5	6	7	8	9	10
2	2	4	6	8	10	1	3	5	7	9
3	3	6	9	1	4	7	10	2	5	8
4	4	8	1	5	9	2	6	10	3	7
5	5	10	4	9	3	8	2	7	1	6
6	6	1	7	2	8	3	9	4	10	5
7	7	3	10	6	2	9	5	1	8	4
8	8	5	2	10	7	4	1	9	6	3
9	9	7	5	3	1	10	8	6	4	2
10	10	9	8	7	6	5	4	3	2	1
11	11	11	11	11	11	11	11	11	11	11

U$_{11}$(11^{10})表的使用

因素数	列号									
2	1	7								
3	1	5	7							
4	1	2	5	7						
5	1	2	3	5	7					
6	1	2	3	5	7	10				
7	1	2	3	4	5	7	10			
8	1	2	3	4	5	6	7	10		
9	1	2	3	4	5	6	7	9	10	
10	1	2	3	4	5	6	7	8	9	10

(5)　　U$_{13}$(13^{12})

试验号＼列号	1	2	3	4	5	6	7	8	9	10	11	12
1	1	2	3	4	5	6	7	8	9	10	11	12
2	2	4	6	8	10	12	1	3	5	7	9	11
3	3	6	9	12	2	5	8	11	1	4	7	10
4	4	8	12	3	7	11	2	6	10	1	5	9
5	5	10	2	7	12	4	9	1	6	11	3	8
6	6	12	5	11	4	10	3	9	2	8	1	7
7	7	1	8	2	9	3	10	4	11	5	12	6
8	8	3	11	6	1	9	4	12	7	2	10	5
9	9	5	1	10	6	2	11	7	3	12	8	4
10	10	7	4	1	11	8	5	2	12	9	6	3
11	11	9	7	5	3	1	12	10	8	6	4	2
12	12	11	10	9	8	7	6	5	4	3	2	1
13	13	13	13	13	13	13	13	13	13	13	13	13

U$_{13}$(13^{12})表的使用

因素数	列号											
2	1	5										
3	1	3	4									
4	1	6	8	10								
5	1	6	8	9	10							
6	1	2	6	8	9	10						
7	1	2	6	8	9	10	12					
8	1	2	6	7	8	9	10	12				
9	1	2	3	6	7	8	9	10	12			
10	1	2	3	5	6	7	8	9	10	12		
11	1	2	3	4	5	6	7	8	9	10	12	
12	1	2	3	4	5	6	7	8	9	10	11	12

(6) U$_{15}$(15^{8})

试验号＼列号	1	2	3	4	5	6	7	8
1	1	2	4	7	8	11	13	14
2	2	4	8	14	1	7	11	13
3	3	6	12	6	9	3	9	12
4	4	8	1	13	2	14	7	11
5	5	10	5	5	10	10	5	10
6	6	12	9	12	3	6	3	9
7	7	14	13	4	11	2	1	8
8	8	1	2	11	4	13	14	7
9	9	3	6	3	12	9	12	6
10	10	5	10	10	5	5	10	5
11	11	7	14	2	13	1	8	4
12	12	9	3	9	6	12	6	3
13	13	11	7	1	14	8	4	2
14	14	13	11	8	7	4	2	1
15	15	15	15	15	15	15	15	15

U$_{15}$(15^{8})表的使用

因素数	列号							
2	1	6						
3	1	3	4					
4	1	3	4	7				
5	1	2	3	4	7			
6	1	2	3	4	6	8		
7	1	2	3	4	6	7	8	
8	1	2	3	4	5	6	7	8